자격증, 공사/공단, 경찰청 군무원, 교육청, 체신부

공채시리즈

Introduction to Computer Science
전자계산기 일반

이재환 저

전자계산기 일반

초 판	2009년 12월 22일	
8 판	2017년 4월 17일	
2 쇄	2017년 12월 22일	
3 쇄	2019년 12월 30일	

저   자   이재환

발 행 인   이재선
발 행 처   도서출판 nt media
주   소   서울시 영등포구 영신로 17길 3, 경산빌딩
대 표 전 화   02) 836-3543~5
팩   스   02) 835-8928
홈 페 이 지   www.ucampus.ac

값 18,000원
ISBN 978-89-92657-21-1 (93560)

이 책의 저작권은 도서출판 NT미디어에 있으며, 무단복제 할 수 없습니다.

상담전화 02) 836-3543~5
홈페이지 www.ucampus.ac

Preface

술 잘못 먹으면 하루를 고생하고
용돈 잃어버리면 한 달을 고생하고
수능 시험 잘못 보면 일 년을 다시 고생해야하지만
컴퓨터를 모르면 정년퇴직 때까지 고생합니다.

대한민국 국민이라면 이제 IT는 컴퓨터를 전공하는 사람의 전유물이 아니라 누구나 알아야 할 상식이 되었습니다. 그래서 전자계산일반이라는 과목이 IT에 관련된 시험에 필수 과목으로 된 것이라 생각됩니다.

워드프로세서, 엑셀, 파워포인트 등보다 다소 딱딱한 느낌이 드는 내용이기는 하지만 컴퓨터의 원리를 터득하려면 반드시 이 과목을 공부하셔야 합니다.

컴퓨터에 대한 기본 이론을 처음 공부하시는 분이시라면 책으로만 공부하기는 상당히 부담이 되시리라 생각됩니다. 책은 감정이 없고 말을 못하는 벙어리 선생님이기 때문이지요. 효과적으로 공부를 하려면 동영상으로 해결하는 방법이 있습니다. 동영상과 병행해서 공부하신다면 많은 시간을 절약할 수 있고 빠른 이해가 되실 것입니다.

본 교재는 공사/공단 및 자격증 시험 과목의 하나인 전자계산 일반 과목에 대한 교재로 집필 된 것입니다. 또한 전자계산 일반 과목은 공사/공단 시험에서의 전산공학 과목의 내용이기도 하며 상식 과목에서도 상당한 비중을 차지하여 출제되는 내용이기도 합니다. 누구나 기본적으로 알아야 할 내용들을 지속적으로 추가해 나아갈 것입니다. 많은 분들이 본 교재로 공부하셔서 좋은 결과를 가져올 것이라 믿어 의심치 않습니다. 본 교재를 편집하느라 고생하신 NT미디어 출판사 관계자분과 책을 출간하도록 배려해주신 김기남 공학원 이재선 원장님께 감사의 마음을 전합니다.

저자 이 재 환

Contents

Chapter 01 컴퓨터 구조 7

1절. 논리회로 8
   1. 논리회로(Logical Circuit) 8
   2. 부울 대수(Boolean Algebra) 9
   3. 게이트(Gate) 9
   4. 조합 회로의 최소화(Minimization of combinational logic circuit) 10
   5. 플립플롭(Flip-Flop) 10
   6. 조합 논리 회로(Combinational Logic Circuit) 11
   7. 순서 논리 회로 13
   8. 마이크로컴퓨터(Microcomputer) 14
   9. 단위 16

2절. 자료 표현 17
   1. 수의 표현법 17
   2. 코드(code)의 종류 18
   3. 고정 소숫점 수(Fixed Point Number) 18
   4. 부동 소수점 수(Floating Point Number) 19

3절. 연산 20
   1. 자료의 성질에 따른 분류 20
   2. 자료의 수에 따른 분류 20
   3. 수치적 연산 21

4절. 명령어(Instruction) 23
   1. 연산자(operation) 23
   2. 명령어의 형식 24
   3. 명령어의 종류 35
   4. 마이크로 명령(Micro Instruction) 37
   5. 프로세서의 종류 38

5절. 기억장치 41
   1. 주기억 장치(Main memory unit) 41
   2. 병렬처리(parallel processing) 44

6절. 입출력 장치 51
   1. 입출력 명령 51
   2. 입출력 방법 52
   3. 전송 52
   4. 입출력 장치의 종류 55
   5. 인터럽트(Interrupt) 57

7절. 컴퓨터 통신 61

Contents

    1. 데이터 전송   61
    2. 데이터 통신 기술   63
    3. 데이터 전송 방법   66
    4. OSI   70

Chapter 02   운영체제   75

1절. 운영체제의 개요   76
    1. 운영체제의 의미   76
    2. 운영체제의 발전 과정   80
    3. 시스템 프로그램의 종류   81
2절. 프로세스(Process)   86
    1. 프로세스 개념   86
    2. 프로세스 간 통신(IPC)   87
    3. 프로세스 스케줄링   89
    4. 교착상태(Deadlock, Deadly embrace, Stalemate)   92
3절. 기억장치 관리   96
    1. 기억장치 관리   96
    2. 기억장치 관리 전략   97
    3. 기억장치 사용 관리 방법의 3가지   103
    4. 기억장치 계층 구조   105
    5. 디스크 스케줄링   106

Chapter 03   C 언어   109

Chapter 04   신기술 용어   129

Chapter 05   객관식 예상 문제   141

Chapter 06   2010년도 기출문제   281

Chapter 07   2011년도 기출문제   317

Chapter 08   2012년도 기출문제   353

Chapter 09   2013년도 기출문제   365

Introduction to Computer science

www.ucampus.ac

Chapter 1

컴퓨터 구조

[전자계산기 일반]

Section 1 논리회로

1. 논리회로(Logical Circuit)

논리회로는 2진 정보에 의해 작동되는 회로이다. 구성소자로는 게이트(gate)와 플립플롭(Flip-Flop : FF)이 있다.

1) 작동 원리에 따른 분류

　　(1) 조합 논리 회로(Combinational Logic Circuit)

　　(2) 순서 논리 회로(Sequential Logic Circuit)

2) 집적(集積)도에 따른 분류

IC(Integrated Circuit) ┌ SSI(Small Scale Integration)
　　　　　　　　　　　　└ MSI(Medium Scale Integration)
LSI(Large Scale Integration)
VLSI(Very Large Scale Integration)
SVLSI(Super Very Large Scale Integration)

> ■ IC의 성능 평가 요소 4가지
> (1) Propagation Delay Time(전파 지연 시간)
> 　　입력 신호가 들어간 순간부터 출력 신호가 나타날 때까지 걸리는 평균 시간이다.
> (2) Power dissipation(전력 소모)
> 　　게이트가 작동하기 위해 필요한 전력을 말한다.
> (3) Fan out
> 　　작동에 영향을 미치지 않고 게이트의 출력에 걸 수 있는 부하(負荷)의 최대수이다.
> (4) Noise Margin(잡음 허용치)
> 　　회로의 출력을 바꾸지 않는 상태에서 입력에 첨가되는 최대 잡음 전압을 말한다.

2. 부울 대수(Boolean Algebra)

1) 부울 대수의 기본 관계

(1) $x + 0 = x$	(2) $x \cdot 0 = 0$	(3) $x + 1 = 1$
(4) $x \cdot 1 = x$	(5) $x + x = x$	(6) $x \cdot x = x$
(7) $x + x' = 1$	(8) $x \cdot x' = 0$	
(9) $x + y = y + x$	(10) $x \cdot y = y \cdot x$	
(11) $x + (y + z) = (x + y) + z$	(12) $x \cdot (y \cdot z) = (x \cdot y) \cdot z$	
(13) $x \cdot (y + z) = x \cdot y + x \cdot z$	(14) $x + y \cdot z = (x + y) \cdot (x + z)$	
(15) $(x + y)' = x' \cdot y'$	(16) $(x \cdot y)' = x' + y'$	(17) $x'' = x$

2) 부울 식의 형태

- 전개 식 : 1(참) 기준 = 곱항의 합(Sum of Product) = Minterm = Σ
- 인수분해 식 : 0(거짓) 기준 = 합항의 곱(Product of Sum) = Maxterm = Π

예) 진가 표에 대한 다양한 표현

A	B	F
0	0	0
0	1	1
1	0	1
1	1	0

- 전개식 형태의 부울 식 = 1 기준 = 곱항의 합 = Minterm = $\Sigma(1,2) = A' \cdot B + A \cdot B'$
- 인수분해 형태의 부울 식 = 0 기준 = 합항의 곱 = Maxterm = $\Pi(0,3) = (A+B) \cdot (A'+B')$
- Software적 표현

  If A Then Not B Else B : 변수 A의 값이 1(참) 이면 결과(F) 는 B 의 보수이고 0(거짓) 이면 결과(F) 는 B 의 값이다.

3. 게이트(Gate)

1) 게이트의 종류

- AND gate
- OR gate
- Buffer
- NOT gate
- NAND gate(NOT+AND)
- NOR gate(NOT+OR)
- Exclusive OR gate
- Exclusive NOR gate

4. 조합 회로의 최소화(Minimization of combinational logic circuit)

1) 논리회로의 전달함수

2) 도시법(Map Method)

(1) 1차 table 형태의 진가표를 2차 table 형태로 만든다.

(2) 전달함수가 1인 것을 크게 묶는다.(곱항의 합 : Sum Of Product)
또는 전달함수가 0인 것을 크게 묶는다.(합항의 곱 : Product Of Sum)

(3) 1칸, 2칸, 4칸, 8칸, 16칸, … 을 직사각형 또는 정사각형 형태로 묶는다. 크게 묶기 위하여 중복되게 묶어도 된다.

(4) 사각형으로 묶여진 항을 곱항의 합(전달함수가 '1' 인 경우로 묶었을 때 : Sum Of Product (MINTERM 방법)) 또는 합항의 곱(전달 함수가 '0' 인 경우로 묶었을 때 : Product Of Sum(MAXTERM 방법))으로 표시한다.

(5) 수의 상태(don't care condition)
조합회로에서 입력 조합이 일어나지 않는 상태를 수의 상태라 하며 최소화 과정에서 0 또는 1로 편리한대로 취급한다.

5. 플립플롭(Flip-Flop)

입력 신호에 의해 또 다른 입력 상태로 바뀌지 않는 동안 현재의 2진 상태를 그대로 유지하게 만든 회로를 플립 플롭 회로라 한다. 즉 2진수 1자리(1bit) 기억 소자이다.

1) 플립플롭의 종류

되먹임(feedback) 회로는 불안정하기 때문에 안정성을 유지하기 위하여 클록 펄스(clock pulse)에 의해 동기 시킨다.

(1) RS Filp-Flop   (2) D Flip-Flop

(3) JK Flip-Flop   (4) T Flip-Flop

(예) 입력자료에 대한 출력 파형

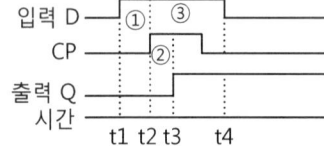

① = setup time(대기 시간) : t1 ~ t2 시간. CP가 오기 전에 입력 자료가 대기하고 있는 시간이다.
② = Propagation delay time(전파 지연 시간) : t2 ~ t3 시간. 입력 자료에 의해 논리 회로를 처리하고 난 후 결과가 나올 때까지 걸린 시간이다.
③ = Hold time : t2 ~ t4 시간. 적절한 동작을 보장하기 위해 일정한 상태를 유지하고 있어야하는 시간이다.

2) Race 문제

Flip-Flop의 출력측이 입력 측으로 feedback 되기 때문에 CP=1 일 때 출력 측의 값이 변화하면 입력 측의 값이 변화되어 오동작이 발생하게 된다. 이 오동작이 다른 오동작을 유발하게 되는데 이러한 현상을 race 현상이라 한다. 이러한 race 현상을 없애는 방법으로 edge triggered Flip-Flop 을 형성하여 사용한다. 또 다른 방법으로 master-slave Flip-Flop 회로로 구성한다.

3) 플립 플롭의 여기표(Excitation)

순서논리 회로를 구현하기 위해서 반드시 기억소자를 이용하여야 한다. 기억소자 중 최소의 bit인 1 bit 기억소자로서 Flip-Flop이 있다. 순서논리 회로를 구현하기 위해서는 4개의 Flip-Flop에 대한 여기표(Excitation table)를 사용하여야 한다. 여기표는 Flip-Flop의 진가표를 역으로 만들어 놓은 표를 말한다. 진가표는 입력에 대한 출력을 나타낸 표이지만 여기표는 출력에 대한 입력을 나타낸 표가 되는 것이다. 각 Flip-Flop의 출력 상태의 변화는 4가지 중의 하나이다. $0 \rightarrow 0, 0 \rightarrow 1, 1 \rightarrow 0, 1 \rightarrow 1$의 4가지 상태이다. 이러한 상태가 되기 위하여 어떤 입력이어야 하는가를 나타낸 표이다.

① RS FF의 여기표 ② D FF의 여기표
③ JK FF의 여기표 ④ T FF의 여기표

Q_t	Q_{t+1}	RS FF St	RS FF Rt	D FF Dt	JK FF Jt	JK FF Kt	T FF Tt
0	0	0	×	0	0	×	0
0	1	1	0	1	1	×	1
1	0	0	1	0	×	1	1
1	1	×	0	1	×	0	0

6. 조합 논리 회로(Combinational Logic Circuit)

회로의 출력 값이 입력 값에 의해서만 결정되는 논리 회로를 말하며 기억 능력을 갖고 있지 않은 회로이다.

1) 반가산기(Half Adder)

[전자계산기 일반]

2) 전가산기(Full Adder)

3) 반감산기(Half Subtractor)

4) 전 감산기(Full Subtractor)

5) 병렬 가산기(Parallel Adder)

여러자리 2진수를 더하기 위한 연산 회로로서 n bit 덧셈을 위해 n개의 전가산기(FA : Full Adder)가 필요하다. 가장 하위 자리에서는 전단에서 올라오는 자리올림(carry)가 없으므로 반가산기를 이용하여도 된다.
4 bit 병렬 가산기에 대한 block diagram은 다음과 같이 그려진다.

병렬 가산기를 이용하여 여러가지 산술 마이크로 동작을 구현시킬 수 있다.

① 덧셈

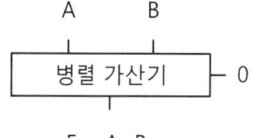

F = A+B

② Carry를 고려한 덧셈

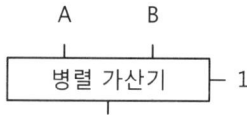

F = A+B+1

③ 뺄셈(1의 보수에 의한 덧셈)

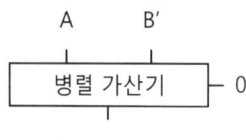

F = A+B′

④ 뺄셈(2의 보수에 의한 덧셈)

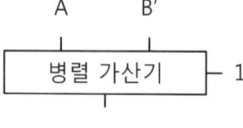

F = A+B′+1

⑤ 전송(Transfer)

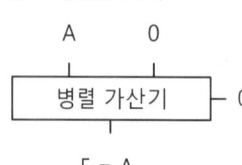

F = A

⑥ Increment(1 증가)

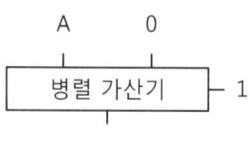

F = A+1

1절 - 논리회로

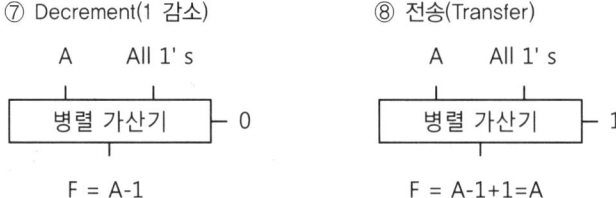

6) 인코더(Encoder)

7) 디코더(Decoder)

8) 멀티플렉서(Multiplexer : MUX)

9) 디멀티플렉서(Demultiplexer(DEMUX))

7. 순서 논리 회로

1) 동기 순서 논리 회로

2) 순서 논리 회로의 설계 순서

① 회로 동작을 기술한다.(모든 입력 및 출력 관계)
② 상태표 작성
③ 상태표의 최소화
④ 상태 천이도 작성
⑤ 회로 구현(사용하고자하는 FF을 설정하여 여기표에 의해 조합회로 설계)
(예1) 3bit 2진 UP counter를 T Flip-Flop을 사용하여 구현하시오.

T1에 대한 부울식은 전달함수가 모두 1이므로 T1 = 1 이다.

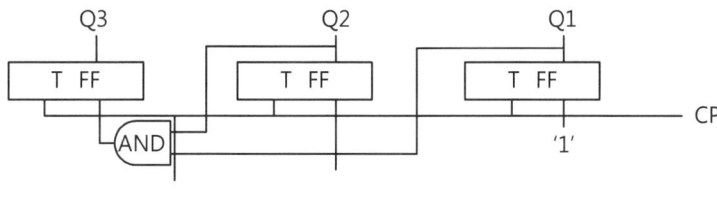

[3bit 2진 UP counter]

[전자계산기 일반]

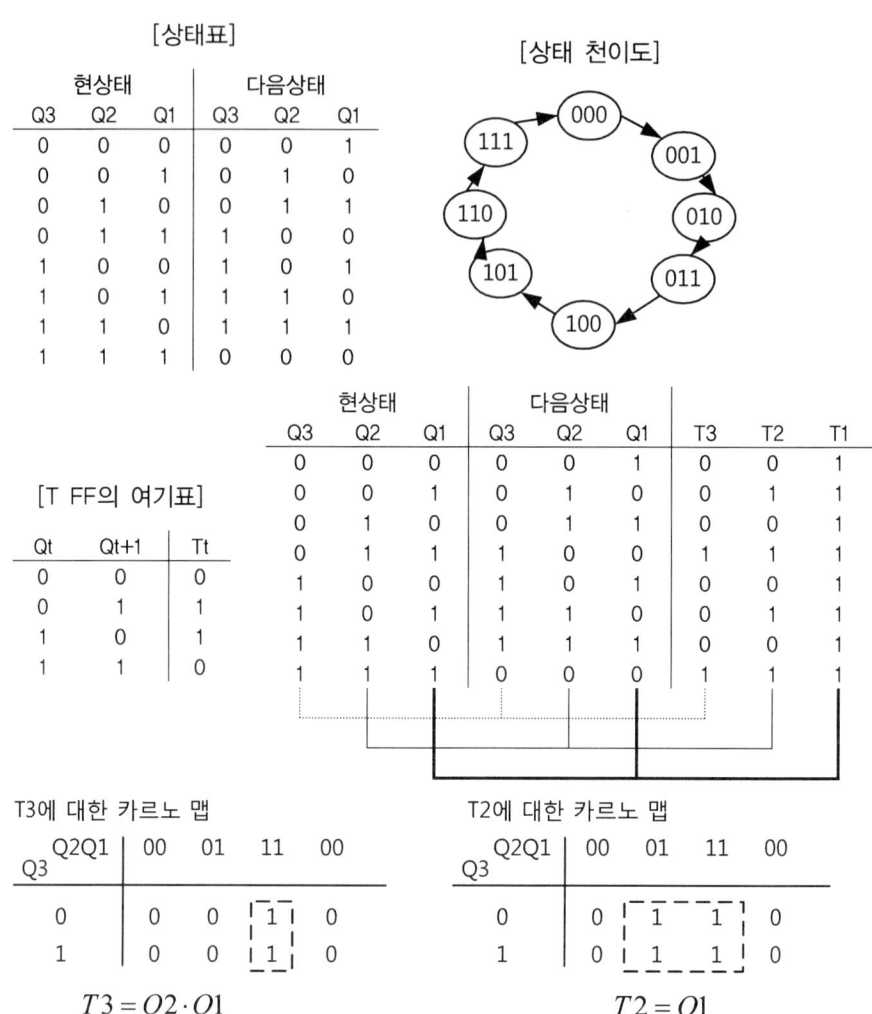

8. 마이크로컴퓨터(Microcomputer)

마이크로컴퓨터는 마이크로프로세서(microprocessor), 기억장치(RAM 및 ROM), 입출력장치가 모여서 이루어진 것이다. 프로세서는 중앙처리장치(CPU : Central Processing Unit)를 줄인 말이다. 마이크로프로세서의 구성 방법에는 2가지 형태가 있다. 하나는 비트 슬라이스 마이크로 프로세서(bit slice microprocessor)로서 processor unit, microprogram sequencer, control memory 등을 각각 다른 IC에 설계한 마이크로프로세서이다. 이는 주어진 특성에 맞게 동적으로 재구성될 수 있다.

또 다른 하나는 1칩 마이크로프로세서(one chip microprocessor)로서 1개의 칩 안에 모든 기능을 집적한 고정된 형태를 가지므로 워드 길이(word length), 명령 집합 등이 변경될 수 없다. 마이크로컴퓨터의 각 부분의 정보 교환은 어드레스 버스(address bus)와 데이터 버스(data bus)를 통하여 이루어진다. 어드레스 버스는 단방향 정보전달 회선이다. 어드레스 버스 신호선의 수는 그 시스템이 최대로 가질 수 있는 용량에 따라 좌우된다. 16M의 용량을 가진 컴퓨터라면 어드레스 버스 신호선의 수는 $16M = 2^4 \cdot 2^{20} = 2^{24} = 24bit$ 가 된다. 데이터 버스는 마이크로프로세서와 메모리 혹은 인터페이스(interface) 장치 간에 정보를 양방향으로 전달할 수 있는 통로이다.

- 버스(bus)

  컴퓨터는 CPU와 작동을 위한 전송 및 제어에 3가지 종류의 버스를 가지고 있다. 즉, 어드레스 버스(address bus), 데이터 버스(data bus), 제어 버스(control bus)의 3가지이다. 모든 전송은 CPU가 기준이다. 그러므로 CPU가 다른 곳으로부터 데이터를 받으면 READ 동작이고, CPU에서 다른 곳으로 데이터를 보내면 WRITE 동작이라고 한다.

  ① 어드레스 버스(address bus)

  메모리의 특정 번지를 지시하기 위한 단방향 버스이다. 어드레스 버스의 폭은 해당 시스템의 주 메모리 공간의 용량과 관계가 있다. 주 메모리의 용량이 64K 이면 어드레스 버스의 폭은 $64K = 2^6 2^{10} = 2^{16} = 16bit$ 이다.

  ② 데이터 버스(data bus)

  CPU가 한번에 처리할 수있는 데이터의 양이 전송되는 통로이다. CPU가 몇 bit machine 인가의 기준이 된다. 8, 16, 32, 64bit processor의 의미는 바로 이 데이터 버스의 폭을 기준으로 한 숫자이다. 데이터 버스는 CPU로 자료가 들어오거나, 또는 CPU로부터 자료가 나갈 수 있는 양방향 버스이다.

  ③ 제어 버스(control bus)

  CPU와 메모리 및 입출력 장치와의 어떤 동작을 취하기 위한 제어 신호의 통로를 제어 버스라고 한다. 예를 들어 R/W 신호는 READ 및 WRITE 동작을 알리기 위한 신호이며, RESET은 CPU를 초기 상태로 만들기 위한 제어 신호이다. 제어신호는 processor 마다 다르다.

9. 단위

1) 큰 단위

$da(deca) = 10^1 ≒ 2^4 = ten$

$h(hecto) = 10^2 ≒ 2^7 = hundred$

$K(Kilo) = 10^3 ≒ 2^{10} = thousand$

$M(Mega) = 10^6 ≒ 2^{20} = million$

$G(Giga) = 10^9 ≒ 2^{30} = billion$

$T(Tera) = 10^{12} ≒ 2^{40} = trillion$

$P(Peta) = 10^{15} ≒ 2^{50} = quadrillion$

$E(Exa) = 10^{18} ≒ 2^{60} = quintillion$

$Z(Zetta) = 10^{21} ≒ 2^{70} = sextillion$

$Y(Yotta) = 10^{24} ≒ 2^{80} = septillion$

2) 작은 단위

$d(deci) = 10^{-1} = tenth$

$c(centi) = 10^{-2} = hundredth$

$m(milli) = 10^{-3} = thousandth$

$\mu(micro) = 10^{-6} = millionth$

$n(nano) = 10^{-9} = billionth$

$p(pico) = 10^{-12} = trillionth$

$f(femto) = 10^{-15} = quadrillionth$

$a(atto) = 10^{-18} = quintillionth$

$z(zepto) = 10^{-21} = sextillionth$

$y(yocto) = 10^{-24} = septillionth$

Section 2 자료 표현

1. 수의 표현법

일반적으로 R 진법으로 표시되는 수 N은

$$N = \sum_{i=-\infty}^{\infty} d_i R^i$$

으로 표시된다. 여기에서 di〈R 이며, R은 기수(Radix)이다. di는 R 진법에서 i 자리의 임의의 숫자를 표시하고 i는 정수이다.

> ■ 2진수, 8진수, 16진수의 관계
> (1) $16^1 = 2^4$: 16진수 1자리 수는 2진수의 4자리수와 같다. 또는 2진수 4자리수를 하나로 묶으면 16진수 1자리수가 된다.
> (2) $8^1 = 2^3$: 8진수 1자리 수는 2진수의 3자리수와 같다. 또는 2진수 3자리수를 하나로 묶으면 8진수 1자리수가 된다.
> (3) $16^1 = 8^{4/3}$: 16진수 1자리 수는 8진수 4/3자리수와 같다. 16진수 1자리수를 2진수의 4자리로 늘린 다음 다시 3자리 수 씩 묶는 의미이다.
> (4) $8^1 = 16^{3/4}$: 8진수 1자리 수는 16진수 3/4자리수와 같다. 8진수 1자리수를 2진수의 3자리로 늘린 다음 다시 4자리 수 씩 묶는 의미이다.

(예) 2진수 101110011101011 을 8진수와 16진수로 변환하시오.

   (1) 8 진수로의 변환

      2진수 101110011101011을 오른쪽(소수점의 위치)을 기준으로 3자리씩 묶는다.
      3자리 수의 가중치를 4,2,1 을 고려하여 계산한다.

101	110	011	101	011
5	6	3	5	3

   (2) 16진수로의 변환

      2진수 101110011101011을 오른쪽(소수점의 위치)을 기준으로 4자리씩 묶는다.
      4자리 수의 가중치를 8,4,2,1 을 고려하여 계산한다.

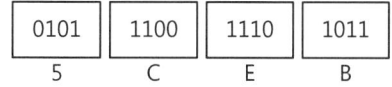

0101	1100	1110	1011
5	C	E	B

[전자계산기 일반]

2. 코드(code)의 종류

한 진법에서 다른 진법으로 바꾸는 것을 변환(conversion)이라 하는데, 일반적으로 10진수를 다른 진수로 변환하여 이를 코드화해서 쓴다. 코드화하는 것을 인코딩(encoding), 10진수로 다시 변환하는 것을 디코딩(decoding)이라고 한다. 일반적으로 R진수의 자릿수 x와 10진수의 자릿수 n의 관계는 다음과 같다.

$R^x = 10^n$

$\therefore x = \dfrac{n}{\log_{10}R}$

code ┌ weighted code : 코드화 했을 때 비트 자리에 일정한 값을 가지는 code, 연산 가능
　　　└ unweighted code : 일정한 값을 갖지 않은 code, 연산 불가

1) 8421 code

2) 3초과 code(Excess-3 code)

3) 2421 code

4) GRAY code

5) Parity bit

6) 착오 교정 해밍 코드(Hamming code)

3. 고정 소숫점 수(Fixed Point Number)

■ 보수의 종류

┌ 진보수
└ (기수-1) 보수

	10진법	2진법	8진법	16진법	일반식	R : 기수
진보수	10의 보수	2의 보수	8의 보수	16의 보수	$R^n - D$	D : 임의의 수
(기수-1)보수	9의 보수	1의 보수	7의 보수	15의 보수	$(R^n - D) - 1$	n : D의 자리수

2진 고정 소숫점 수 표현 방법에는 음수를 표현하는 방법에는 3가지가 있다.

　■ 부호 절대값(Signed magnitude) 표시 방법
　■ 부호화된 1의 보수(Signed one's complement) 표시 방법
　■ 부호화된 2의 보수(Signed two's complement) 표시 방법

4. 부동 소수점 수(Floating Point Number)

1) IBM 표준 부동 소수점 수의 형태

(1) float = 4 Byte : 64 bias

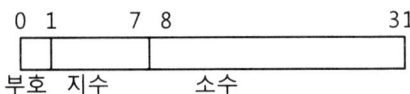

(2) double = 8 Byte : 64 bias

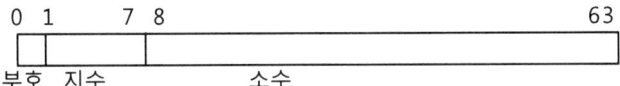

2) IEEE 표준 부동 소수점 수의 형태

(1) float = 4 Byte : 127 bias

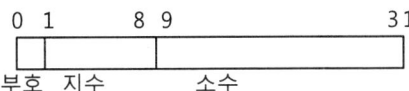

(2) double = 8 Byte : 1023 bias

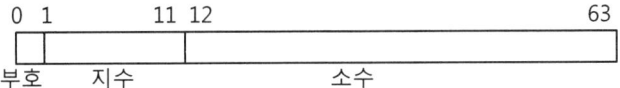

Section 3 연산

연산이란 기억장치 내에 있는 자료를 중앙처리장치(CPU)를 이용하여 처리하는 것을 말한다.

1. 자료의 성질에 따른 분류

- 비수치적 연산 : 논리적 shift, Rotate, Move, AND, OR, Complement
- 수치적 연산 : 고정 소수점 연산(정수), 부동 소수점 연산(실수), Pack연산(10진), 산술 shift

2. 자료의 수에 따른 분류

- 단항 연산(unary) : 하나의 입력 자료에 대한 연산으로 shift, rotate, complement 등이 있다.
- 이항 연산(binary) : 두개의 입력 자료에 대한 연산으로 AND, OR, 사칙 연산 등이 있다.
- 삭제 : AND(Mask bit)
- 삽입 : OR
- 비교(Compare) : XOR
- 부분 반전(selective complement 동작) : XOR
- Selective set 연산 : OR 연산

3. 수치적 연산

1) 고정 소수점 수 형태의 연산

(1) 2진 연산

덧셈 : 두 2진수의 덧셈을 하면 된다. 1의 보수인 경우 carry 가 발생하면 carry 를 하위 자리에 더해 준다.(End Around Carry) 2의 보수인 경우 carry가 발생하면 버린다.

뺄셈 : 보수를 취해 덧셈으로 연산한다.

곱셈, 나눗셈 : 산술 shift 방법에 의해 처리한다.

① 곱셈

	정상적인 경우	Overflow 인 경우
부호절대치에 의한 표현	■ 잃어버리는 bit가 0인 경우 ■ Padding은 양수, 음수에 관계없이 0 이어야 한다.	잃어버리는 bit가 1인 경우
부호화된 1의 보수에 의한 표현	■ 부호 bit와 잃어버리는 bit가 같은 경우 ■ Padding은 부호 bit이어야 한다.	부호 bit와 잃어버리는 bit가 다른 경우
부호화된 2의 보수에 의한 표현	■ 부호 bit와 잃어버리는 bit가 같은 경우 ■ Padding은 양수, 음수에 관계없이 0 이어야 한다.	부호 bit와 잃어버리는 bit가 다른 경우

② 나눗셈

	정상적인 경우	Truncation 인 경우
부호절대치에 의한 표현	■ 잃어버리는 bit가 0인 경우 ■ Padding은 양수, 음수에 관계없이 0 이어야 한다.	■ 잃어버리는 bit가 1인 경우 ■ 양수 : 0.5 작다. ■ 음수 : 0.5 크다.
부호화된 1의 보수에 의한 표현	■ 부호 bit와 잃어버리는 bit가 같은 경우 ■ Padding은 부호 bit 이어야 한다.	■ 부호 bit와 잃어버리는 bit가 다른 경우 ■ 양수 : 0.5 작다. ■ 음수 : 0.5 크다.
부호화된 2의 보수에 의한 표현	■ 잃어버리는 bit가 0인 경우 ■ Padding은 부호 bit 이어야 한다.	■ 잃어버리는 bit가 1인 경우 ■ 양수, 음수 모두 0.5 작다.

(2) BCD 수 연산(Pack 연산, 2진화 10진 연산)

BCD 수 형태의 두 수를 더하여 4 비트 단위의 BCD 수 결과가 Carry 가 발생하거나 Don't care 인 경우에는 6을 더해 보정한다. 뺄셈은 BCD 수가 자기보수 코드가 아니기 때문에 보정에 의한 방법으로 처리한다.

(3) 3 초과 수 연산

BCD 수에 3이 더해진 형태의 수인 3초과 수에 대한 연산은 덧셈은 carry가 발생된 곳은 3을 더하고 carry가 발생하지 않은 곳은 3을 뺀다. 뺄셈은 3초과 수가 자기 보수 코드이기 때문에 보수 취하여 덧셈으로 처리하면 된다.

2) 부동 소수점 연산(실수 연산)

(1) 덧셈과 뺄셈
- 연산 알고리즘
  ① 0인지의 여부 조사(0에 대한 부동소수점 수의 표현을 표준화할 수 없기 때문)
  ② 가수 위치의 조정
  ③ 가수에 대한 덧셈 또는 뺄셈
  ④ 결과의 정규화

(2) 곱셈
- 연산 알고리즘
  ① 0인지의 여부 조사(0에 대한 부동소수점 수의 표현을 표준화할 수 없기 때문)
  ② 지수끼리 더한다.
  ③ 가수끼리 곱한다.
  ④ 결과의 정규화

(3) 나눗셈
- 연산 알고리즘
  ① 0인지의 여부 조사(0에 대한 부동소수점 수의 표현을 표준화할 수 없기 때문)
  ② 부호의 결정
  ③ 피젯수의 위치 조정
  ④ 지수의 뺄셈
  ⑤ 가수의 나눗셈

Section 4 명령어(Instruction)

명령어는 보통 연산자(operation)와 그 연산에 사용되는 대상체(operand)로 되어 있다.

operation	operand
동작 부분	대상체

[명령어 구조]

명령어의 설계 과정시 다음 3가지 결정이 필요하다.
　① 어떤 종류의 연산자를 다룰 것인가? (연산자의 종류, operation bit 결정)
　② 자료를 어떻게 표현할 것인가? (주소 지정 방법)
　③ 위의 2가지를 어떤 형태로 모아서 명령을 형성할 것인가?

> ■ 대역폭(bandwidth)
> 컴퓨터의 성능을 표시하는 요소로서, 기억장치가 다룰 수 있는 자료의 속도를 의미한다. 이는 기억장치에서 자료를 읽거나 자료를 기억시킬 때 1초 동안에 전달하거나 받아들일 수 있는 비트 수를 의미한다.

1. 연산자(operation)

동작 코드 부분으로서 가·감·승·제, shift, 보수(complement), 논리연산(AND, OR, NOT) 등을 정의한 비트들의 집합이다. 이 동작 코드 부분이 n bit로 구성되어 있다면 최대 2^n 개의 서로 다른 동작을 실행할 수 있다. 연산자들의 기능은 다음과 같이 분류할 수 있다.

1) 연산기능

- 산술 연산 : 덧셈, 보수(complement, 뺄셈), shift(곱셈 및 나눗셈)
- 논리 연산 : AND, OR, NOT, XOR

2) 제어 기능

- System 제어
- Program 제어 : 조건 jump와 무조건 jump

3) 전달 기능

- Load : 메모리 → CPU
- Store : CPU → 메모리

4) 입출력 기능

CPU가 원하는 계산을 수행하기 위해서는 반드시 프로그램과 자료를 메모리에 기억시켜 놓아야한다. CPU에 의해 수행된 결과는 memory에 기억된 후 계산 결과를 programmer에게 알리기 위해 외부로 전송이 이루어져야 한다. 이때 필요한 장치가 입출력 장치이다.

2. 명령어의 형식

operation code	mode	operand

- operation code : 수행해야할 동작을 명시한 부분
- mode : operand가 결정되는 방법을 나타내는 부분
- operand : operation code가 수행해야할 대상체를 지정

(1) operation code

이 크기는 해당 system에서의 사용 가능한 명령어의 개수에 의해 결정된다. 200가지의 명령인 경우 operation code의 최소 bit는 200가지 = 2^8 이므로 8 bit가 필요하다.

(2) operand

대상체(operand)는 operation이 수행해야할 내용이다. 주소인 경우는 이 주소 bit의 크기는 메모리 용량, register의 개수 등과 관련이 있다. 메모리 용량이 16Mbyte 라고 하면 이 용량을 직접 지정하기 위하여 16M = 2^{24} = 24 bit의 주소가 필요하다. register의 개수가 16인 경우라면 16개 중의 1개의 register를 지정하기 위하여 16 = 2^4 = 4bit가 필요하다. 대부분의 컴퓨터는 다음과 같이 3가지 형식중 하나의 CPU 구조를 가지고 있다.

- 단일 누산기 구조
- 범용 레지스터 구조
- 스택 구조

1) Operation

디지털 컴퓨터의 기본 구조는 다음과 같다.

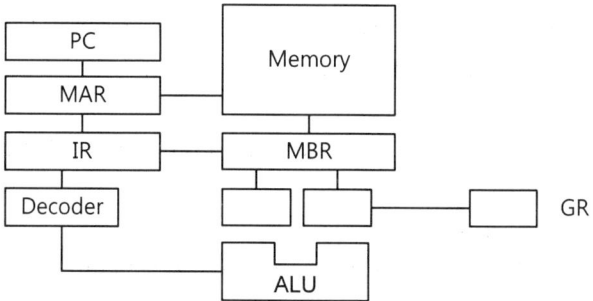

컴퓨터 메모리에 저장된 명령어의 일부로 컴퓨터가 특별한 동작을 수행하도록 명령하는 2진 코드이다. 제어장치가 메모리로부터 처리하고자하는 명령을 받아서 동작 코드 비트를 해석(decode)하여 마이크로 동작을 실행하는 제어함수를 발생시키는 부분이다.

(1) 마이크로 오퍼레이션(micro operation)

레지스터에 저장된 데이터를 가지고 실행되는 동작으로 하나의 클록 펄스(clock pulse) 동안 실행되는 기본 동작을 말한다. 동기식과 비동기식 마이크로 오퍼레이션이 있다.

- 동기 고정식(synchronous fixed)
  마이크로 오퍼레이션 수행에 필요한 시간을 마이크로 사이클 타임(micro cycle time)이라고 한다. 마이크로 오퍼레이션 수행 시간이 유사할 때 제어가 간단하다는 장점이 있지만 유사하지 않은 경우에는 CPU 시간의 낭비가 심하다는 단점이 있다.
- 동기 가변식(synchronous variable)
  마이크로 오퍼레이션 수행 시간이 유사한 것끼리 모아서 몇 개의 군을 형성한다.(정수배 단위) CPU 시간을 효율적으로 이용할 수 있다는 장점이 있고 제어가 복잡하다는 단점이 있다.
- 비동기식(asynchronous)
  모든 마이크로 오퍼레이션에 대해 서로 다른 사이클로 정의 하여 사용하는 경우이다. 따라서 모든 마이크로 오퍼레이션과의 관계는 독립적이다. 동기 가변식의 극단적이 형태이다.
  예) 다음은 각 명령의 cycle time을 나타내는 숫자이다.
  　　3,5,4,1,5,3,7,6,8,3,2,6,7,5,6,3,2,3,5
  ① 동기 고정식 : 모든 명령의 cycle time 을 8 clock pulse로 수행
  ② 동기 가변식 : 각 명령을 2개의 group으로 분류 4 이하는 4 clock pulse로, 5이상 8 이하는 8 clock pulse로 수행
  ③ 비동기식 : 각 cycle time으로 수행

(2) 레지스터(Register)

전자계산기 내부에서는 정보를 이동하고 가공하여 필요한 결과를 생산한다. 이때 정보를 이동하기 위해 대기하거나 이송된 정보를 받아들여 특별한 기능을 수행해야할 장소가 있어야하는데 이런 기능을 수행하기 위한 장소를 레지스터(register)라고 한다. 레지스터는 플립플롭(flip-flop) 회로로 구성되며 종류로는 다음과 같다.

- 프로그램 카운터(PC : Program Counter)
  로케이션 카운터(LC, LOC : Location Counter)라고도 하며 다음에 수행할 명령어의 번지를 기억하는 레지스터이다.
- 어큐뮬레이터(Acc : Accumulator)
  연산 시 피가수 및 연산의 결과를 일시적으로 기억하는 레지스터이다.
- 기억 레지스터(MBR : Memory Buffer Register)
  기억장치(Memory)에 출입하는 자료를 기억하는 레지스터이다.
- 번지 레지스터(MAR : Memory Address Register)
  메모리의 번지(메모리 번지 해독)를 기억하는 레지스터이다.
- 명령 레지스터(IR : Instruction Register)
  명령어(Instruction)를 기억하는 레지스터이다.
- 범용 레지스터(GR : General Purpose Register)
  사용자가 프로그램에서 정수계산, 주소, 논리연산 등의 다목적으로 활용할 수 있는 레지스터이다.
- 부동 소수점 레지스터(Floating Point Register)
  부동 소수점 수(실수) 연산에 사용하기 위한 레지스터이다.

이들의 크기는 word 크기 및 메모리 용량에 관계가 있다. 메모리 용량이 4M이고 word 크기가 32 bit라고 하자. 이 시스템에서의 PC 와 MAR 은 주소와 관련이 있는 레지스터이므로 메모리의 용량과 관계가 있다. 그러므로 용량이 4M 이므로 $4M = 2^2 2^{20} = 2^{22} = 22bit$ 크기의 레지스터가 필요하다. MBR, IR, Acc는 word 의 크기와 관계가 있는 레지스터이므로 32 bit 크기의 레지스터가 필요하다.

(3) 메이저 스테이트(Major State)

마이크로 오퍼레이션의 수행을 위한 제어는 수행에 필요한 제어 신호를 가하는 것을 의미하며 정확한 시점에 꼭 필요한 제어 신호가 발생되도록 해야 한다. 따라서 제어기는 제어 데이터를 받았을 때 정확한 제어 신호를 발생시킬 수 있도록 내부에 상태를 나타내고 있어야한다. CPU가 무엇을 하고 있는지를 나타내는 레지스터를 메이저 스테이트 레지스터(Major State Register) 라고 한다. 메이저 스테이트의 종류는 다음과 같다.

- Fetch cycle(인출 주기)
- Indirect cycle(간접 주기)
- Execute cycle(실행 주기)
- Interrupt cycle

4절 - 명령어(Instruction)

4가지의 동작을 구분하기 위해 2bit F 와 R flip-flop이 필요하다.

F	R	Cycle
0	0	Fetch cycle(C_0)
0	1	Indirect cycle(C_1)
1	0	Execute cycle(C_2)
1	1	Interrupt cycle(C_3)

① Fetch cycle

주기억장치로부터 명령어를 읽어 CPU로 가져오는 주기를 말한다. 이 주기의 마이크로 오퍼레이션은 다음과 같다.

C_0t_0 : MAR ← PC	실행할 명령어의 번지를 번지 해독기로 전송한다.
C_0t_1 : MBR ← M(MAR), PC ← PC + 1	해당 번지의 명령어를 MBR로 전송하고 다음에 실행할 명령어의 번지를 지시하게 한다.
C_0t_2 : IR ← MBR	명령 레지스터로 전송(모드 비트는 I로 전송)
C_0t_3 : R ← 1	간접 주기로 간다.
C_0t_3 : F ← 1	실행 주기로 간다.

② Indirect cycle

Operand가 간접 주소일때 operand가 지정하는 곳으로부터 유효 주소를 읽기 위해 기억장치에 한번 더 접근하는 주기이다. 이 주기의 마이크로 오퍼레이션은 다음과 같다.

C_1t_0 : MAR ← MBR(ADDR)	명령어의 주소부분을 번지 해독기에 전송한다.
C_1t_1 : MBR ← M(MAR)	Operand의 번지를 읽는다.
C_1t_2 :	No operation
C_1t_3 : F ← 1 , R ← 0	실행주기로 간다.

③ Execute cycle

기억장치에 접근하여 자료를 읽어 연산을 실행하는 주기이다. 이 실행 명령들의 종류들은 메모리 참조 명령(MRI : Memory Reference Instruction), 레지스터 참조 명령(RRI : Register Reference Instruction), 입출력 명령(IOI : Input Output Instruction) 등이 있다.

■ AND 명령

이 명령은 메모리의 내용과 Accumulator의 내용을 비트 AND 논리 동작을 취하여 Accumulator에 저장하는 명령이다.

$q_0C_2t_0$: MAR ← MBR(ADDR)	유효 주소를 전송한다.
$q_0C_2t_1$: MBR ← M(MAR)	operand 를 읽는다.
$q_0C_2t_2$: AC ← AC AND MBR	AND 연산을 수행한다.
C_2t_3 : F ← 0	Fetch cycle로 간다.

■ ADD 명령

이 명령은 메모리의 내용과 Accumulator의 내용을 더한 후 최종 carry는 E flip-flop에 최종 합의 결과는 Accumulator에 저장하는 명령이다.

$q_1C_2t_0$: MAR ← MBR(ADDR)	유효 주소를 전송한다.
$q_1C_2t_1$: MBR ← M(MAR)	operand 를 읽는다.
$q_1C_2t_2$: EAC ← AC + MBR	ADD 연산을 수행한다.
C_2t_3 : F ← 0	Fetch cycle로 간다.

■ LDA 명령

메모리의 내용을 Accumulator에 전송(load)하는 명령이다.

$q_2C_2t_0$: MAR ← MBR(ADDR)	유효 주소를 전송한다.
$q_2C_2t_1$: MBR ← M(MAR) , AC ← 0	operand 를 읽는다. AC를 clear 시킨다.
$q_2C_2t_2$: AC ← AC + MBR	AC로 load 한다.
C_2t_3 : F ← 0	Fetch cycle로 간다.

■ STA 명령

Accumulator의 내용을 메모리에 전송(store)하는 명령이다.

$q_3C_2t_0$: MAR ← MBR(ADDR)	유효 주소를 전송한다.
$q_3C_2t_1$: MBR ← AC	AC의 내용을 buffer로 전송한다.
$q_3C_2t_2$: M(MAR) ← MBR	메모리로 내용을 전송(store)한다.
C_2t_3 : F ← 0	Fetch cycle로 간다.

■ BUN 명령(Branch Unconditionally)

프로그램의 흐름을 지정된 유효 번지로 옮기는(jump) 명령이다.

$q_4C_2t_0$: PC ← MBR(ADDR)	분기할 번지를 PC에 전송한다.
$q_4C_2t_1$:	No operation
$q_4C_2t_2$:	No operation
C_2t_3 : F ← 0	Fetch cycle로 간다.

■ BSA 명령(Branch and Save return Address)

Sub program으로 분기하고 return 번지를 저장하기 위한 명령이다.

```
q₅C₂t₀ : MAR ← MBR(ADDR)        return 번지를 기억시킬 위치 선정
        MBR ← PC                return 번지 buffer에 전송
        PC ← MBR(ADDR)          sub program의 시작번지 선정
q₅C₂t₁ : M(MAR) ← MBR           주 프로그램의 return 번지를 메모리에 기억 시킨다.
q₅C₂t₂ : PC ← PC + 1            sub program을 수행하기 위한 번지
C₂t₃ : F ← 0                    Fetch cycle로 간다.
```

예) BSA TEST 의 명령이 수행되는 과정은 다음과 같다.(CALL TEST)

이 명령이 수행되는 과정은 sub program인 TEST program으로 branch 하여 sub program을 수행한 후 BSA TEST 명령의 다음 명령(return address)을 수행하여야 한다.

★ BSA TEST 명령이 MBR에 기억되어 fetch cycle 이 끝난 경우, BSA TEST 명령의 다음 번지가 150 이라고 한다면 각 register의 상태는 다음과 같다.

| 150 | PC |

| BSA TEST | MBR |

★ return address가 150이 되고 sub program의 시작번지가 TEST이므로 TEST 번지(sub program의 시작 번지)에 되돌아갈 번지를 기억하고 TEST+1 번지부터가 실제로 sub program의 실제 명령이 시작되는 번지이다. 즉, TEST 번지는 return address를 save 시키기 위한 위치로 사용되는 것이다.

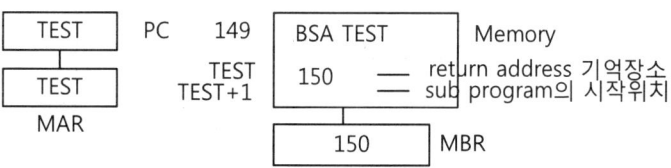

- ISZ 명령(Increment and Skip if Zero)

조건에 따라 수행 문장을 결정짓는 명령이다.

```
q₆C₂t₀ : MAR ← MBR(ADDR)            명령의 주소 부분을 번지 해독기에 전송한다.
q₆C₂t₁ : MBR ← M(MAR)               Operand 를 읽는다.
q₆C₂t₂ : MBR ← MBR + 1              1증가
q₆C₂t₃ : M(MAR) ← MBR               결과값 메모리에 기억시킨다.
        if(MBR=0) then PC ← PC+1    결과값이 0 이면 다음 명령 skip 시킨다.
```

④ Interrupt cycle

현재 실행중인 명령이 중단되는 상태이다. Cycle을 제어하기 위한 플립플롭 F와 R의 값이 각각 1,1 인 경우 인터럽트 사이클이 된다. 이때 메모리의 0번지는 return address를 기억시키기 위한 장소로 사용된다. 그리고 메모리의 1번지는 프로그래머가 저장한 분기번지를 저장하기 위한 영역으로 사용한다.

```
C₃t₀ : MBR ← PC              return address 값 buffer에 기억,
       PC ← 0                return address 값이 기억될 위치 선정(0 번지)
C₃t₁ : MAR ← PC              기억될 위치 해독
       PC ← PC + 1           interrupt로 분기할 번지 선정(1 번지)
C₃t₂ : M(MAR) ← MBR , IEN ← 0   0번지에 return addres 값 기억
```

현재 메모리의 149번지에 "DIV A,B" 의 명령이 기억되어 있다고 하자. B 번지의 내용이 0이었다면 이 명령은 나눗셈에서 분모의 값이 0인 경우 나눌 수 없으므로 인터럽트가 수행되어져야 한다. 그러면 PC는 150을 기억하고 있으므로 이 번지를 메모리의 0 번지 저장시키는 절차를 수행하면 되는 것이다.

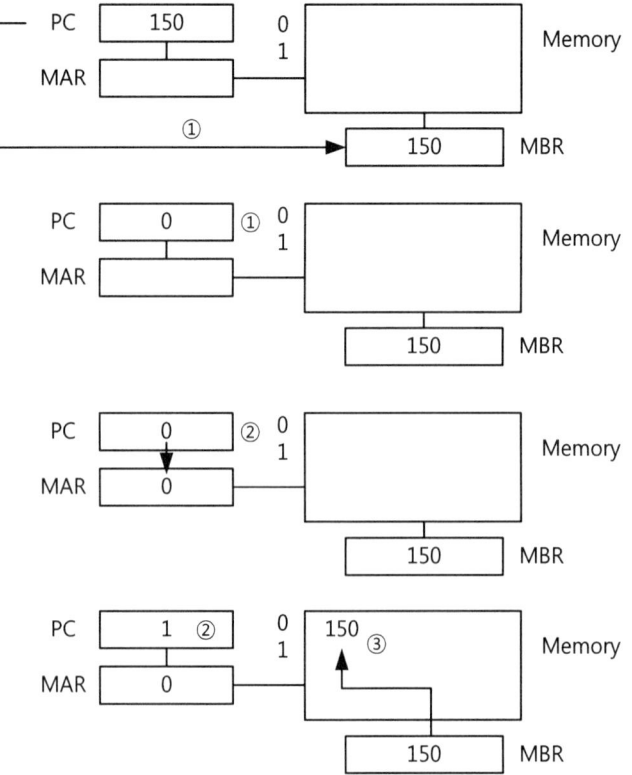

2) Operand

명령어에서 operation code는 수행되어야하는 동작을 지정한다. 그리고 이 동작은 레지스터나 메모리에 있는 자료에 의해 수행된다. 이 자료를 의미하는 것이 operand 이다. 프로그램이 수행되는 동안 operand가 지정되는 방법은 명령의 addressing mode에 의해 좌우된다. Addressing mode 기법은 다음과 같은 목적으로 사용된다.
- 포인터(pointer), 인덱싱(indexing), 프로그램 리로케이션(relocation) 등의 편의를 사용자에게 제공함으로써 프로그래밍 하는데 융통성을 준다.
- 명령의 번지 필드의 비트 수를 줄인다.

(1) Operand의 수에 따른 분류

① 0-번지 명령어 형식

```
operation code
```

명령어에 operand가 없는 형식으로 처리 대상이 묵시적으로 정의되어 있는 형식이다. Stack의 top 위치가 operand이다. 반드시 stack 메모리가 필요하며 수식을 계산하기 위하여 수식을 postfix(reverse polish notation) 형식으로 바꾸어야한다. 스택 메모리는 LIFO(Last In First Out) 구조 형태를 가지고 있다. 즉, 가장 나중에 저장된 내용이 가장 먼저 꺼내지는 구조의 메모리이다. 스택은 스택의 번지를 지정하기 위하여 하나의 특별한 레지스터를 가지고 있어야 하는데 이것이 stack pointer(SP) 이다. 스택에서의 동작은 item을 메모리에 넣는 동작인 PUSH 동작과 빼내는 POP 동작이 있다. 이러한 동작은 스택 포인터 레지스터의 값을 1씩 증가 또는 감소시킴으로써 수행시킬 수 있다.

- PUSH micro operation
  $SP \leftarrow SP + 1$
  $M(SP) \leftarrow MBR$
  if(SP = N) then (FULL ← 1)
  EMPTY ← 0
- POP micro operation
  $MBR \leftarrow M(SP)$
  $SP \leftarrow SP - 1$
  if(SP = 0) then (EMPTY ← 1)
  FULL ← 0

EMPTY가 1인 경우(item이 전혀 없는 경우)에 POP 하거나, FULL이 1인 경우(item이 stack에 꽉찬 경우) PUSH 하는 동작은 잘못된 동작이다. 즉, underflow 와 overflow 상태임을 의미한다.

전자계산기 일반

수식 표현의 3가지는 다음과 같다.
- infix 표기법 : A + B
- prefix 표기법 : + A,B
- postfix 표기법 : A,B +

예) X = A + B * C / D - E 의 식을 0-번지 형식으로 나타내시오.

0-번지 형식으로 나타내기 위해서는 수식을 postfix 표기법으로 나타내야한다.

먼저 수행되는 순서대로 괄호를 친다.

(X = ((A + ((B * C) / D)) - E))

각 괄호안에서의 연산자가 가운데 표기되어 있기 때문에 주어진 식은 infix 표기법으로 나타낸 식이다. 각 괄호에서의 연산자를 각 괄호의 오른쪽 닫는 괄호의 위치 놓은 식으로 변경시키면 postfix 표기법에 의한 수식이 된다. 물론 왼쪽에 오도록 표기하면 prefix 표기법에 의한 수식이 된다.

X = ((A + ((B * C) / D)) - E)

Postfix 표기 : A B C * D / + E - =

```
PUSH A
PUSH B
PUSH C
MUL
PUSH D
DIV
ADD
PUSH E
SUB
POP X
```

② 1-번지 명령어 형식

operation code	operand

모든 자료 처리가 누산기(accumulator)에 의해 처리되는 명령이다.

예) X = A + B * C / D - E 의 식을 1-번지 형식으로 나타내시오.

LOAD B	Acc ← B
MUL C	Acc ← Acc * C : B * C 의 의미
DIV D	Acc ← Acc / D : B * C / D 의 의미

```
STORE P            P ← Acc
LOAD A             Acc ← A
ADD P              Acc ← Acc + P : A + B * C / D 의 의미
SUB E              Acc ← Acc - E : A + B * C / D - E 의 의미
STORE X            X ← Acc : X = A + B * C / D - E 의 의미
```

③ 2-번지 명령어 형식

operation code	1st operand	2nd operand

2-번지 명령어 형식은 실제로 컴퓨터에서 가장 많이 사용되는 형식으로서 레지스터나 메모리를 지정하는 두개의 operand field를 가지는 형식이다.

예) X = A + B * C / D - E 의 식을 2-번지 형식으로 나타내시오.
```
MUL B,C            B ← B * C
DIV B,D            B ← B / D
ADD A,B            A ← A + B
SUB A,E            A ← A - E
MOVE X,A           X ← A
```
각 변수에 기억 되어 있었던 자료가 깨지는 현상이 나타난다.
원시 자료의 보존이 필요한 경우에는 3-번지 형식을 사용하여야한다.

④ 3-번지 명령어 형식

operation code	1st operand	2nd operand	3rd operand

결과 주소

3-번지 명령은 레지스터나 메모리의 자료를 지정하기 위한 두개의 operand와 결과를 저장하기 위한 한 개의 operand가 필요한 명령어 형식이다. 원시자료가 잃어버리지 않고 보존 된다는 장점이 있으나 명령어를 나타내기 위한 bit 수가 많이 필요하다.

예) X = A + B * C / D - E 의 식을 3-번지 형식으로 나타내시오.
```
MUL B,C,P          P ← B * C
DIV P,D,Q          Q ← P / D
ADD A,Q,P          P ← A + Q
SUB P,E,X          X ← P - E
```

(2) Operand가 어디 있는가에 따른 분류
　① Immediate operand

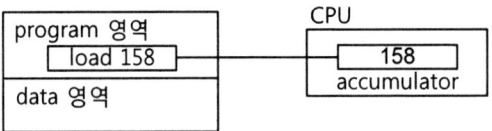

Operand가 명령어 자체 내에 있다. 즉, 명령어 내에 자료의 위치를 나타내는 주소가 아니라 실제 값이 기억되어 있는 명령어 형식이다.

　② Direct operand

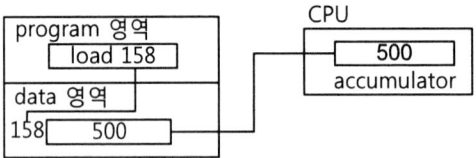

명령어의 operand 부분이 그대로 유효 번지를 의미한다.

　③ Indirect operand

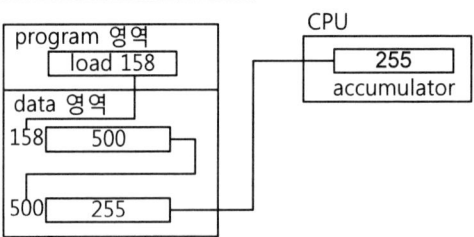

명령어의 operand field가 가리키는 번지에는 유효 번지가 있는데 메모리로부터 명령어를 인출하고 그것의 operand로부터 유효 번지를 계산하여 동작한다.

　④ Indexed operand

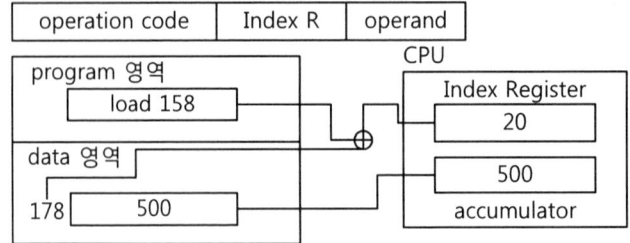

명령어의 operand 부분과 Index register의 값이 더해져서 유효 번지가 결정되는 명령어 형식이다.

⑤ Relative operand

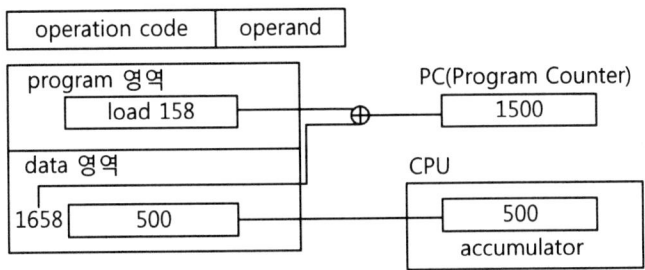

프로그램 카운터(PC)가 명령어의 operand 부분과 더해져서 유효 번지가 결정되는 명령어 형식이다.

- Implied mode
  Operand가 묵시적으로 정의된 명령어 형식이다. 0-번지와 1-번지 명령어 형식은 implied mode 명령어 형식이다. 스택과 Accumulator 가 묵시적으로 정의되어 있다.

3. 명령어의 종류

컴퓨터는 여러가지 계산을 위한 작업으로서 사용자에게 제공하는 광범위한 명령어의 집합을 가지고 있다. 같은 명령이라 하더라도 어셈블리어는 일반적으로 기종에 따라 서로 다르다. 그러나 대부분의 컴퓨터가 가지고 있는 기본적인 명령어의 집합은 다음 중 어느 한가지로 분류된다.
- 데이터 전송 명령(data transfer instruction)
- 데이터 처리 명령(data manipulation instruction)
- 프로그램 제어 명령(program control instruction)

1) 데이터 전송 명령

데이터를 내용의 변경 없이 한 장소에서 다른 장소로 옮기는 명령이다. 일반적으로 메모리와 레지스터 사이의 전송, 메모리와 입출력 사이의 전송, 레지스터와 레지스터 사이의 전송 등이 있다.
- LOAD 명령 : 메모리로부터 레지스터로의 전송 명령
- STORE 명령 : 레지스터로부터 메모리로의 전송 명령
- MOVE 명령 : 레지스터와 레지스터 사이의 전송 명령
- IN, OUT 명령 : 메모리와 입출력 장치간의 전송 명령
- PUSH, POP 명령 : 레지스터와 스택 메모리 사이의 전송 명령

2) 데이터 처리 명령

데이터에 의해 동작을 수행할 연산 능력을 컴퓨터에 부여해주는 명령이다. 데이터 처리 명령에는 산술 연산, 논리 연산, 비트 연산, 시프트 명령 등이 있다.

(1) 산술 연산 명령

기본적인 산술 연산은 가,감,승,제 이다.
- INC 명령 : 메모리나 레지스터의 내용을 1증가(increment)시키는 명령이다.
- DEC 명령 : 메모리나 레지스터의 내용을 1감소(decrement)시키는 명령이다.
- ADD,SUB,MUL,DIV 명령 : 고정 소수점 수, 부동 소수점 수,BCD 수에 대해 사칙연산을 수행하는 명령이다.

(2) 논리 연산 및 비트 연산

논리 연산 명령은 operand의 각 비트를 하나씩 논리적으로 처리한다. 이 명령을 사용함으로써 비트 값을 변경시키거나, 일부분의 비트를 0으로 만들거나, 새로운 비트 값을 operand에 기억시키거나 할 수 있다.
- CLEAR 명령 : operand의 모든 비트가 0이 되게 하는 명령이다.
- COMPLEMENT 명령 : operand의 내용을 1의 보수가 되게 하는 명령이다.
- AND 명령 : operand의 각 비트에서 논리연산을 할 때 operand의 특정 부분을 0으로 만드는데 사용하는 명령이다. 0의 값과 AND 동작을 하면 0(clear)이 되고 1의 값과 AND 동작을 하게 되면 원래의 값 그대로 보존된다. 그러므로 AND 명령은 operand의 특정 비트에 대해 선택적으로 0으로 만들 수가 있다. AND 명령은 마스크(mask)라고 불리기도 한다.
- OR 명령 : 특정 비트의 값을 1로 만들 수 있다. 즉, operand의 특정 부분을 1로 하고 싶으면, 1로 하고 싶은 부분의 비트 값은 1로, 그대로 보존하고 싶은 부분은 0으로 하여 OR 연산을 수행한다.
- XOR 명령 : 선택적으로 임의의 비트만을 1의 보수(반전)로 만들 수 있다. 선택적으로 반전 시키고 싶은 부분은 1로, 그대로 보존하고 싶은 부분은 0으로 하여 XOR(Exclusive OR) 연산을 수행하면 된다.

(3) 시프트 명령

시프트 명령은 operand의 내용을 왼쪽이나 오른쪽으로 이동시키는 명령이다. 이 명령의 종류에는 논리 시프트, 산술 시프트, 회전 등이 있다. 논리 시프트는 왼쪽, 오른쪽에 관계없이 padding 되는 값이 언제나 0이다. 그러나 산술 시프트는 부호 절대치, 부호화된 1의 보수, 부호화된 2의 보수 방법에 따라 padding 되는 값이 다르다. 회전은 환형 시프트 형태로서 시프트되어 나가는 비트는 그 값을 잃어버리지 않고 다른 한쪽 끝으로 들어가게 된다.

3) 프로그램 제어 명령

프로그램 제어 명령에는 프로그램된 태스크(task)가 적절히 수행되도록 하기 위한 명령들로 조건 분기, 무조건 분기, 테스트 명령, 상황 변경 명령 등이 있다. 예를 들어 명령 수행 후 음수, 0, 양수, 산술 overflow 등의 연산 결과에 따라서 주어진 어드레스로 분기하는 명령 등을 들 수 있다. 명령의 종류에 따라 오퍼랜드 수가 결정되는데 제어 명령의 오퍼랜드는 명시적, 암시적인 경우 어느 경우든 하나이거나 경우에 따라서는 전혀 없을 수도 있다. 무조건 분기 명령은 하나의 operand를 갖고 HALT 명령은 operand가 없다.

4. 마이크로 명령(Micro Instruction)

마이크로 명령은 단일 레지스터의 상태 천이를 발생시키는 제어기구로서 내부 사이클을 기동하는데 이것은 출력이 데이터를 제어하는 제어 머신과 조작 머신을 통해서 볼 수 있다. 이들 제어의 유연성은 각종 마이크로 명령을 발생시키는데 수평 마이크로, 수직 마이크로, 나노 명령 등이 그것이다.

1) 수평 마이크로 명령(Horizontal micro instruction)

마이크로 명령의 한 비트가 하나의 마이크로 동작을 관할하게 하는 명령이다. 수평 마이크로 명령은 여러 개의 하드웨어 구성 요소가 동시에 동작하게 할 수 있게 하므로 효율적으로 하드웨어를 사용할 수 있는 장점이 있다. (병렬처리) 그러나 제어 워드의 비트들은 충분히 활용되지 못하며, 워드의 길이가 길어지기 때문에 비용이 많이 든다.

2) 수직 마이크로 명령(Vertical micro instruction)

제어 메모리의 외부에서 디코딩(decoding) 회로를 필요로 하는 마이크로 명령을 말한다. 수평 마이크로 명령은 각 비트가 하나의 마이크로 동작을 제어하기 때문에 제어 비트의 디코딩이 필요하지 않았다. 예를 들면 9비트로 되어 있는 수평 마이크로 명령은 9개의 마이크로 동작을 나타낼 수 있어 9개의 마이크로 동작을 동시(병렬처리)에 수행할 수 있지만 수직 마이크로 명령은 디코딩 회로를 필요로하기 때문에 한 개의 마이크로 동작밖에 수행할 수 없다.

3) 나노 명령(Nano instruction)

인코드된 마이크로 명령은 나노 메모리라는 낮은 레벨의 메모리를 사용하는데 이 나노 메모리에 저장된 워드를 나노 명령이라고 한다. 예를들어 하나의 마이크로 프로그램이 각각 100 bit인 512개의 마이크로 명령이 필요하다고 가정하자. 이 시스템을 단 하나의 메모리로 구현한다면 100 * 512 = 51200 = 50 Kbit의 제어 메모리가 필요할 것이다. 이것을 병렬로 동작하는 마이크로 명령을 사용할 경우 512개의 다른 마이크로 명령 비트 조합이 가능하다고 가정해 보자. 이것을 아래와 같이 2개의 메모리 레벨을 가진 시스템으로 설계하면 효과적인 방법을 얻을 수 있다. 100 * 512 용량의 나노 메모리는 512개의 서로 다른 나노 명령을 저장하기 위하여 사용된다. 제어 레지스터의 크기를 10 bit로 하면 제어 메모리는 1024 * 9 비트로 감소될 수 있다.

512개의 서로 다른 명령을 나타내기 위해서 9 비트가 필요하고 제어 레지스터의 주소 비트가 10 bit이기 때문에 2^{10} = 1Kbit의 크기를 의미한다. 따라서 두 레벨의 메모리 시스템의 총 크기는 제어 메모리 9Kbit(1024*9)와 나노 메모리 50Kbit(100 * 512)로서 59 Kbit의 메모리를 요구하게 된다.

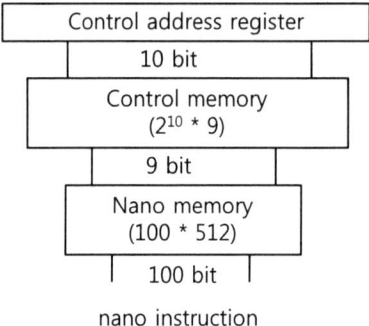

[나노 메모리의 제어 구조]

5. 프로세서의 종류

컴퓨터를 구성하는 요소들 중에 가장 핵심이라고 할 수 있는 프로세서(processor)는 초창기부터 현재까지 설계된 것들은 다음과 같은 것들이 있다.

- CISC(Complex Instruction Set Computing)
- RISC(Reduced Instruction Set Computing)
- 수퍼 스칼라(Superscalar) RISC
- VLIW(Very Long Instruction Word)
- 벡터(Vector)
- 기호 프로세서(Symbolic Processor)

프로세서에 대한 발전은 클록 속도(clock rate)와 명령어당 사이클(CPI : Cycle/Instruction)에 의해 평가된다. 클록 속도는 점차로 커져가도록 하여야하고 CPI는 점점 낮추어져가도록 하드웨어와 소프트웨어의 기술발전이 이루어져야한다.

① CISC
초기 컴퓨터들의 대부분은 CISC 구조를 갖고 시작되었다. 하드웨어의 가격이 상대적으로 고가였기 때문이다. 전형적인 프로세서들로는 i486, MC68040, IBM 390 등이다. 마이크로프로램 제어 방식을 사용하고 클록 속도는 33M ~ 50MHz 이며 CPI는 1 ~ 20 정도이다. 명령어의 갯수는 120 ~ 350개(명령어 크기 16 ~ 64비트) 정도이고 범용 레지스터는 8 ~ 24개, 어드레싱 모드는 12 ~ 24 가지이다. 메모리 참조 연산을 많이 한다.

② RISC
Intel i860, MC88100, SPARC, MIPS R3000 등이 이 구조에 속하며 50 ~ 150MHz의 클록 속도를 갖고 있으며 하드와이어드 제어 방식을 채택하고 있다. CPI는 1 ~ 2 정도를 갖도록 줄여 만든 구조이다. CISC 구조의 명령어들은 25% 정도만이 주로 사용되고 나머지 75%의 명령어들은 거의 사용되지 않으면서 비싼 ROM chip내에 저장되어 있다. 이것의 단점을 보완하기 위해 필요한 명령어들만 ROM chip에 저장시켜 처리하고 나머지 명령어들은 사용 시에 소프트웨어적으로 처리하면 된다. 많이 사용되는 명령어의 갯수가 적으므로 속도가 빠른 하드 와이어드 제어 방식을 채택하였다. 전형적으로 100개 미만의 명령어를 가지고 있고 길이도 고정길이(32bit)로 구성되어 있다. 어드레싱 모드는 3 ~ 5가지 정도를 갖고 있고 대부분 레지스터에 의한 처리 명령이다. 이중 메모리에서 자료를 읽어오기 위한 명령인 load 명령과 수행 후의 결과를 메모리에 저장하기 위한 store 명령이 존재할 뿐이다. 레지스터는 적어도 32개 이상을 갖고 있는 구조이다. 대부분 명령어 캐쉬와 데이터 캐쉬가 별도로 되어 있다.

③ 수퍼 스칼라 RISC
RISC 구조를 병렬처리가 가능하게 함으로써 명령어의 효율적인 처리를 위해 고안된 구조이다. 3개의 명령을 동시에 처리가 가능하고 파이프라인 구조가 4-이슈 프로세서인 경우의 처리를 다음과 같이 보여 주고 있다.

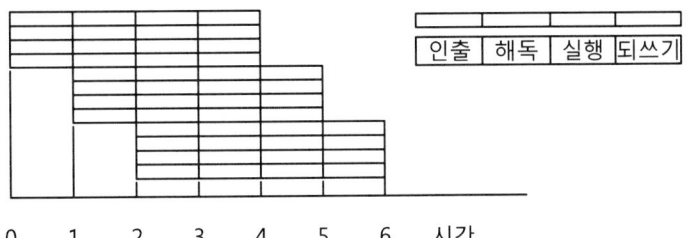

대표적인 수퍼 스칼라 RISC 컴퓨터 구조는 Intel i960CA, IBM RS/6000 등이다. 이 구조들은 cycle 당 2 ~5개의 명령을 수행하는 성능을 가지고 있다.

④ VLIW

VLIW 구조 컴퓨터는 수평 마이크로 명령 형식과 수퍼 스칼라 RISC 구조의 합성 방식으로 구성된 컴퓨터 구조이다. 명령어의 길이가 수백 비트의 크기(256 ~ 1024bit)를 갖고 있는 형식이다. 각 bit가 하나의 명령을 의미하므로 병렬처리가 가능하며 해독을 필요로 하지 않는다. 병렬로 처리한다는 구조적인 면에서 수퍼 스칼라와 유사하게 동작을 하지만 명령어에 대한 부호화는 VLIW 가 쉽게 구현된다. 병렬성이 낮은 경우에는 VLIW의 코드 밀도가 낮다. 즉, 사용하지 않는 코드가 항상 명령어 내에 유지되어야하기 때문이다. 시스템에 대한 호환성이 VLIW 구조가 떨어진다.

전달	실수덧셈	실수 곱셈	정수연산	분기

[VLIW 명령어 형식]

⑤ 벡터 프로세서(Array processor)

벡터 연산을 수행하기 위해 만들어진 컴퓨터 구조이다. 벡터 연산의 대상은 많은 자료들에 대한 연산이다. 벡터 수퍼 컴퓨터의 파이프라인 기법과 SIMD 컴퓨터에서의 병렬성의 구조를 최대로 이용하는 방법의 프로세서이다.

⑥ 기호 프로세서

음성 인식, 패턴 인식, 이론 증명, 전문가 시스템 등의 인공 지능 분야에 적합하도록 만든 컴퓨터 구조이다.

Section 5 기억장치

기억장치는 사용하는 목적에 따라 주기억 장치와 보조기억 장치로 구분된다. 주기억 장치는 CPU에 의해 수행될 프로그램 및 자료를 저장하고 있다. 보조 기억장치는 CPU에 의해 수행될 것을 제외한 모든 정보를 말하며 수행하고자할 경우에는 반드시 주기억 장치로 전송되어야한다. 이때 보조기억장치로부터 주기억장치에 도달하는데 요구하는 평균 시간을 액세스 타임(Access time)이라 한다.

1. 주기억 장치(Main memory unit)

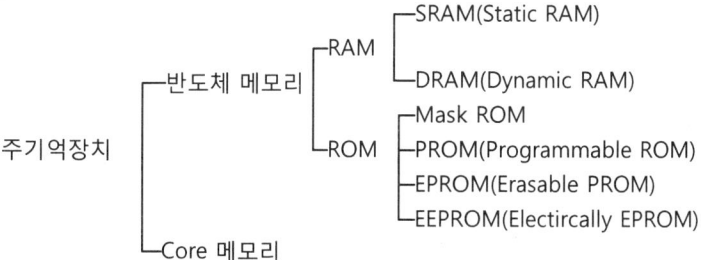

(1) RAM(Random Access Memory)

랜덤하게 호출 가능한 읽고 쓸 수 있는 메모리를 RAM이라고 한다. 데이터가 빈번하게 변화되는 경우에 사용한다. 또한 RAM을 사용한 후 전원을 끊으면 데이터가 소멸된다. 이러한 메모리를 소멸성(휘발성 : Volatile) 메모리라고 한다. 메모리의 번지선은 용량과 관계가 있다. k bit의 번지선은 2^k 의 용량을 가진 메모리에 대한 번지선의 bit 수이다.

$1K = 2^{10} = 1024$

$1M = 2^{20} = 1048576$

$1G = 2^{30} = 1073741824$

$16M = 2^4 2^{20} = 2^{24} = 24bit$의 주소선

주변장치와 주기억장치 사이의 통신은 번지선, 데이터의 입출력선 및 제어선을 통하여 이루어진다. 제어선은 데이터의 전송 방향(입 · 출력)을 정해준다.

① SRAM(Static RAM : 정적 RAM)
② DRAM(Dynamic RAM : 동적 RAM)

위의 정의에 따라 주기억장치는 코어 메모리와 같이 파괴 판독(DRO : Destructive Read Out)이 되는 것과 반도체 메모리와 같이 비파괴 판독(NDRO : Non Destructive Read Out)이 되는 것으로 분류할 수 있다.

휘발성 메모리(volatile memory)와 비휘발성 메모리(nonvolatile memory)에 대해서도 구별이 필요하다. 비휘발성 메모리는 전원이 단절된 후에도 기억정보가 그대로 유지된다. 훼라이트 코어 메모리와 ROM(Read Only Memory)은 비휘발성 메모리이지만 RAM(Random Access Memory)은 휘발성 메모리이다. 주기억장치는 명령이나 자료를 장기간 보존하는 것이 아니기 때문에 비휘발성은 그리 중요하지 않다. 그러나 비휘발성 메모리는 대용량의 메모리 시스템에서는 불가결한 것이다.

(2) ROM(Read Only Memory)

ROM은 읽기 전용 메모리이다. 특정한 제어나 모니터 프로그램 등은 계속적으로 변화시키지 않고 사용되는 프로그램이므로 고정시켜서 사용하면 편리하므로 ROM을 이용한다. ROM의 종류는 다음과 같다.

① Mask ROM

제조 공정 과정중에 Mask 하여 완성된 상태의 ROM으로 대량으로 사용되는 경우에 사용된다.

② PROM

사용자가 필요에 의해 1회에 한해서 프로그램하여 사용되는 ROM이다. PROM은 퓨즈(Fusiable-link) 방식으로 필요하지 않는 부분에 과전류를 흘려 끊어버리는 방식으로 프로그램한다. 한번 끊어진 퓨즈는 연결이 불가능하므로 한번 프로그램된 이후는 변경이 불가능하다. 2개의 2진 변수로 만들 수 있는 최대 연산의 갯수는 16가지이다. 이것을 PROM으로 구현하면 다음과 같다.

ROM의 입력은 AND gate로 구현하는 고정회로(Decoder)이고 출력은 OR gate로 구현하는 가변회로이다.

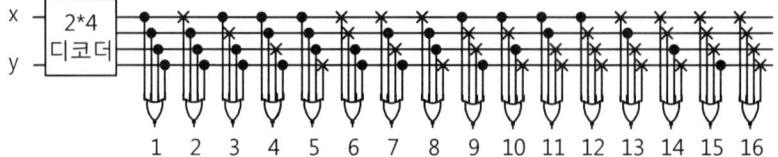

2*4 디코더의 4개 출력에 의해 끊어 버릴 수 있는(fuse) 경우의 수는 16가지가 있다.

4개의 선을 모두 연결시키는 경우 : 1가지

4개의 선중 1개의 선을 끊을 수 있는 경우 : 4가지

4개의 선중 2개의 선을 끊을 수 있는 경우 : 6가지

4개의 선중 3개의 선을 끊을 수 있는 경우(즉, 1개의 선만 연결하는 경우) : 4가지

4개의 선을 모두 끊어버리는 경우 : 1가지

5가지 형태의 경우의 수를 모두 합하면 16가지가 된다.

그러므로 ROM의 입력에 따른 최대 연산의 갯수는 2^{2^n}이다. 여기서 n은 ROM의 입력 숫자이다.

16가지의 각 논리연산 기능은 다음과 같다.

1	1(set)	5	NAND	9	XNOR	13	x⊄y
2	OR	6	x	10	NOT y	14	y⊄x
3	x⊂y	7	y	11	NOT x	15	AND
4	x⊃y	8	XOR	12	NOR	16	0(clear)

예) ROM 으로 전가산기 구현

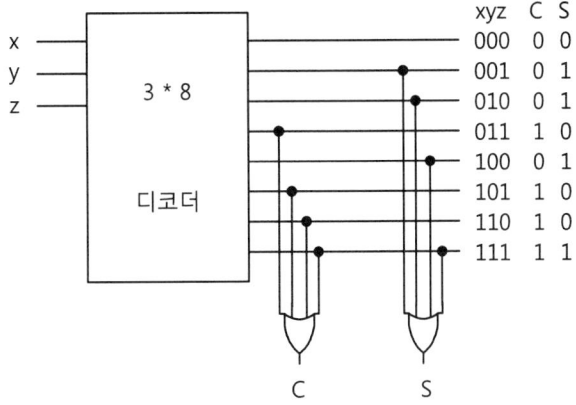

③ EPROM

필요에 따라 언제든지 프로그램을 변경시킬 수있다. 보통 자외선을 이용하여 소거하는데 2500Å 정도의 자외선을 쪼인다.(1Å = 10^{-8}Cm)

④ EEPROM

EEPROM은 EAPROM(Electrically Alterable PROM)이라고도 하는데 전압에 의한 소거 방식을 사용하는 방법이다.

(3) Core memory

아주 작은 자성물질의 링(ring) 형태로서 주로 ferrite core(페라이트 코어)를 많이 사용한다. 한번 자화되면 그 자성을 계속 보존되는 성질을 갖고 있다. 즉, 전원이 끊어져도 기억 내용을 그대로 유지하고 있는 비 휘발성(비 소멸성) 메모리이다. 코어(core)에 꿰어져 있는 도선의 수는 4개이다. X 구동선, Y 구동선, 금지선(inhibit wire), 감지선(sense wire)등이다. 코어의 내용을 판독하게 되면 원래의 내용에 관계없이 모두 0으로 되어버리므로 코어 메모리는 파괴 메모리이다. 원래의 내용을 보존하기 위해 복원(재저장 : restoration)회로가 부가적으로 필요하다.

(4) 캐쉬 메모리(cache memory)

캐쉬 메모리는 기억 계층에 있어서 주기억장치와 CPU 사이에 있는 고속 메모리로서, 주기억 장치의 액세스 타임과 CPU의 처리 속도차가 많을 때 속도차를 줄이기 위해 사용한다.

■ Mapping 방법의 종류
① 직접 매핑(direct mapping)
② 어소시에이티브 매핑(associative mapping)
③ 세트-어소시에이티브 매핑(set-associative mapping)

2. 병렬처리(parallel processing)

1) 컴퓨터 분류

계산 속도를 높이기 위해 CPU내에서 동시에 여러개의 작업을 처리하는 것을 병렬처리라고 한다. 플린(Flynn)에 의한 컴퓨터의 분류는 다음과 같다. 명령어의 수와 데이터의 수에 따른 분류 방법이다.

① SISD(Single Instruction Single Data)
② SIMD(Single Instruction Multiple Data)
③ MISD(Multiple Instruction Single Data)
④ MIMD(Multiple Instruction Multiple Data)

(1) SISD

고전적인 형태의 1개의 CPU에 의해 순차적인 명령어 처리 형태이다. 속도를 증가시키는 방법으로 pipeline 처리 방법이 있다. 이것은 가상 병렬성을 의미한다. 하나의 컴퓨터로 복수개의 일을 병렬로 실행할 때 실질적인 동시 처리와 겉보기의 동시 처리라는 2가지의 실행 형태가 있다. 실질적인 동시 처리는 복수개의 기능을 동작 시킬 수 있는 하드웨어를 구현함으로써 실현된다. 겉보기의 동시 처리는 하나의 하드웨어를 다중화해서 사용하는 소프트웨어 기법을 적용함으로써 모의적으로 실현된다. 이들은 어떤 시간에 각 작업을 독립해서 실행할 수 있는 작업간의 논리적 독립성을 필요로 한다.

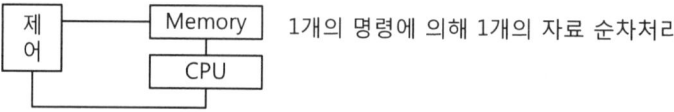

1개의 명령에 의해 1개의 자료 순차처리

① Look ahead

명령 실행은 명령 주기(instruction cycle)와 실행주기(execution cycle)의 두 단계를 거친다. 명령 주기에서 명령 실행에 필요한 준비가 실행되어 실행 주기에서 실제의 명령 실행이 이루어진다. 명령 주기와 실행 주기의 제어장치가 독립하여 동작할 수 있으면 먼저 도착한 명령이 실행주기 단계에서 처리되고 있을 때 다음 명령 주기 단계로 보내서 처리를 병렬로 할 수 있다. 이를 중첩(overlap)이라고 한다. 이런 종류의 병렬 처리 기구를 가진 컴퓨터를 look ahead computer 라고 한다.

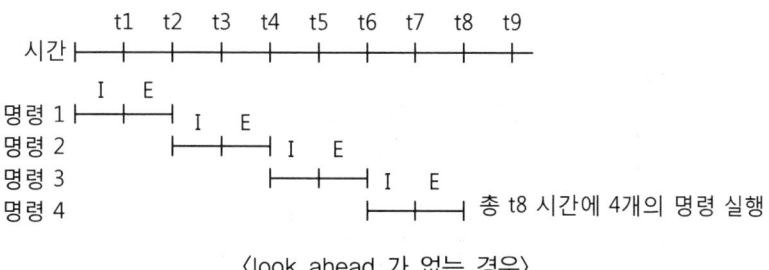

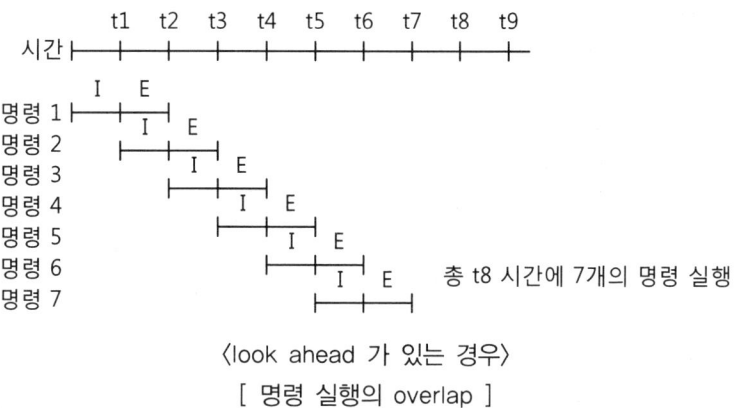

[명령 실행의 overlap]

② 명령 파이프라인(instruction pipeline)

명령의 해석 실행 과정을 더욱 세분화함으로써 명령 실행의 병렬화를 도모하는 방법이다.(가상 병렬성) 복수의 명령이 파이프 속을 흐르며 파이프의 각 단계에서는 다른 명령이 각각 처리된다. 파이프 라인 방법은 통상 연산 처리장치를 여러 개 배치하는 방법과 조합된다. 이때 각 연산처리장치의 하나 하나는 파이프 라인 방법으로 동작된다. 명령 파이프 라인은 FIFO buffer를 사용하여 구현된다. 이 파이프 라인이 최대한으로 사용할 수 없는 몇 가지 중의 하나는 각 세그먼트가 취급하는 데이터 처리 시간이 서로 다른 경우이다.(병목 현상 발생)

③ 인터리빙(interleaving)

2개 이상의 독립된 기억 모듈(modular memory)을 가진 시스템에서는 연속된 어드레스를 다른 모듈에 배분함으로써 높은 시스템의 처리 속도를 얻을 수 있다. 이 방법에 따라 CPU로부터 연속적인 메모리의 액세스가 overlap 되므로 일련의 메모리 액세스 시간 전체는 현저하게 줄어든다. 2way 혹은 4way의 interleave가 많이 사용된다.

(2) SIMD

배열 처리기 구조를 가진 컴퓨터이다. 대부분의 수퍼 컴퓨터(super computer)가 이 구조에 속한다.

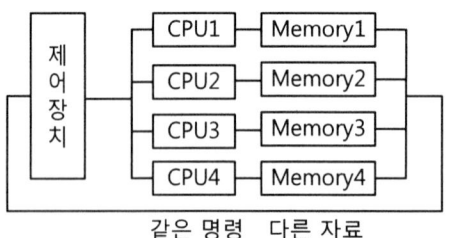

(3) MISD

이론적인 모델일뿐 실제적으로는 사용되지 않는 구조이다. 시스톨릭 어레이 구조라고도 한다.

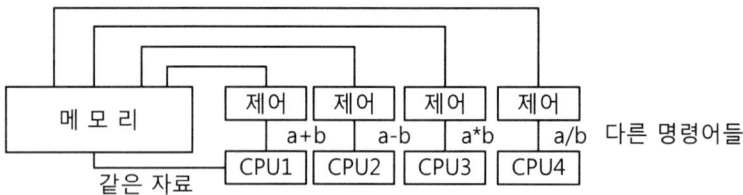

(4) MIMD

진정한 의미의 병렬 구조 컴퓨터이다. 종류로는 multiprocessor(다중 처리기)와 multicomputer(다중 컴퓨터)의 2가지가 있다.

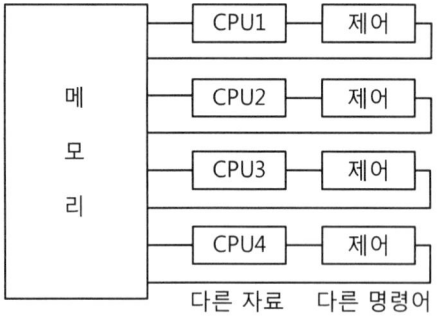

① 다중처리기(Multiprocessor)

CPU의 결합도가 강하게 연결되어있어 강결합 시스템이라고 한다. 다중 처리기에서의 공유 메모리에 접근하는 방법으로 3가지의 형태가 있다.

- UMA(Uniform Memory Access)
  모든 processor들이 모든 메모리 word에 접근하는 시간이 같은 모델을 의미한다.

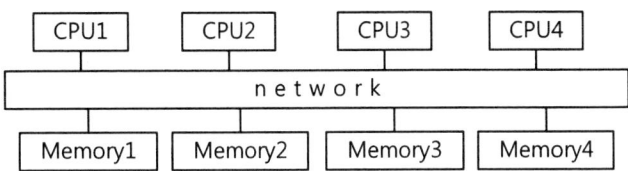

- NUMA(NonUniform Memory Access) 모델
  접근하는 시간이 word의 위치에 따라 시간이 다르게 걸리는 모델이다.

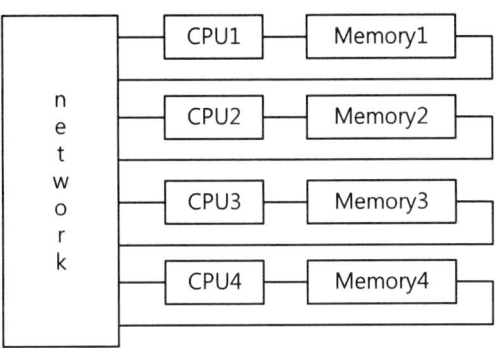

- COMA(Cache Only Memory Architecture) 모델
  캐쉬만(cache only) 있는 모델 형태이다.

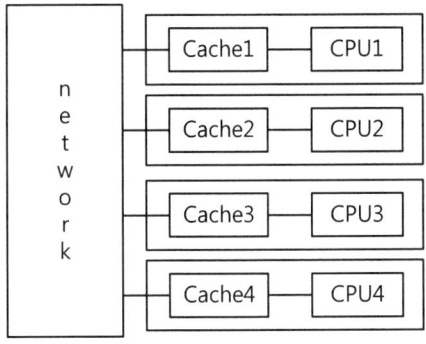

■ 다중 처리기의 CPU 연결 방법

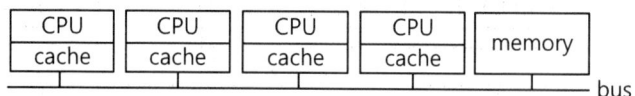

[bus 형 다중처리기]

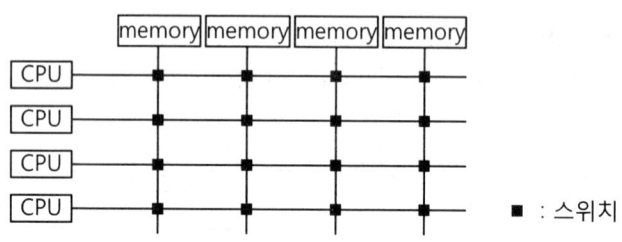

[크로스바 스위치 다중처리기]

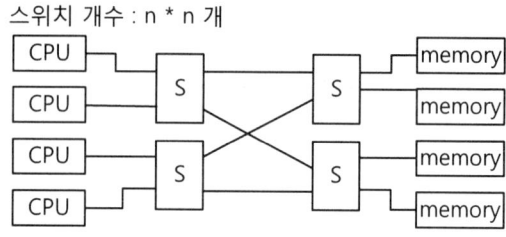

[오메가 스위치 다중처리기]

스위치 개수 : $n/2 \times \log_2 n$ 개

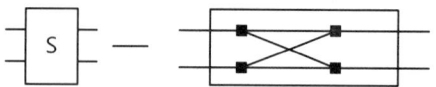

[2 * 2 오메가 스위치 내부 구조]

1개의 2*2 오메가 스위치 내부에는 4개의 스위치로 구성된다.

② 멀티 컴퓨터(Multicomputer)

CPU 들끼리의 결합도가 약하게 연결된 상태이므로 약결합 시스템이라고 한다. 멀티 컴퓨터 시스템은 분산 시스템이라고도 한다.

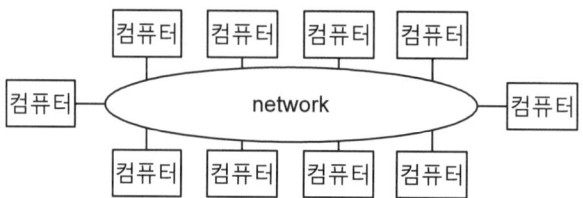

■ 멀티(다중) 컴퓨터의 CPU 연결 방법

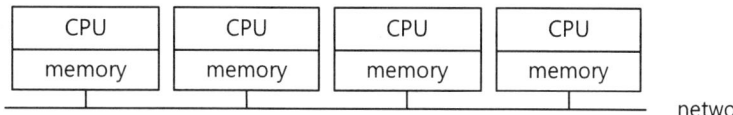

[bus 형 다중컴퓨터]

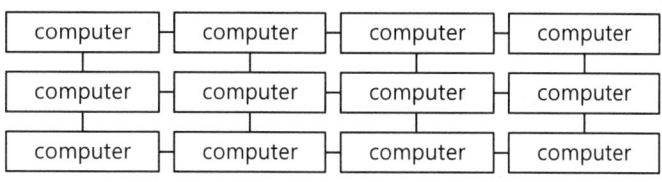

[그리드 스위치형 다중 컴퓨터]

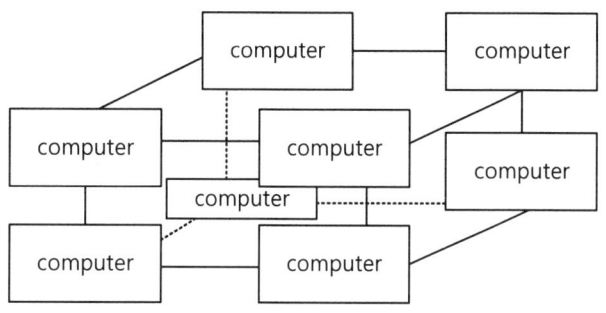

[하이퍼 큐브 스위치형 다중 컴퓨터]

하이퍼 큐브 형태는 각 컴퓨터에 연결된 선은 $\log_2 n$ 개이다. 128개의 컴퓨터인 경우는 7개가 된다. 4개인 경우는 각 컴퓨터의 연결선은 2개이며 링(ring) 형과 동일하다.

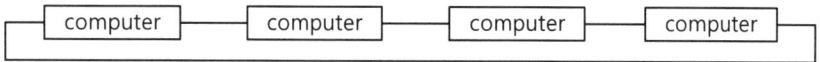

[하이퍼 큐브 형 또는 링형 구조 다중 컴퓨터]

■ CPU와 운영체제의 사용 형태에 따라 다음과 같이 4가지로 분류할 수 있다.

하드웨어	운영체제	의미
강 결합	강 결합	다중처리기 시분할 시스템
강 결합	약 결합	다중처리기 분리 수행
약 결합	강 결합	분산 운영체제
약 결합	약 결합	망 운영체제

2) 시스템 상호 연결

CPU들의 연결을 위한 상호 연결방법은 다음과 같이 크게 2가지로 구별 된다.

- 정적 연결 : 프로그램이 실행되는 동안에 연결이 고정적
- 동적 연결 : 프로그램이 실행되는 동안에 연결이 가변적

3) 성능 평가

시스템의 성능 평가는 같은 프로그램을 수행시킬 경우는 먼저 끝나는 쪽이 **빠른 컴퓨터**라고 할 수 있다. 즉 실행 시간이 중요하다. 그러나 여러 사람이 사용하는 시스템에서의 시스템 입장에서는 처리량(throughput) 이 중요한 요소가 된다.

예) 성능을 향상 시키기 위하여 다음과 같이 구성하는 경우를 보자.
- CPU를 더 빠른 것으로 교체한다.
  응답시간(실행 시간)이 단축되므로 처리량도 좋아진다. 즉, 실행 시간과 처리량 2가지 모두 개선된다.
- CPU를 하나 더 추가 시킨다.
  실행 시간은 단축되는 의미가 아니다. 단지 처리량만 좋아진다.

- 클럭 사이클(clock cycle) : 클럭의 주기 즉, 한 클럭에 대한 시간을 의미한다.
- 클럭속도 = $\dfrac{1}{\text{클럭 사이클}}$
- CPU실행시간 = $\dfrac{\text{CPU 클럭 사이클 수}}{\text{클럭 속도}}$
- CPU클럭사이클수 = 명령어수 × CPI

  (CPI(Cycle Per Instruction) : 한 명령어당 클럭 사이클 수)

- MIPS(Million Instruction Per Second) : 초당 몇 백만개 명령어 처리 능력

  MIPS = $\dfrac{\text{명령어 개수}}{\text{실행 시간} \times 10^6}$

- MFLOPS(Million Floating point Operations Per Second) : 초당 몇 백만개의 부동 소수점수 연산 능력

  MFLOPS = $\dfrac{\text{부동 소수점 연산 개수}}{\text{실행 시간} \times 10^6}$

Section 6 입출력 장치

1. 입출력 명령

입출력(I/O) 명령은 주변 장치와 주기억장치 사이의 데이터 전송을 수행하고 CPU에 접속되어 있는 모든 주변 장치를 제어한다. CPU 및 주기억장치는 채널(channel)에 연결되어 있다. 각 채널은 식별하기 위한 채널 번호를 가지고 있으며 몇 개의 주변 장치와 접속되어있다. 입출력 조작에서의 하드웨어와 소프트웨어의 차이는 대단히 크다. 실제의 데이터를 전송하기 위해 필요한 일련의 입출력 조작을 입출력 절차(I/O procedure)라고 한다.

입출력 절차는 입출력 장치의 모든 장치(CPU, 채널, controller)와 관계된다. 그것은 독립된 프로세서처럼 움직이며 각각의 조작을 실행한다. CPU에 의해 실행되는 입출력 명령(I/O instruction), 채널에 의해 실행되는 입출력 커맨드(I/O command) 및 controller에 의해 실행되는 입출력 명령(I/O order)등이 있다.

(1) 입출력 조작(I/O operation)

입출력 조작은 control operation과 data 전송 operation으로 분류된다. control operation은 주기억장치와 주변장치 사이의 데이터 경로를 확립하여 경로가 올바르게 확립되고 경로 위의 모든 장치가 조작이 가능한지 체크한다. 또, 모든 데이터 전송 및 제어 조작의 가능 여부를 진단한다. 데이터 전송 operation은 미리 확립된 경로를 통해 데이터의 전송을 개시하고 종료한다.

(2) 입출력 명령(I/O instruction)

컴퓨터가 받아들일 수있는 형식의 기계어 명령이다. 수치 연산 명령 등과같이 CPU에 의해 디코드(decode)되어 실행된다. 예를들면, IBM/370 에서의 채널 조작을 초기화하는 START I/O, I/O path의 상태에 관한 정보를 돌려주는 TEST I/O 및 HALT I/O 등이다. 기본적인 입출력 명령의 종류는 일반적으로 많지 않다. 그러나 같은 명령이라도 다른 장치에 대해서는 다른 의미를 가진다.

(3) 채널 커맨드(channel command)

채널 제어 워드(channel control word) 혹은 입출력 서술자(I/O descriptor)라고 불리우기도 한다. 그것들은 채널을 위한 제어 정보를 포함한 비트열로서 채널로 해석된다. 채널은 독립적인 프로세서로서 채널 커맨드는 그 명령이라 할 수 있고, 이것은 CPU와 병행해서 동작한다. 채널 조작은 채널 커맨드의 로케이션을 지정하는 명령, 이미 정의된 메모리나 레지스터에 존재하는 채널 커맨드를 개시하도록 지령하는 명령으로 되어 있다.

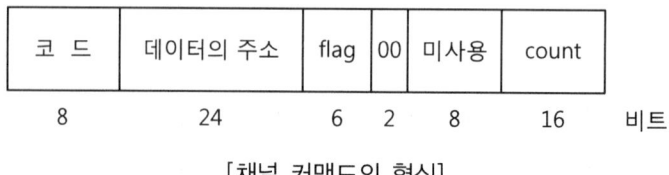

[채널 커맨드의 형식]

채널 동작이 개시되면 커맨드가 실행되어 주변장치 controller와 data의 전송이 실행된다.

2. 입출력 방법

(1) 메모리 맵에 의한 입출력(Memory Map I/O)

메모리의 번지를 interface register로 확장하여 지정하는 것으로 메모리와 입출력 번지 사이에 구별이 없다. 마이크로 프로세서는 interface register를 메모리 시스템의 한 부분으로 취급한다. 스크린 위의 문자 위치 하나하나는 컴퓨터 주기억장치 위의 각 바이트에 1대 1로 관련되어 있다.

(2) I/O mapped I/O(격리(isolated)형 I/O)

I/O interface 번지와 메모리의 번지를 구별하여 지정하는 방법을 격리형 입출력 방법이라고 한다. 이러한 입출력 구성은 microprocessor가 뚜렷한 입출력 명령을 가지며, 각 명령은 interface register의 번지를 갖게 된다.

3. 전송

컴퓨터와 주변장치와의 data 전송은 4가지 형태로 전송된다.

(1) 프로그램 제어하의 데이터 전송

(2) 인터럽트에 의한 데이터 전송

(3) DMA(Direct Memory Access)

(4) 채널(channel)에 의한 데이터 전송

1) 프로그램 제어하의 데이터 전송

프로그램 제어에 의한 I/O는 CPU를 경유하여 메모리에 전송된다. 이렇게 CPU를 경유하게 되면 CPU의 효율이 많이 떨어진다.

2) 인터럽트에 의한 데이터 전송

인터럽트에 의한 데이터 전송은 프로그램 제어 하에 데이터 전송과 같이 CPU를 이용한 입출력 방식이지만 이것의 비효율성을 개선한 방식이다.

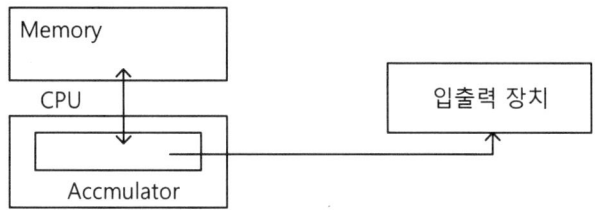

[프로그램 제어 및 인터럽트에 의한 I/O]

3) DMA(Direct Memory Access)

메모리와 I/O 장치 사이에 CPU를 경유하지 않고 자료를 전송하는 방법으로 DMA 방식이 있다. 이 DMA 방식은 CPU를 경유하지 않기 때문에 프로그램 제어하의 전송 방식보다 전송 속도가 높다. 자기 테이프나 자기 디스크와 같은 대용량의 고속 I/O 장치에 적합한 전송 방식이다. 고속으로 자료 전송을 위한 인터페이스 회로로서 DMA 제어기(controller)가 필요하다.

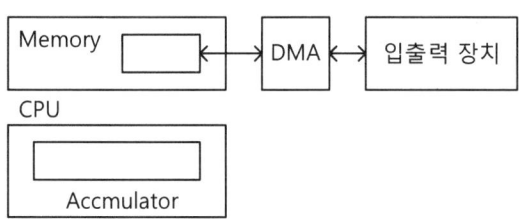

[DMA에 의한 I/O]

DMA와 interrupt와의 차이점은 그림에서와 같이 DMA인 경우는 매 사이클의 끝에서 발생하지만 interrupt인 경우는 한 명령 사이클의 끝 위치에서 발생한다.

명령 사이클			명령 사이클		
Fetch cycle	Indirect cycle	Execute cycle	Fetch cycle	Indirect cycle	Execute cycle
①	②	③	④	⑤	⑥

DMA가 발생할 수 있는 위치는 ①,②,③,④,⑤,⑥이고 interrupt가 발생할 수 있는 위치는 ③과 ⑥의 위치이다. DMA에 필요한 register는 데이터 버퍼 레지스터(Data Buffer Register : DBR), 어드레스 레지스터(Address Register : AR), 데이터 카운트 레지스터(Data Count Register : DCR)이다. DMA에 의한 전송 방법은 한꺼번에 많은 데이터를 전송하는 블록 전송이 있고 CPU가 cycle을 훔치는(cycle stealing) 방법으로 명령 fetch cycle 후 디코딩 시에 한 바이트 또는 두 바이트를 전송하는 방법이다.

4) 채널(Channel)에 의한 데이터 전송

채널(channel)에 의한 데이터 전송은 DMA와 같이 CPU를 경유하지 않고 CPU와 동시에 동작이 가능한 방법의 입출력 방식이다. 위의 3가지의 입출력 방식보다 가장 효율적인 입출력 방식이다. 채널에 대한 입출력 명령과 정보를 기억하고 있는 register들은 다음과 같다.

■ 입출력 명령(I/O instruction)

operation	채널주소	입출력 장치번호	채널 프로그램 주소

① 채널주소 : 채널 제어기들의 주소
② 입출력 장치번호 : 입출력 장치들에 대한 구분
③ 채널 프로그램 주소 : 메모리내의 채널 프로그램의 위치

■ 채널 정보를 갖고 있는 register
① CCW(Channel Command Word)
② CSW(Channel Status Word)
③ CAW(Channel Address Word)

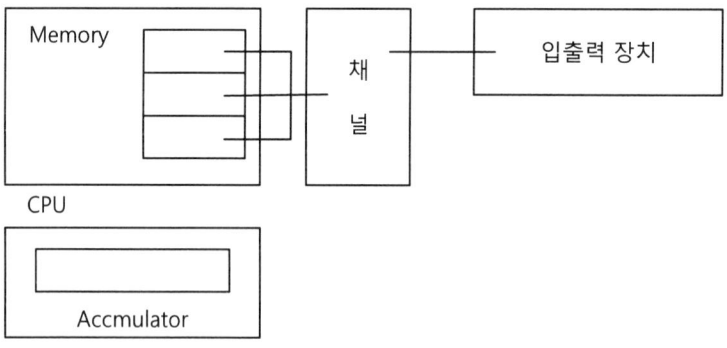

[채널에 의한 I/O]

① 셀렉터 채널(Selector Channel)

Selector channel은 일반적으로 고속도의 입출력 장치(disk, tape 등)와의 입출력을 위해 사용된다. 셀렉터 채널은 서브 채널을 하나만 가진 상태를 말한다. 즉, 어느 하나의 입출력 장치에 전용인 것처럼 사용되는 형태이다. 자료 전송은 자료의 블록 전체가 전송될 때까지 인터럽트 되지 않고 수행된다.

② 멀티플렉서 채널(Multiplexer Channel)
Multiplexer channel은 일반적으로 저속도의 입출력 장치(키보드, 카드판독장치 등)와의 입출력을 위하여 time share에 의해 수행된다. 이는 많은 서브 채널을 포함하고 있는 상태이다.

③ 블럭 멀티플렉서 채널(Block multiplexer channel)
멀티플렉서 채널 + 셀렉터 채널로서 다수개의 고속도 장치에 연결하여 사용하는 채널이다.

4. 입출력 장치의 종류

1) 펀치 카드(Punch card)

입력 매체로 사용되는 표준형 카드는 zone과 digit를 합쳐서 12행(row)에 80열(column)로 이루어져 있다. 길이는 7.375inch(18.7325cm)이고 폭은 3.25inch(8.255cm)이며 두께는 0.007inch(0.01778cm)이다.

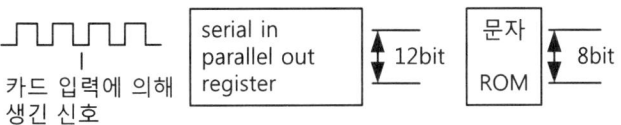

[코드 변환기]

2) 키보드(Keyboard)

표준 입력 장치로서 만일 128개의 문자 코드인 7 bit ASCII code를 사용하는 키보드인 경우에는 128개의 key가 있어야하지만 타자기처럼 시프트 키를 사용하면 key의 갯수는 거의 반으로 줄어든다. 하나의 문자가 눌려지면 encoder 회로에 의해 7bit ASCII code가 발생하여 마이크로 프로세서에 전달되게 된다.

3) 텔레타이프라이터(teletypewriter : TTY)

키보드를 이용하여 자료를 입력하고 프린터로 정보를 출력할 수 있는 입출력 장치이다. TTY는 비동기 직렬 전송 방식에 의한 통신이다. 비동기란 하나의 문자에 start bit 1bit, data bit 7 ~ 8bit, parity bit 1bit, stop bit 1 ~ 2bit 등으로 송수신된다. 송수신을 위한 총 비트가 11 bit이고 최대 전송 속도가 10문자/초 이면 전송 속도는 110 보오(baud)이다. 1초에 110bit를 전송하므로 1bit 전송하는데 걸리는 시간인 bit time은 1/110초 = 9.09 msec이고 word time은 9.09msec * 11bit = 100msec가 된다.

4) CRT(Cathode Ray Tube : 음극선관)

표준 출력 장치로서 모니터 화면에 비교적 빠른 속도로 정보를 나타낼 수 있는 장치이다.

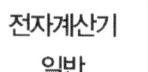

[영상표시장치의 구성]

5) 자기 테이프(Magnetic Tape)

녹음 테이프처럼 폴리에스테르 필름에 자화 물질을 도포하여 자화 형태로 기록할 수있고 (출력), 자화된 내용을 읽을 수 있는(입력) 장치를 자기 테이프장치라고 한다. 1개의 tape reel의 길이는 400 ~ 2400ft인데 보통 2400ft를 많이 사용한다. 테이프의 폭은 0.5inch 이고 7~9 트랙(track)으로 구성된다. 데이터의 기록 밀도는 1inch에 800~6250문자(bpi) 를 기록할 수 있다. 자기 테이프 장치는 tape reel을 자유로이 교환할 수 있다. 테이프는 자료가 기록된 순서대로만 처리할 수 있으므로 순차접근만 가능하고 직접 접근과 동일 테이프 상의 수정이 불가능하다. 자기 테이프에 자료를 기록할 때 record와 record 사이에 기록되지 않는 gap이 생긴다. 이 gap을 IRG(Inter Record Gap)라고 한다. 여러 개의 record를 한 묶음으로 기록될 때는 block 이라고 한다. 이때 block과 block 사이에 쓰이지 않는 gap은 IBG(Inter Block Gap)라고 한다. 자기 테이프에 자료가 기록되는 양을 계산할 때는 반드시 IRG 또는 IBG의 길이를 계산에 포함시켜야한다. 하나의 tape reel에 기록되는 record 수는 다음과 같이 계산한다.

$$\text{레코드 수} = \text{테이프 길이} \div (\text{IBG길이} + \frac{\text{1block 내의 문자수}}{\text{기록 밀도}}) \times \text{블록화 인수}$$

블록화 인수(blocking factor)는 1block 내에 통합되어있는 record 수를 말한다.
Tape reel에 record를 기록하는 형식에는 다음과 같이 3가지 형태가 있다.
① 고정길이 레코드
② 가변길이 레코드
③ 무정형길이 레코드

6) 자기 디스크(Magnetic Disk)

원판형의 표면에 자화 물질을 도포하여 회전시키면서 자기 테이프처럼 자화 시킬 수 있는 장치를 자기 디스크라고 한다. 자기 디스크는 여러 장의 디스크가 하나의 축 위에 고정되어 있는데 이를 디스크 팩(disk pack)이라고 한다. 하나의 디스크 팩은 6 ~ 11매(10 ~ 20면) 정도로 되어 있으며 하나의 면에는 200 ~ 800개 정도의 데이터 기록을 위한 동심원이 구성되어 있는데 이를 트랙(track)이라고 하고 각 트랙은 일정 개수의 섹터(sector)로 구성되어 있다. 읽거나 쓰는 헤드(read/write head)는 각 면마다 1개씩 있다. 헤드는 하나의 축 위에 고정되어 있으므로 모든 헤드는 항상 각 면에서 같은 위치의 동심원을 가리키는데 이 한 단위를 실린더(cylinder)라고 한다. 자기 디스크는 비순서 처리(random access)를 할 수 있고 직접처리 기억장치(DASD : Direct Access Storage Device)에 속하며 주소가 있고 수정할 수 있다.

- Seek time : 디스크 파일 중에 원하는 레코드를 처리하기 위해 Access arm이 지정한 Cylinder까지 찾아가는데 소요되는 시간
- Latency time(search time) : Access arm이 해당 실린더를 찾아간 후 해당 트랙 상에서 원하는 record가 read/write head(sector)까지 도달하는데 소요되는 시간

5. 인터럽트(Interrupt)

시스템에 예기치 못한일이 발생했을 때 이것에 대한 빠르게 응답하기 위한 기능이다. 인터럽트의 발생 원인은 컴퓨터의 용도에따라 무수히 많이 있으나 일반적으로 정전(powerfail)이나 자료 전달 과정에서의 에러(error) 발생과 같은 컴퓨터 자체에 기계적인 문제가 발생하는 경우와 보호된 기억 공간에의 접근이나 불법적인 인스트럭션의 수행 등과 같은 프로그램상의 문제 발생 컴퓨터 조작원의 의도적인 행위 그리고 입출력과 같은 주변장치들의 동작에 대하여 CPU의 기능이 요청될 때 발생하게 된다. 입출력 시에 발생되는 인터럽트는 CPU와 입출력 장치들 간의 속도차가 매우 극심하기 때문에 발생하게 된다.

1) 인터럽트의 형태

(1) 외부 인터럽트(External interrupt)
입출력 장치, 타이밍 디바이스, 전원등 외부로부터의 요인들에 의해 발생되는 인터럽트들이다.
- 입출력 장치가 데이터의 전송을 요구하거나 정보 전송이 끝났을 때
- 정해진 시간이 지났을 때(무한 반복)
- 전원 공급이 중단되었을 때

(2) 내부 인터럽트(Internal interrupt)

사용해서는 안되는 불법적인 명령 또는 자료를 사용하였을때 발생하는 인터럽트이다. 트랩(trap)이라고도 한다.

- Overflow 또는 underflow 시
- 0(zero)으로 나눌시
- Stack의 크기를 over 했을 때
- 보호해야 될 공간에 접근했을 때
- 불법적인 명령

(3) 소프트웨어 인터럽트(Software interrupt)

내부 및 외부 인터럽트는 하드웨어 신호에 의해서 발생하지만 소프트웨어 인터럽트는 명령의 수행에 의해 발생한다. 이것은 감시 관리 call 명령(SVC : Supervisor Call)에 의한 인터럽트이다. 이 명령은 사용자 모드(user mode)에서 감시 관리 모드로 CPU의 상태를 변화시키는 것이다.

2) 인터럽트 체제의 기본적인 요소

① 인터럽트 요청 신호 회로(interrupt request circuit)
② 인터럽트 처리 루틴(interrupt processing routine)
- 인터럽트 감지
- 하드웨어 및 소프트웨어 상태 보존
- 인터럽트 서비스 루틴으로 분기
- 인터럽트 상태 복구 및 처리 재개
③ 인터럽트 취급 루틴(interrupt service routine)
- 인터럽트에 대한 실질적인 조치
- 제어를 인터럽트 처리 루틴으로 반환

3) 우선 순위 체제

(1) 소프트웨어에 의한 우선 순위

우선 순위를 소프트웨어적으로 알아내는 방법은 폴링(polling) 방식에 의한 인터럽트 처리 방법으로 이 방법은 모든 인터럽트를 위한 공통의 서비스 프로그램을 가지고 있다. 폴링 방식은 융통성이 있고 경제적이지만 처리 속도가 느리다.

(2) 하드웨어 방식에 의한 우선 순위

① 데이지 체인(Daisy chain)에 의한 우선 순위

우선순위를 하드웨어적으로 해결하는 방법도 있는데 하드웨어 우선순위 인터럽트 장치는 인터럽트 라인을 직렬이나 병렬로 연결하여 우선 순위를 결정하는 것으로 이중 직렬로 연결하여 우선 순위를 결정하는 것을 데이지 체인(Daisy-chain) 방법이라 한다. 우선 순위가 가장 높은 장치를 선두에 두고 우선 순위에 따라 연결하는 방식이다.

6절 - 입출력 장치

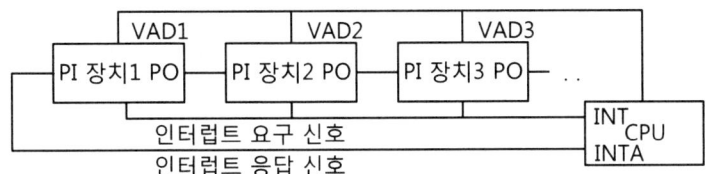

[인터럽트 처리 데이터 버스]

② 병렬 우선 순위 인터럽트(parallel priority interrupt)

인터럽트 요구선에 동시에 요구할 경우 우선순위를 병렬로 처리하는 방법이다. 예를 들어 요구선이 3개인 경우로서 x, y, z 의 순으로 우선 순위가 정해졌다고 가정한다. 요구할 수 있는 경우의 수를 진가표로 구현하면 다음과 같다. 요구선이 3개 이므로 우선순위가 가장 높은 x를 3(11), 그 다음 y를 2(10), z를 1(01)로하고 요구하지 않은 경우의 값을 0(00)으로 하기로 한다.

x y z	I1 I0	
0 0 0	0 0	― 요구가 없는 경우
0 0 1	0 1	― z가 요구
0 1 0	1 0	― y가 요구
0 1 1	1 0	― y와 z가 요구(y를 선택)
1 0 0	1 1	― x가 요구
1 0 1	1 1	― x와 z가 요구(x를 선택)
1 1 0	1 1	― x와 y가 요구(x를 선택)
1 1 1	1 1	― x와 y와 z가 요구(x를 선택)

진가표에서의 출력 값이 같은 경우들로 묶으면 다음과 같다.

x y z	I1 I0	
0 0 0	0 0	
0 0 1	0 1	
0 1 d	1 0	
1 d d	1 1	d : don't care

I1 에 대한 카르노 맵을 그리면

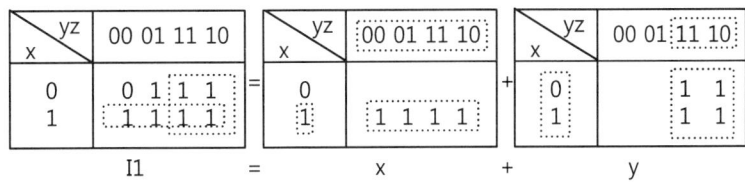

I0에 대한 카르노 맵을 그리면

x \ yz	00	01	11	10
0	0	1	0	0
1	1	1	1	1

I0

=

x \ yz	00	01	11	10
0				
1	1	1	1	1

x

+

x \ yz	00	01	11	10
0		1		
1		1		

$y' \cdot z$

Section 7 컴퓨터 통신

시간과 거리를 극복하기 위해 컴퓨터를 이용한 통신으로 데이터를 처리하는 컴퓨터와 데이터를 전송하는 전기 통신이 결합된 형태이다.

1. 데이터 전송

데이터 전송은 전송 매체를 통해 송신기와 수신기 사이에서 이루어진다. 전송 매체로는 트위스트 페어(twisted pair), 전파회선, 동축 케이블, 광섬유 케이블, 공기, 진공, 해수 등이 있다. 전송 매체가 두지점간에 일대일로 접속하는 경우를 point to point 방식이라고 하며, 송수신하는 데이터의 양이 많을 때 적합하다. Multi point 방식은 하나의 회선에 여러대의 단말장치가 접속되어 있는 방식으로 이 방식은 주로 컴퓨터가 폴링(polling) 하는 시스템에서만 사용이 가능하다. 교환 방식은 교환망을 통하여 단말장들 간에 데이터의 송수신을 행하는 방식으로 전송하는 데이터의 양이 적은 경우에 적합한 경제적인 방식이다.

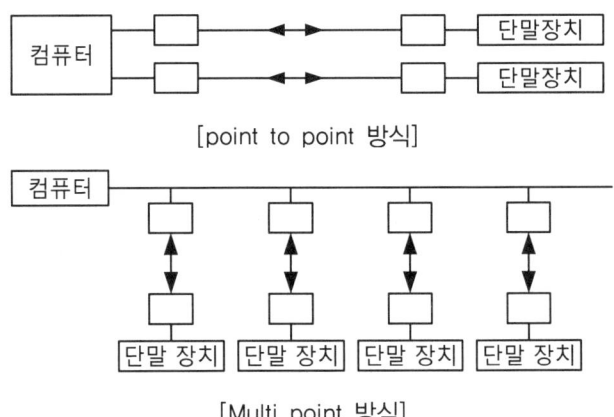

[point to point 방식]

[Multi point 방식]

[전자계산기 일반]

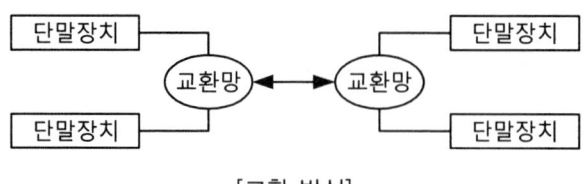

[교환 방식]

전송기술
- 단향 통신(simplex) : 라디오나 TV처럼 방송국에서 각 가정으로 한쪽으로만 전송이 가능한 방식이다.
- 반이중 통신(half duplex) : 양방향으로는 전송이 가능하나 어느 한 순간에는 한쪽으로만 통신이 되는 형태의 전송기술이다. 대표적인 것으로 무전기가 있다.
- 전이중 통신(full duplex) : 동시에 양방향으로 전송이 가능한 형태의 전송 기술이다. 대표적인 것으로 전화가 있다.

- **BPS와 보오(baud)**
  - BPS : Bits Per Second의 약자로 1초당 전송 비트수를 의미한다.
  - 보오(Baud) : 1초당 변조된 횟수를 의미한다. 즉 2진 정보를 몇 비트 단위로 변조하는가에 따라 전송 비트수가 계산된다. 1 비트 단위로 변조하면 BPS와 보오는 같다. 2비트 단위로 변조하면 BPS = 2 * baud 가 된다. 즉, 4위상 변조인 경우 1회에 위상 변화가 4가지 상태(00, 01, 10, 11)를 의미하므로 이 4가지 상태는 2bit에 해당한다. 1200 baud 모뎀이라면 데이터 전송 속도는 2400bps(1200baud * 2)가 된다.
- **전송 속도의 종류**
  - 데이터 전송 속도
  - 데이터 신호 속도
  - 변조 속도
  - 베어러(bearer) 속도

2. 데이터 통신 기술

컴퓨터 시스템에서 사용되는 자료는 대부분 병렬 자료이다. CPU와 주변장치 사이에서는 병렬로 데이터를 입출력할 수 있다. CPU와 I/O port 사이, I/O port와 외부장치 사이에는 interface가 필요하다.

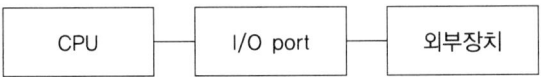

I/O port가 많은 경우에는 디코더(decoder)에 의해 선택한다. 각각의 I/O port는 고유 어드레스를 갖고 있기 때문에 프로그램에서 어드레스에 의해 원하는 I/O port를 선택할 수있다. 외부장치와의 입출력 방식에는 Memory Map I/O 방법과 I/O Map I/O 방법의 2가지가 있다. I/O port와 외부장치와의 전송 방법은 핸드쉐이킹(handshaking) 방법을 사용한다. 이때 전송 방향에 따라 read 동작과 write 동작으로 구분한다. 전송 방향의 구분은 CPU를 기준으로 한다. Read 동작은 외부장치 → I/O port → CPU 이고 write 동작은 CPU → I/O port → 외부장치 순서이다. 원거리 데이터 통신 시에는 병렬 자료를 직렬 자료로 변환하여야 한다. 병렬 자료를 그대로 전송하려면 전송 속도는 빠르지만 설치 비용이 많이 든다.

직렬 자료에 대한 통신 방법으로 동기 통신과 비동기 통신의 2가지 방법이 있다. 비동기 통신을 위한 interface를 UART(Universal Asynchronous Receiver & Transmitter : 범용 비동기 송수신기)라고 하는데 이는 직렬 입력 데이터를 병렬 출력 데이터로, 또한 명렬 입력 데이터를 직렬 출력 데이터로 변환해주는 interface이다. 저속 전송에 적합하며 고속으로 전송을 하고자 할 경우에는 USRT(Universal Synchronous Receiver & Transmitter : 범용 동기 송수신기)를 사용한다. UART와 USRT의 2가지 기능을 모두 갖춘 USART를 사용하기도 한다.

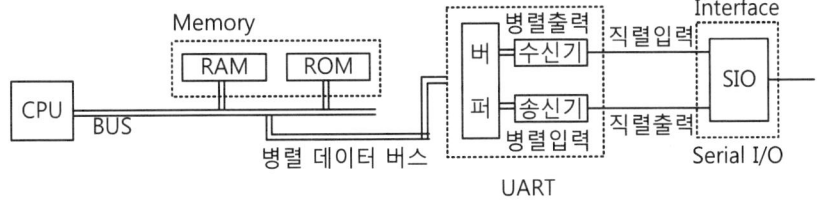

> 전자계산기
> 일반

1) 비동기(Asynchronous)식 전송

비동기식 전송은 start-stop bit를 사용한 데이터 전송 방법으로 한번에 한 글자씩 전송하는 방법이다. start-stop bit는 글자와 글자를 구분해주는 구분자 역할을 한다. 보통 2000 bps 이하의 전송속도에서 사용한다. 비동기식 전송은 전송 효율이 나쁘기 때문에 주로 단거리 전송에서 많이 사용한다.

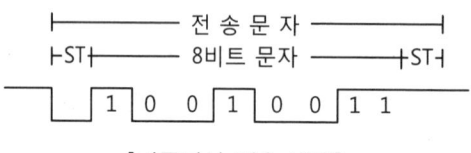

[비동기식 전송 방법]

ST(start bit)는 언제나 1비트이고 SP(stop bit)는 1,1.5,2 의 3가지중 어느 하나이다. Parity bit는 짝수, 홀수의 1bit 또는 부가하지 않을 수(no parity)도 있다.

■ 전송 효율
전송 시에 추가되는 비트를 포함한 상태(start bit, stop bit)의 bit 수와 정보 bit 수와의 비율이다. 이때 정보비트 수는 parity bit가 포함된 비트 수이다.

$$전송\ 효율 = \frac{정보\ 펄스의\ 수}{전체\ 펄스의\ 수}$$

■ 코드 효율
전체 비트 중에서 정보를 나타내는 비트가 차지하는 비율

$$코드\ 효율 = \frac{정보\ 비트\ 수}{전체\ 비트\ 수} = \frac{전체\ 비트수 - 잉여\ 비트\ 수}{전체\ 비트\ 수}$$

■ 전송 시스템 전체 효율
전송을 위한 비트 수까지 포함한 총 비트 수와 실제 정보 비트 수(데이터 비트 수)와의 비율

$$전송\ 시스템\ 전체\ 효율 = 코드\ 효율 \times 전송\ 효율 = \frac{정보비트\ 수(잉여\ 비트\ 제외)}{전체\ 펄스의\ 수}$$

예) 7bit의 ASCII data를 전송하기 위하여 1bit의 start bit, 1bit의 stop bit 및 1bit의 parity bit를 첨가시켜 전송한다면, 이때 전송 효율, 코드 효율, 전송 시스템 전체 효율은 얼마인가?

전체 비트 수 : ASCII data 7bit + Parity bit 1bit
정보 비트 수 : ASCII data 7bit
잉여 비트 수 : Parity bit 1bit

※ 전송 효율 계산 시에는 전송에 사용되는 start bit, stop bit를 포함한 것이 전체 펄스의 수이고 전송을 하는데 필요한 bit만 제외한 나머지 모두가 정보 펄스의 수이다.
※ 코드 효율 계산 시에는 전송을 위한 비트 수인 start bit와 stop bit는 대상이 아니다.

$$전송\ 효율 = \frac{정보\ 펄스의\ 수}{전체\ 펄스의\ 수} = \frac{8}{10} = 80\%$$

$$\text{코드 효율} = \frac{\text{정보 비트 수}}{\text{전체 비트 수}} = \frac{\text{전체 비트수} - \text{잉여 비트 수}}{\text{전체 비트 수}} = \frac{7}{8} = 87.5\%$$

$$\text{전송 시스템 전체 효율} = \text{코드 효율} \times \text{전송 효율} =$$
$$\frac{\text{정보비트 수(잉여 비트 제외)}}{\text{전체 펄스의 수}} = 87.5\% \times 80\% = \frac{7}{10} = 70\%$$

2) 동기(Synchronous)식 전송

동기식 전송은 글자 단위의 전송이 아니라 정해진 글자수들의 모임 단위로 전송되는 방법이다. 보통 2000bps 이상의 전송속도에서 사용되는데 전송 효율이 좋다. 주로 원거리 전송에 많이 이용한다. 정보 프레임의 구성 방법에 따라 문자동기 방식(BSC 방식)과 비트 동기 방식(HDLC 방식, SDLC 방식)이 있다.

■ BSC(Binary Synchronous Communication) 방식

동기 통신 frame				
SYN1	SYN2	데이터 필드	BCC1	BCC2
동기문자(1~2개)			2 byte	

[BSC 방식 통신의 데이터 frame]

데이터 필드의 시작을 알리기 위하여 1~2개의 싱크 캐릭터(Sync character : 16진수로 16)를 사용한다. 데이터 필드의 끝에는 데이터의 체크를 위하여 BCC(Block Check Character)가 2byte 연속적으로 나타난다. 이와같은 방법으로 전송하는 경우에 동기문자 2byte, 데이터 필드 256byte 인 경우의 전송 효율은 98%(256/(256+4)*100) 가 된다. BCC는 데이터 전송이 정확하게 송수신 되었는가를 확인하기 위한 내용으로 CRC(Cyclic Redundancy Check character)라고 불리우는 방법을 사용한다. BSC 방식은 문자(byte) 단위의 통신 방식이다. 에러 제어 방식은 stop-and-wait ARQ 방식을 사용한다.

■ HDLC(High level Data Link Control) 방식

BSC 방식과 마찬가지로 동기 통신 방식이다. BSC 방식은 전송 형태가 문자열을 중심으로 한 문자 지향 프로토콜(Character Oriented Protocol)인데 HDLC는 비트 지향 프로토콜(Bit Oriented Protocol)이다. 에러제어 방식은 GO-Back-N ARQ 방식을 사용한다.

		HLDC frame			
Open Flag	Address field	Control field	Data field	CRC field	Closing field
$7E_{16}$	1byte	1byte	임의의 크기	2byte	$7E_{16}$

[HDLC 방식 통신의 데이터 frame]

Address field의 주소가 FF 인 경우는 브로드캐스트 어드레스(broadcast address)의 의미로 모든 국으로 송출하는 의미한다. 00인 경우는 no station address로서 모든 국이 응답하지 않는다.

[전자계산기 일반]

- SDLC(Synchronous Data Link Control) 방식
  HDLC 방식과 동일한데 SDLC에는 abort라는 기능을 갖고 있어서 송수신측이 도중에 임의로 송신을 중단할 수 있다. 송신측에서 연속된 7개의 '1'을 송출한다. 수신측에서 7개의 '1'을 수신하게 되면 전송 frame이 도중에 abort 된 것으로 해석하고 수신된 자료의 frame을 cancel 한다.

[전송 제어 문자]

Code(16진수)	기호	명칭	의미
01	SOH	Start Of Heading	헤딩 시작
02	STX	Start Of Text	본문의 시작
03	ETX	End Of Text	본문의 끝
04	EOT	End Of Transmission	전송의 종료
05	ENQ	Enquiry	질의
06	ACK	Acknowledge	긍정 응답
10	DLE	Data Link Escape	전송 제어 확장
15	NAK	Negative Acknowledge	부정 응답
16	SYN	Synchronous idle	동기
17	ETB	End of Transmission Block	전송 블록의 종료

3. 데이터 전송 방법

1) 베이스 밴드 전송

컴퓨터에서 사용되는 변조되지 않은 상태의 직류 신호를 베이스 밴드 신호라고 한다. 즉, 디지털 형태의 신호를 의미한다. 전송로로 이 직류 신호를 변조하지 않고 그대로 보내는 전송 방식을 베이스 밴드(base band) 전송 방식이라고 한다. 컴퓨터와 단말장치와 같이 근거리의 통신에 사용된다. 직류 신호를 사용하기 때문에 원거리 통신에는 사용되지 않는다.

┌ 단류 방식 : 1가지의 전압으로 2진 정보를 표현하는 방식
│   0은 0으로 + 전압(또는 -전압)은 1로 대응시키는 방식
└ 복류 방식 : 2가지의 전압으로 2진 정보를 표현하는 방식
     0은 + 전압(또는 -전압), 1은 - 전압(또는 + 전압)으로 대응시키는 방식, 베이스 밴드
     방식에서 주로 사용

┌ RZ(Return to Zero) : 비트의 값 사이에 일정시간 동안 0을 유지하는 방식
└ NRZ(Non Return to Zero) : 비트의 값 사이에 0을 유지 하지 않는 방식

다음은 전송하고자 하는 데이터가 1011100100011 일때 여러가지 베이스 밴드 전송 방식에 대한 파형을 나타낸 것이다.

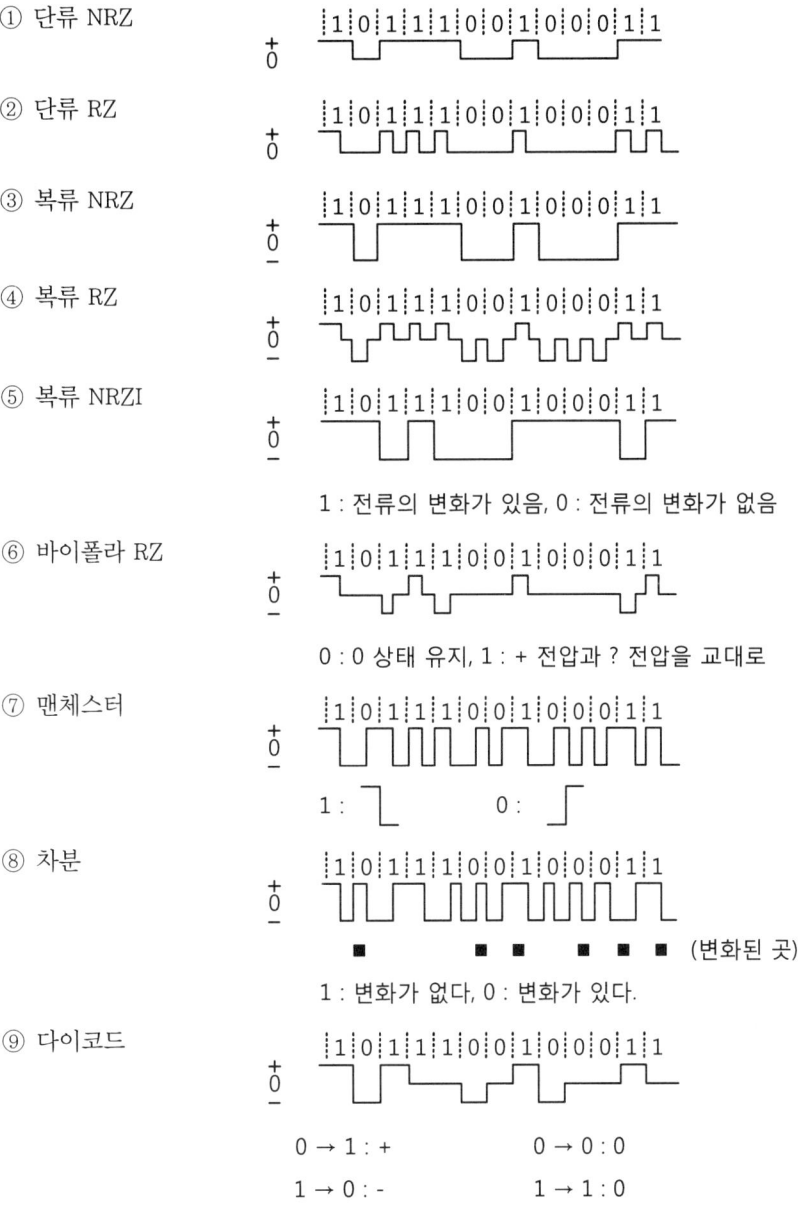

① 단류 NRZ

② 단류 RZ

③ 복류 NRZ

④ 복류 RZ

⑤ 복류 NRZI

1 : 전류의 변화가 있음, 0 : 전류의 변화가 없음

⑥ 바이폴라 RZ

0 : 0 상태 유지, 1 : + 전압과 ? 전압을 교대로

⑦ 맨체스터

1 : ⌐_   0 : _⌐

⑧ 차분

(변화된 곳)

1 : 변화가 없다, 0 : 변화가 있다.

⑨ 다이코드

0 → 1 : +   0 → 0 : 0
1 → 0 : −   1 → 1 : 0

2) 브로드 밴드 전송

원거리 전송 시에는 베이스 밴드 전송은 사용할 수 없다. 브로드 밴드 전송로는 직류 신호가 전송되지 않으므로 교류 신호로 변환하여 전송하여야한다. 이것을 변조라고 한다. 수신측에서 전송 받은 신호를 컴퓨터가 사용 가능한 신호인 직류 신호로 바꾸어야하는데 이를 복조라고 한다. 이 두 기기를 합하여 모뎀(MODEM : Modulator(변조) & Demodulator(복조))이라고 한다. 원거리 통신에 적합한 교류 신호를 정현파라고 하는데 이 정현파를 반송파라고 한다. 이 반송파에 데이터를 혼합하는 것을 변조라고 한다. 변조 방식으로 진폭 변조(AM), 주파수 변조(FM), 위상 변조(PM) 가 있다. 실제로 컴퓨터에 의해 통신할때 변조해야할 자료는 0과 1의 2가지만을 변조하기때문에 진폭 편이 변조(ASK : Amplitude Shift Keying), 주파수 편이 변조(FSK : Frequency Shift Keying), 위상 편이 변조(PSK : Phase Shift Keying)라고 표현하는 것이 일반적이다.

① 진폭 편이 변조(Amplitude Shift Keying : ASK)

$S(t) = A\cos(2\pi f_1 t + \theta)$ ——— binary '1'

$= 0$ ——— binary '0'

데이터 신호의 전압 변화에 따라서 반송파의 진폭을 변화시키는 방식이다.

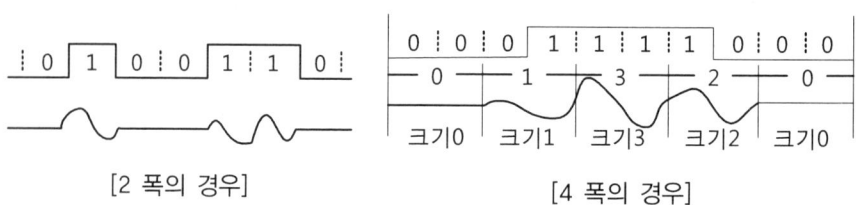

[2 폭의 경우]　　　　　　　　　[4 폭의 경우]

② 주파수 편이 변조(Frequency Shift Keying : FSK)

$S(t) = A\cos(2\pi f_1 t + \theta)$ ——— binary '1'

$= A\cos(2\pi f_2 t + \theta)$ ——— binary '0'

데이터 신호의 0은 높은 주파수(밀), 1은 낮은 주파수(소)를 할당해서 데이터를 전송하는 소밀파 형태이다. 진폭은 항상 일정하다.

③ 위상 편이 변조(Phase Shift Keying : PSK)

$S(t) = A\cos(2\pi f_1 t + \pi)$ ——— binary '1'

$= A\cos(2\pi f_2 t)$ ——— binary '0'

반송파의 위상을 2등분, 4등분, 8등분으로 나누어 각각 다른 위상에 0 또는 1을 할당하거나 2비트 또는 3비트를 한꺼번에 할당하여 상대방에게 보내고, 수신측에서는 이를 약속된 원래의 데이터 신호의 상태로 만들어주는 변조 방식이다. 변조 속도(baud : 보오)는 1초간에 파형상태가 변화하는 횟수이지만 변조 속도가 같아도 다상이 되는 만큼 1초간에 전송 가능한 비트의 수는 증가한다.

- 2위상 편이 변조 방식

    binary '0' → 0°

    binary '1' → 180°

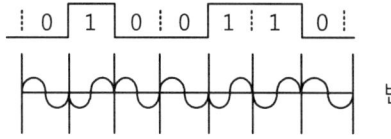

변조 출력

- 4위상 편이 변조 방식

    binary '00' → 0°

    binary '01' → 90°

    binary '11' → 180°

    binary '10' → 270°

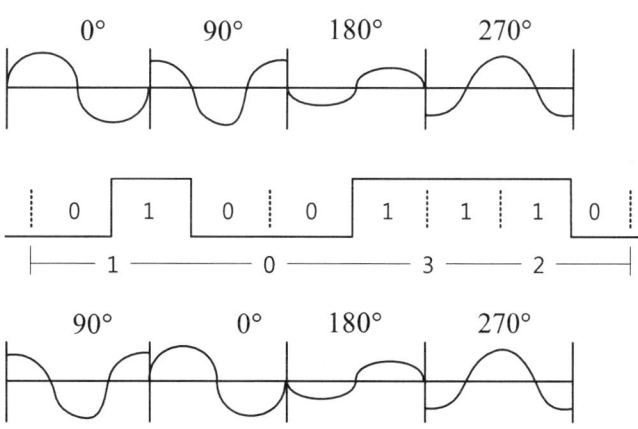

4. OSI

Open System Interconnection의 약자로 개방형 시스템의 상호 접속을 위한 참조 모델이다. ISO(International Standard Organization : 국제 표준화 기구)에서 이 기종 간의 컴퓨터 통신을 위한 규정을 정한 것이다.

1) OSI 참조 모델의 기본 요소 4가지

(1) 개방형 시스템(Open system)
   응용 프로세스(컴퓨터, 통신 제어장치, 터미널 제어장치, 터미널) 간의 통신을 수행할 수 있도록 통신 기능을 제공한다.

(2) 응용 개체(Application entity)
   응용 프로세스를 개방형 시스템 상의 요소로 모델화한 것이다.

(3) 접속(Connection)
   응용 개체간을 연결하는 논리적인 통신 회선이다.

(4) 물리 매체(Physical media)
   시스템 간에 정보를 교환할 수있도록 해주는 전기적인 통신 매체이다.

2) OSI 의 7 layer

개방형 시스템

응용 계층		응용 계층
표현 계층		표현 계층
세션 계층		세션 계층
트랜스포트 계층		트랜스포트 계층
네트워크 계층		네트워크 계층
데이터링크 계층		데이터링크 계층
물리 계층		물리 계층

OSI를 위한 물리 매체

[OSI 7 layer 구조]

(1) 제 1 계층 (물리 계층 : Physical Layer)
   규격화되어 있지 않은 비트 전송을 위한 물리적 전송 매체의 기계적, 전기적, 기능적, 절차적 기능등을 규정한다.
   ① 케이블의 형태(동축 케이블, 광케이블 등)
   ② 데이터 충돌 감지 방식(CSMA, 토큰 방식 등)
   ③ 전송 방식(기저 대역, 광대역 등)
   ④ 데이터 부호화 방식(ASK, FSK, PSK 등)
   ⑤ 신호 형식(아날로그, 디지털 등)
   ⑥ 변조 방식(AM, FM, PM 등)

⑦ 데이터 레이트(BPS, Baud 등)

(2) 제 2 계층 (데이터 링크 계층 : Data Link Layer)
물리 계층에서 사용되는 전송 매체를 사용하여 이웃한 통신 기기 사이의 연결 및 데이터 전송 기능과 관리를 규정한다. 즉, 동기화, 오류 제어, 흐름 제어 기능을 사용하여 데이터 블록을 인접 노드간에 오류없이 전송하는 계층이다.

(3) 제 3 계층 (네트워크 계층 : Network Layer)
두 네트워크를 연결하는데 필요한 데이터 전송과 교환 기능의 제공 및 관리를 규정하고 있는 계층이다.
① 시스템 접속 장비 관리
② 패킷 관리
③ 네트워크 연결 관리
④ 경로 배정(Routing)
⑤ 데이터그램 또는 가상회선 개설

(4) 제 4 계층 (트랜스포트 계층 : Transport Layer)
다른 네트워크들의 종점간에 신뢰성있고 투명한 데이터 전송을 기본적으로 제공하고 오류의 복원과 흐름 제어를 담당한다.
① 종점간 인식
② 흐름 관리
③ 네트워크 어드레싱
④ 네트워크층의 서비스 정도에따라 최적화 결정

(5) 제 5 계층 (세션 계층 : Session Layer)
종점들간의 기본적인 연결 서비스에 기능을 부가하여 실체가 특성에 맞게 데이터를 교환 할 수 있는 연결 서비스를 제공하고 제어 기능을 수행한다.
① 연결 설정, 유지 및 종료
② 대화 관리(단방향, 반이중, 전이중)
③ 메시지 전송과 수신(데이터 동기화 및 관리)
④ 에러 복구

(6) 제 6 계층 (표현 계층 : Presentation Layer)
데이터 구문(syntax) 네크워크내에서 인식이 가능한 표준 형식으로 재구성하는 기능을 수행한다.
① 데이터 재구성
② 코드 변환
③ 구문 검색

(7) 제 7 계층 (응용 계층 : Application Layer)
OSI 환경의 사용자에게 특정한 서비스를 제공하는 기능을 수행하는 계층으로 정보처리를 수행하는 응용 프로그램과의 인터페이스와 통신을 수행하기 위한 기본적인 응용 기능을 제공한다.
① 데이터 베이스, 전자사서함
② 사용자가 다양한 응용 프로그램을 이용

땅에 엎드려서 입을 맞추고 눈물로 그것을 적셔라. 그러면 네 눈물이 대지의 열매를 맺어줄 것이다. 이 땅을 꾸준히 언제까지라도 사랑하라. 무엇이든지 이 세상에 존재하는 모든 것을 사랑하고 또 이 사랑의 열광과 환희를 맛보아라. 네 기쁨의 눈물로 이 땅을 적시기도 하며 너의 그 눈물을 또한 사랑하라.
-도스토예프스키

Introduction to Computer science

www.ucampus.ac

Chapter 2

운영체제

Section 1. 운영체제의 개요

1. 운영체제의 의미

1) 운영체제의 정의

운영체제(OS : Operating System)는 하드웨어(hardware)를 사용하기 위한 소프트웨어(software) 또는 휨웨어(firmware)로 작성된 프로그램의 집합이다. 즉, 운영체제는 컴퓨터에 관련된 모든 자원(resource)들에 대한 관리를 담당한다. 복잡한 하드웨어들을 사용자들로 하여금 독립시키고 숨기기 위하여 가상기계를 제공해주는 소프트웨어이다.

2) 운영체제의 목적

운영체제의 목적은 생산성 향상을 위하여 다음 두 가지 측면에서 고려되어져야한다. 첫째는 시스템적인 측면에서 시스템 자체의 성능이 우수해야하고, 둘째 사용자 입장에서 시스템의 사용이 용이해야한다.

- 시스템의 성능 평가 기준 4가지
    ① 처리능력(Throughput) : 단위 시간 내에 처리하는 일의 양
    ② 응답시간(Turn around time) : Job 이 제출된 시각으로부터 결과를 얻을 때까지 소요된 시간
    ③ 사용 가능도(Availability) : 시스템을 사용하고자할 때 어느 정도 빨리 사용가능한가를 나타내는 능력
    ④ 신뢰도(Reliability) : 시스템이 주어진 문제를 어느 정도로 정확하게 해결하는가를 나타내는 능력

개인의 입장에서는 응답시간이 중요하지만 시스템 전체 관리자 입장에서는 처리량이 중요하다.

예) 클럭 속도 200MHz의 성능을 가진 컴퓨터 A에 의해 10초 동안에 실행되어지는 프로그램이 있다. 이 프로그램을 8초 동안에 실행되어지도록 컴퓨터 B를 만들고자한다면 컴퓨터 B의 클럭 속도는 얼마가 되어야하는가? 단 같은 프로그램을 컴퓨터 B에서 실행시키면 클럭 사이클이 1.5배가 더 필요하다고 가정한다.

[해설] 컴퓨터 A의 클럭 사이클 = 10초 * 200M = 2G
       컴퓨터 B의 클럭 사이클 = 8초 * 컴퓨터 B의 클럭 속도

컴퓨터 B의 클럭 속도 = 컴퓨터 B의 클럭 사이클 / 8 = 컴퓨터 A의 클럭사이클 * 1.5 / 8 = 2G * 1.5 / 8 = 3000M / 8 = 375MHz

3) 운영체제의 필요성

하나의 컴퓨터 시스템은 프로세서(CPU), 메모리(memory), 터미널(terminal), 디스크(disk), 테이프(tape), 인터페이스(interface), 입출력 장치(I/O device) 등이 유기적으로 연결된 것이다. 이들을 활용하기 위하여 이러한 장치들의 상태들을 알아야한다면 컴퓨터 시스템 사용에 상당한 어려움이 따른다. 이러한 복잡한 자원(컴퓨터 시스템)들을 사용자들로부터 독립된 형태로 하여 관리하고 쉽게 프로그램할 수 있는 가상기계를 제공해 주어야하기 때문이다.

- 운영체제의 역할
  ① 사용자(user)와의 인터페이스(interface)
  ② Hardware 및 데이터(data)의 공유
  ③ 자원 스케줄링(scheduling)
  ④ 오류(error) 처리
  ⑤ 입출력(I/O)
- 운영체제가 관리하는 자원(resource)
  계층 1 : Processor(CPU) 관리
  계층 2 : Memory 관리
  계층 3 : Program(Process) 관리
  계층 4 : I/O device 관리
  계층 5 : File 관리
- 운영체제를 직접 부를 수있는 명령 : Supervisor Call , Monitor Call , Executive Request

4) 컴퓨터 시스템의 구성

응용 프로그램	← 사용자
명령어 해석기(command interpreter)	← 사용자=shell=user mode
운영 체제(OS)	← kernel mode=supervisor mode
기계어(machine language)	
마이크로 프로그램(microprogram)	
물리적 장치들(IC, 전원, 전선 등)	

(1) 물리적 장치
   컴퓨터에서의 가장 핵심 부분인 CPU을 의미한다.

(2) 마이크로 프로그램
   기계어에 대한 마이크로 동작들의 집합체이다. 일반적으로 ROM으로 구현시킨다. 각 기계어 명령에 대한 처리를 담당하는 인터프리터이다.

(3) 기계어

200개 정도의 명령어로 구성되어있으며 산술연산, 논리연산 명령등이 있다.

(4) 운영체제

커널(kernel)상태 또는 감독자(supervisor) 상태의 software이다. 운영체제의 핵심 부분(인터럽트 처리 등)은 ROM 으로 구현한다.

(5) 명령어 해석기

사용자 모드(user mode) 또는 쉘(shell) 이라고도한다. 사용자가 컴퓨터에게 명령을 주면 이 명령어 해석기가 해석을 한 후 정상적인 경우의 명령이라면 OS에게 넘겨준다. 사용자 모드에 속하는 다른 software로서는 editor, compiler, linker, loader 등이 있다. 사용자가 DOS prompt(C :) 또는 UNIX prompt($) 상에서 직접 실행 파일명을 입력하였을때 command interpreter가 해석하여 처리한다.

(6) 응용 프로그램

사용자에게 편리를 주기 위하여 만들어진 software이다. 항공기 좌석예약 프로그램, 게임 프로그램, 전자 사서함 등이 여기에 속한다. Window 상에서 마우스에의해 icon을 클릭함으로써 일처리가 가능하게 되는 경우가 응용 프로그램의 덕택이다.

```
10101111101101      →      SUB A,B      →      a = a − b
    기계어                   어셈블리어              고급언어
```

기계어는 모든 책에서의 목차와 같은 역할을 하는 부분이다. 원하는 내용은 목차에서 제목에 대한 해당 페이지를 찾아가면 되는데 내용에 해당하는 부분이 microprogram 이다.

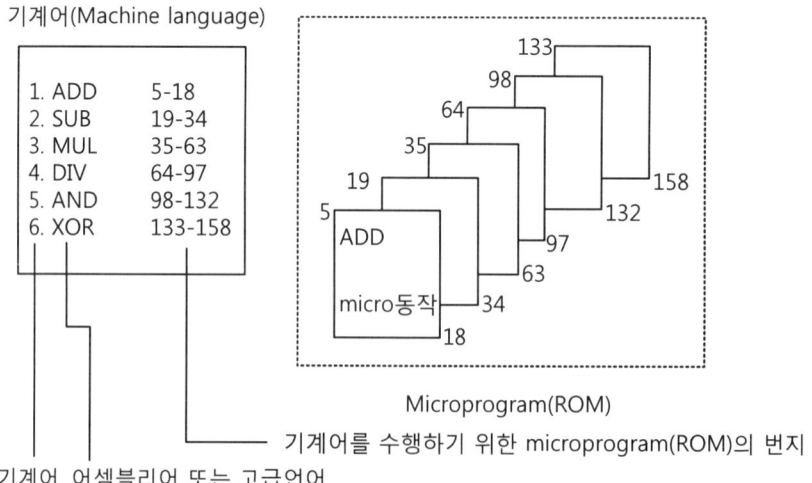

5) 운영체제의 구성

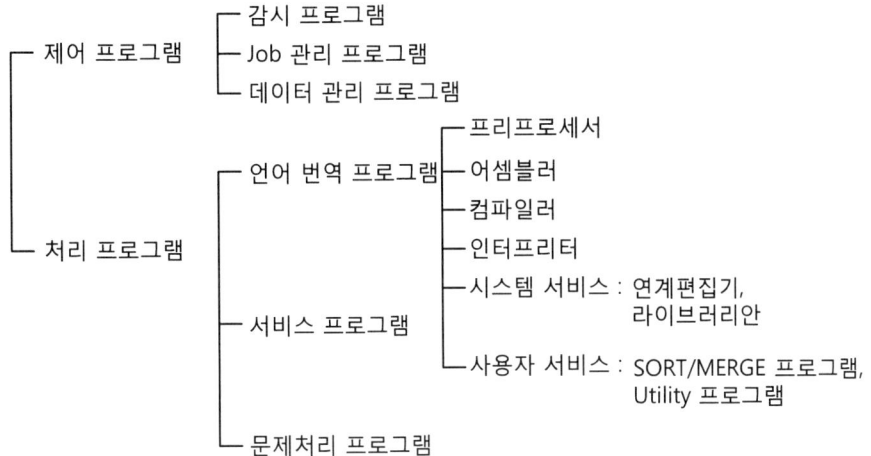

(1) 감시 프로그램(Supervisor program)

제어 프로그램의 중추적 기능을 담당하는 프로그램이다. 처리 프로그램의 실행과 시스템 전체의 동작 상태를 감독하는 기능을 수행한다. 감시 프로그램 중의 핵심(kernel) 부분은 주기억장치의 상주 구역에 상주시키거나 ROM에 의해 구현시켜 수행한다.

(2) 데이터 관리 프로그램(Data management program)

시스템에서 취급하는 각종 file과 데이터를 처리한다. 주기억장치와 보조기억장치사이의 자료 전송, file의 조작 및 사용, 입출력 데이터와 프로그램과의 논리적 연결을 담당한다. 이것들을 총칭하여 입출력 제어 시스템(IOCS : Input Output Control System)이라고 한다.

(3) Job 관리 프로그램(Job control program)

업무 처리에 대한 자동적인 이행을 위한 준비 등의 기능을 수행한다. job의 연속적인 스케줄링, 시스템 자원의 할당 등을 담당한다.

(4) 언어 번역 프로그램(Language translator program)

컴퓨터 hardware가 이해할 수 있는 언어는 기계어이다. 그래서 프로그램 작성은 기계어로 하여야 하지만 많은 시간과 노력이 필요하고 오류가 발생할 소지도 많기 때문에 쉽고 편리하게 작성할 수 있는 언어를 개발하였다. 이러한 언어로 작성된 프로그램을 컴퓨터가 처리할 수있는 언어인 기계어로 번역하여주는 것이 언어 번역 프로그램이다. 프리 프로세서는 매크로의 의미로 치환의 의미를 갖는 번역기이다. 어셈블러는 어셈블리어로 작성된 프로그램을 기계어(object program)로 번역하는 software이다. 컴파일러는 고급언어(COBOL, FORTRAN, PASCAL, C 등)로 작성된 프로그램을 기계어로 번역해주는 software이다. 인터프리터는 고급언어로 작성된 프로그램을 한 문장씩 번역, 실행을 수행하는 software이다. 컴파일러와 인터프리터의 차이점은 기계어의 생성 유무이다. 즉, 컴파일러 언어는 object program을 생성하지만 인터프리터 언어는 object program을 생성하지 않는다.

그러므로 인터프리터 언어는 매 프로그램을 실행할 때마다 번역, 실행의 절차를 거친다.

(5) 서비스 프로그램(Service program)

사용 빈도가 높은 기능을 미리 프로그램으로 작성하여 제공해줌으로써 사용자가 프로그램을 작성하는 노력과 시간을 경감시켜 능률을 향상시켜주기 위한 프로그램이다. 연계 편집 프로그램(Linkage editor program)은 언어 번역 프로그램이 번역한 객체 모듈(object module)들을 하나의 실행 가능한 형태의 load module로 만들어주는 software이다. 라이브러리안 프로그램은 OS를 구성하는 각종 프로그램들을 기능별로 구분하여 디스크에 저장시켜 놓고 필요시에 서비스 기능을 수행하기 위한 software이다. 사용자를 위한 서비스 프로그램으로는 Sort/Merge 프로그램이 있다. 일정한 순서없이 되어있는 자료들을 일정한 순서로 만들어주는 프로그램이 sort(정렬) 프로그램이다. merge(병합) 프로그램은 복수개의 정렬된 file을 한개의 정렬된 file로 만들어주는 프로그램이다. Utility 프로그램은 사용자들에서 유용할 수있는 프로그램들인데 tape to disk, disk to tape, disk to disk 등과 같은 software이다.

(6) 문제처리 프로그램

사용자가 자신의 업무를 처리하기 위해 작성한 프로그램이다.

2. 운영체제의 발전 과정

(1) 제 1 세대(1945 - 1955) : 진공관
프로그램 : 기계어
자료 처리 : 천공 카드 사용

(2) 제 2 세대(1955 - 1965) : 트랜지스터
프로그램 : FORTRAN, ASSEMBLY language
자료 처리 : 일괄처리(batch processing)
운영체제 : FMS(FORTRAN Monitor Syatem)
IBSYS(IBM 기종)

(3) 제 3 세대(1965 - 1980) : IC(집적회로)
프로그램 : 고급언어 등장(COBOL,PASCAL,C,BASIC 등)
자료처리 :
- 다중 프로그래밍(multiprogramming)
과학 기술 계산은 CPU 의존형이어서 CPU 시간의 낭비가 크게 문제가 되지 않지만 상업적 계산은 대부분이 입출력 처리에 시간을 소모하기 때문에 CPU의 이용률이 떨어진다. 여러 개의 프로그램이 주기억장치에 동시에 적재되어 처리되면 CPU의 이용률을 높일 수 있다. 이러한 방법을 멀티프로그래밍이라고 한다. 여러 개의 프로그램이 적재된 주기억장치에서의 각 작업이 간섭받지 않고 수행할 수있도록 하드웨어를 구현하였다.

- 스풀링(SPOOLing : Simultaneous Peripheral Operation On Line)
  작업이 처리되기 위해 도착하는 즉시 카드에서 디스크로 읽어들여 처리하는 기법이다. 메모리의 내용을 프린터로 출력하고자 할때 프린터 출력이 다 끝나야 다음 작업을 수행하게 되는데 이 시간이 너무 길게 소요된다. 프린트하고자하는 내용을 즉시 디스크로 보내어 디스크의 내용을 프린터로 출력하게 하면 디스크로 보낸 후 다음 작업을 곧바로 수행할 수 있어 CPU를 효율적으로 이용할 수 있게 된다. 이때 사용된 디스크를 스풀(SPOOL) 이라고 한다. 외부로 부터 입력받은 작업들은 모두 스풀에 있으므로 스케줄러에 의해 주기억장치의 빈 공간으로 적재시켜 실행된다.
- 3 세대의 운영체제는 일괄처리를 기본으로 하고 있으나 빠른 응답을 위해 터미널을 이용하여 시분할 시스템이 도입되었다. 시분할 시스템(Time Sharing System)을 이용한 다중 프로그래밍은 여러 명의 사용자들과 대화식(interactive)으로 작동함으로써 빠른 응답을 가져오게 되었다.
- 실시간 처리(Real Time Processing) : 즉각적인 응답을 위한 방법으로 시스템의 활용도는 높지 못하다.
  운영체제 : MULTICS(MIT에서 개발된 시분할 시스템 운영체제)

(4) 제 4 세대(1980 - 1990) : LSI(대규모 집적회로)
퍼스널 컴퓨터(PC) 시대의 시작
소프트웨어 : 사용자 편의(user friendly)로 설계
운영체제 : MS-DOS, UNIX
통신 :

- 분산 운영체제(distributed operating system) : 하나의 운영체제로 단일처리기처럼 동작한다.
- 망 운영체제(network operating system) : 각자 고유의 운영체제를 갖고 동작한다.

가상 기계(virtual machine) : user는 컴퓨터 시스템의 물리적인 상태를 알지 못해도 된다. OS에 의해 만들어진 가상적인 기계의 개념으로 처리하는 방법이다.

3. 시스템 프로그램의 종류

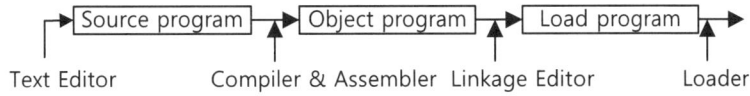

1) Text editor(문서 편집기)

ASCII 또는 EBCDIC code 형태로 기억되는 원시 프로그램을 작성하기 위해 명령어들의 입력을 삽입, 수정, 제거등을 쉽게 작성을 하기 위한 software이다.

2) Subprogram

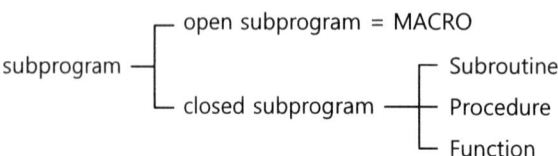

subprogram 이란 자주 반복되는 일련의 루틴을 별도로 작성하여 필요시에 호출하여 사용하는 프로그램이다.

(1) MACRO

매크로 명에 의해 호출되면 매크로 프로세서에 의해 매크로 body가 확장된다. 매크로를 open subprogram이라고 하는 이유가 바로 매크로 body가 확장되기 때문이다.

(2) 매크로 프로세서(Macro processor)의 기능

매크로 프로세서 알고리즘은 두 번의 패스를 거쳐 처리한다.

① 매크로 정의 인식

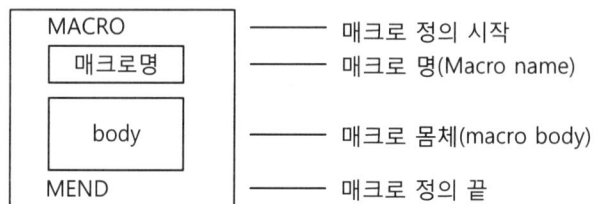

MACRO로 시작해서 MEND로 끝나면 MACRO 정의 인식이다.

② 매크로 정의 저장

매크로 이름 테이블(Macro Name Table : MNT) : 매크로의 이름들만 기억되어 있는 table이다.

매크로 정의 테이블(Macro Defition Table : MDT) : 매크로의 몸체들만 기억되어 있는 table이다.

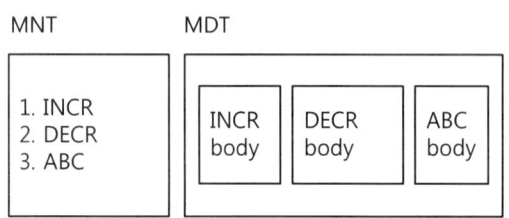

매크로 이름 테이블 계수기(Macro Name Table Counter : MNTC) : MNT의 다음 entry의 값을 갖고 있다.
매크로 정의 테이블 계수기(Macro Definition Table Counter : MDTC) : MDT의 다음 entry의 값을 갖고 있다.
③ 매크로 호출 인식
매크로를 호출하면 MNT에서 호출된 매크로명이 있는지를 확인한다.
④ 매크로 호출 확장 및 아규먼트 치환
MDT에서 매크로 body를 가져다가 삽입시킨다. 인수(argument)가 있는 경우는 아규먼트 목록(ALA)에 의해 치환한다.

(3) 2 pass macro processor
- pass - 1 database
  ① 입력 매크로 원시 deck
  ② 출력 매크로 원시 deck의 사본
  ③ MNT, MDT, MNTC, MDTC , 아규먼트 목록(ALA : Argument List Array)
- pass - 2 database
  ① 입력 매크로 원시 deck의 사본
  ② 확장된 원시 deck의 출력
  ③ MNT, MDT, MNT, 아규먼트 목록
  ④ MDTP(Macro Definition Table Pointer : 매크로 정의 테이블 포인터) : 매크로 body를 확장하기 위한 명령의 다음 위치를 나타내기 위한 pointer

3) 컴파일러(Compiler)

고급언어(High level language : COBOL, FORTRAN, PL/I, PASCAL, C, ADA 등)로 작성된 source program을 object program으로 번역해주는 번역기이다. 다음과 같이 6단계를 거쳐 번역 된다. 앞의 3단계는 분해 단계이며 뒤의 3단계는 조립단계이다.

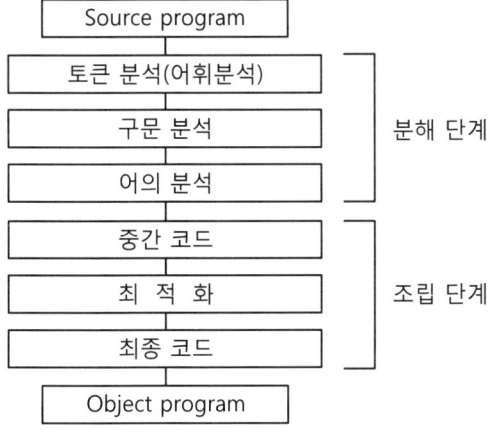

[전자계산기 일반]

(1) 토큰 분석(Token analysis)

선형 분석 또는 렉시칼(lexical) 분석 또는 스캐닝(scanning)이라고 한다. 연산자, 예약어, 변수 등의 단위로 구분하는 단계이다. 다음 예는 15개 token으로 구성된 명령이다.

예) | if | (| a |)= | b |) | max | = | a | ; | else | max | = | b | ; |

(2) 구문 분석(syntax analysis)

구조적 분석 또는 파싱(parsing)이라고 한다. 사용자가 작성한 문자열이 올바른 문장인가를 알아내는 것을 구문 분석이라고 한다.

(3) 어의 분석(semantic analysis)

의미 분석이라고 하며 각 명령어에 의미를 부여하는 기능인데 가장 중요한 요소는 type checking 이다.

4) 어셈블러(Assembler)

어셈블리어로 작성한 source program을 object program으로 번역하는 software이다. 2 pass 어셈블러에 의해 번역된다.

(1) Pass – 1 의 데이터 베이스

① 원시 프로그램
② 위치 계수기(LC : Location Counter) : 각 명령어의 위치 추적
③ 기계어 테이블(MOT : Machine Operation Table)
④ 가연산자 테이블(POT : Pseudo Operation Table)
⑤ 기호 테이블(ST : Symbol Table) : 프로그램상에서 정의된 기호
⑥ 리터럴 테이블(LT : Literal Table)
⑦ Pass-2에서 사용될 입력 사본

(2) Pass – 2 의 데이터 베이스

① 원시 프로그램 사본
② 위치 계수기(LC : Location Counter) : 각 명령어의 위치 추적
③ 기계어 테이블(MOT : Machine Operation Table)
④ 가연산자 테이블(POT : Pseudo Operation Table)
⑤ 기호 테이블(ST : Symbol Table) : pass-1에서 만들고 pass-2에서는 검색
⑥ 리터럴 테이블(LT : Literal Table)
⑦ 기본주소 테이블(BT : Base Table)

(3) 데이터 베이스 형식

고정 테이블 : MOT, POT
가변 테이블 : ST, LT, BT

5) 연계 편집기(Linkage editor : Linker(링커))

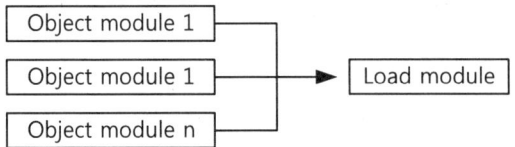

다수개의 객체 모듈(object module)들을 실행 가능한 한 개의 적재 모듈(load module)로 만들어주는 software이다.

6) 로더(Loader)

디스크에 있는 실행 파일을 메모리에 적재시키는 기능을 수행한다. 다음과 같이 4가지 기능을 수행한다.

① 메모리 할당(Memory allocation) : 실행 파일이 기억될 수있는 공간을 확보한다.
② 연결(Linking) : 연계된 파일들의 주소를 실질적 주소로 변환한다.
③ 재배치(Relocation) : 실행이 가능한 메모리의 주소로 변환한다.
④ 적재(Loading) : 실질적으로 메모리에 상주시킨다.

Section 2 프로세스(Process)

1. 프로세스 개념

다중 프로그래밍에서 메모리에 상주하고 있는 많은 프로그램들 중에서 현재 CPU에 의해 실행중인 프로그램을 의미한다. 다수의 프로그램이 메모리에 존재할 때, 이 프로그램들의 상태는 다음과 같이 3가지가 있다.

[프로세스의 상태]

① dispatch : [준비] → [실행] ─── 프로세스 스케줄러가 담당(단기 스케줄러라고도 함)
② timer run out : [실행] → [준비] ─── 제한된 시간을 다 소모한 프로세스
③ block : [실행] → [보류] ─── 프로세스가 계속 실행할 수 없을 경우, 이 경우는 스스로 전이가 일어나는 상태이다.
④ wakeup : [보류] → [준비] ─── 프로세스가 기다리고 있던 외부 사건이 일어날 때(입출력 동작이 완료된 경우)

(1) 실행 상태(running state)
메모리에 있는 한 프로그램이 CPU를 차지하여 실행중인 상태에 있을때를 의미한다. 즉, CPU를 사용하고 있는 상태이다.

(2) 준비 상태(ready state)
CPU를 사용할 수 있는 상태(runnable)이다.

(3) 보류 상태(block state)
어떤 사건이 생기기를 기다리는 상태이다.
예) UNIX 명령
　　$cat file1 file2 | grep KOREA

cat 명령은 file1 과 file2의 내용을 모니터에 출력하라는 기능이다. | 는 파이프라인 기호로서 출력되는 내용 중에서 KOREA 라는 단어가 나타나면 그 행들을 모니터에 출력하라는 명령이 grep 이다. 이때 grep 명령은 실행 준비는 되어 있지만 실행을 위해 기다리고 있는 입력이 없을 때는 입력이 올 때까지 스스로 블록(block) 된다.

2. 프로세스 간 통신(IPC)

1) 임계 구역(Critical section)

운영체제가 다루는 자원들 중에 공유 자원 영역을 임계 구역이라고 한다. 이와 같이 공유 자원을 효율적으로 사용하려면 다음과 같은 규칙을 지켜야한다.
① 두개 이상의 프로세스가 동시에 임계 구역 내에 존재하면 안 된다.
② 임의의 프로세스가 임계 구역에 들어가기 위하여 무한정 기다리게 해서는 안 된다.
③ 임계 구역 밖에서는 프로세스끼리 블록(block) 시켜서는 안 된다.

2) 상호 배제(Mutual Exclusion)

공유 자원인 임계 구역은 동시에 여러 개의 프로세스가 접근하지 못하도록 하는 방법을 상호 배제라고 한다. 즉, 어느 순간에 한개 프로세스만이 임계 구역에 접근할 수있도록 하는 것이다. 이때 많은 프로세스들 중에서 일정한 순서를 유지시키기 위하여 이 순서를 결정짓는 것을 동기화(synchronization)라고 한다. 상호 배제를 지키기 위한 알고리즘으로 다음과 같은 것이 있다.
① 인터럽트 불능 처리
② 잠금(lock)
③ 엄격한 교대

Process A　Process B

```
while(1)
{
while(select != 0) ;
임계 구역
select = 1 ;
잔류 영역;
}
```

```
while(1)
{
while(select != 1) ;
임계 구역
select = 0 ;
잔류 영역;
}
```

Process A는 select가 0 인 경우 while(select != 0) ; 의 조건이 거짓이므로 while 문을 벗어나서 임계 구역으로 들어간다. 임계 구역에서 일을 하고 있을 때에는 Process B가 while(select != 1) ; 의 문장을 만나면 조건이 참이므로 계속적으로 while 반복문을 계속 순회한다. 오래 기다리는 현상을 바쁜 대기(busy waiting) 상태라고 한다. Process A 가 임계 구역을 빠져나올 때에 select를 1로 만들고 잔류 구역으로 될때 Process B의 while 조건이 거짓이 되어 임계 구역으로 진입하게 된다. Process A 가 끝나야 Process B 가 임계 구역에 들어가고, Process B 가 끝나야 Process A 가 임계 구역에 들어가는 방법을 엄격한 교대 방법이라고 한다.

④ TSL(Test and Set Lock) 명령어

TSL 명령어를 처리하는 CPU는 다른 CPU들이 메모리에 접근하지 못하도록 한다. flag가 0 이면 프로세스가 1로 변경한 후 임계 구역으로 들어간다. 임계 구역을 빠져 나올때 flag를 0으로 수정하여 다른 프로세스가 임계 구역에 접근할 수 있도록 하면 된다. 이경우의 단점은 바쁜 대기(busy waiting) 상태 요구하는 경우가 발생할 수 있다.

⑤ 잠자기와 깨우기

프로세스가 임계 구역에 들어가지 못할 경우 CPU의 시간 낭비를 줄이기 위하여 그 프로세스를 블록(block)시키는 프로세스 간 통신 프리미티브가 있다. sleep와 wakeup 시스템 호출 방법이다. sleep는 호출자를 블록 시키는 시스템 호출이며 wakeup은 깨우고자하는 인자를 가진 시스템 호출이다.

⑥ 세마포어(semaphore)

프로세스 간 통신에서의 동기화 문제를 해결하기 위한 변수 S를 세마포어라고 한다.

- 이진 세마포어 : 0과 1만 갖는 변수
- 카운팅 세마포어 : 0과 양수 값을 가지는 변수

sleep(S) = DOWN(S) = P(S) = wait(S)

wakeup(S) = UP(S) = V(S) = signal(S)

P(S) : IF(S>0) THEN S=S-1;

　　　　　ELSE no-operation;

V(S) : IF(하나 이상의 프로세스가 S를 대기 중)

　　　　　THEN(그 중 하나의 프로세스를 진행);

　　　　　ELSE S=S+1;

3. 프로세스 스케줄링

다중 프로그래밍 시스템에서 두개 이상의 프로세스가 동시에 실행 가능한 상태가 되었을 때 운영체제는 먼저 실행해야할 프로세스를 결정하여야한다. 이때 운영체제는 좋은 스케줄링 정책을 세우는 다양한 기준 중에서 다음과 같은 기준으로 세운다.

① 모든 프로세스에게 CPU 시간을 공정하게 할당 하여야한다.(공정성)
② 처리 능력(throughput)을 높인다.
③ Turn around time(응답 시간)을 줄어여야 한다.
④ 반환 시간을 최소화한다.
⑤ CPU를 최대로 활용하여야한다.(효율성)

1) 자원(resource)

컴퓨터에 관련된 모든 hardware와 software를 자원이라고 한다. 예를들어 CPU, 메모리, 프로그램, 입출력장치, file 등이 있다. 이러한 자원들은 한 순간에 오직 하나의 프로세스만 사용할 수있는 유일한 것이다.

자원을 사용하는 형태로 다음 2가지가 있다.

- 선점(preemptive) : 뺏을 수있는 경우의 자원을 말한다. 메모리는 선점 자원이다.
- 비선점(nonpreemptive) : 이미 할당된 자원의 사용이 끝나기 전에는 뺏을 수없는 자원을 말한다. 프린터는 비선점 자원이다.

■ 자원을 사용하기 위한 사건들의 순서는 다음과 같다.
  ① 자원 할당 요청(request)
  ② 자원 사용(use)
  ③ 자원 해제(release)

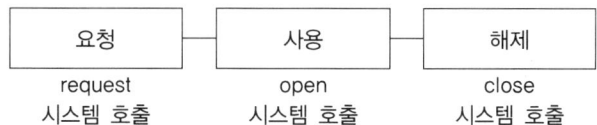

2) 스케줄링의 종류

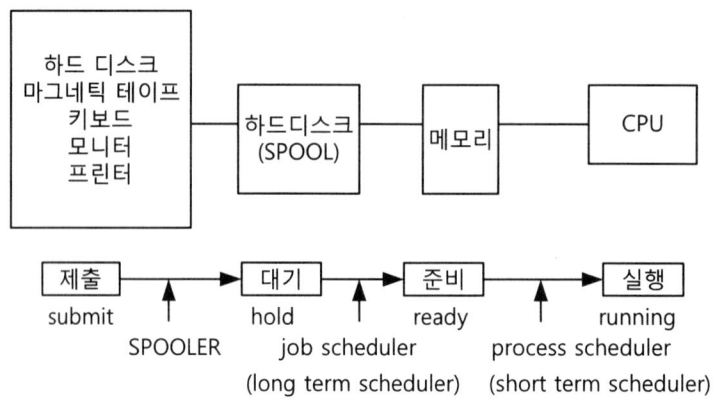

(1) FIFO

먼저 도착된 프로세스가 먼저 처리되는 비선점 방식의 스케줄링이다. 구현하기 쉽다. Queue를 이용하여 도착되는 순서대로 dispatch 된다.

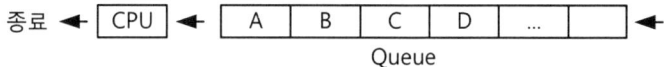

단점으로 작업시간이 짧게 걸리는 프로세스가 길게 걸리는 작업에 의해 오래 기다리는 상황이 발생하면 프로세스의 평균 대기 시간이 길어지게 된다.

(2) 우선 순위

우선 순위에 의해 프로세스가 처리되는 방식인데 우선순위를 부여하는 기준은 정하는 데에 따라 다르다.

CPU 사용료를 많이 지불하는 경우에 우선 순위를 높게하는 방법, 군인인 경우 계급 순, 학교인 경우 직책순 등으로 부여하는 방법이 있다.

(3) 라운드 로빈(Round Robin)

FIFO 방법에 의해 스케줄링 되는데 배정 받은 프로세스는 타임 슬라이스(시간 할당량)에 의해 일정 시간 동안만 처리되는 선점 방식의 스케줄링이다. 프로세스가 완료될 수도 있고 완료되지 않으면 Queue의 맨 마지막으로 가서 다시 차례가 돌아오기를 기다린다. 시분할 시스템의 대화식 처리에 적합한 스케줄링이다. 적절한 시간 할당량을 제공해야 하는데 시간 할당량이 너무 적은 경우는 많은 사람들에게 대화식 처리가 가능하지만 프로세스 사이의 스위칭 시간(문맥 교환 : Context switching)에 많은 시간이 소비되어 오버 헤드(overhead)가 커진다. 반대로 시간 할당량이 너무 크면 대부분의 프로세스가 실행 완료되어 비선점처럼 처리되기 때문에 FIFO 기법과 같은 스케줄링이 된다.

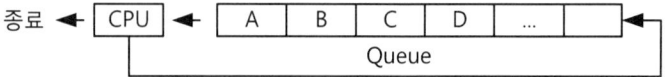

(4) SJF(Shortest Job First)

CPU에 의해 처리하고자하는 프로세스의 결정은 대기하고 있는 프로세스들 중에서 가장 짧은 실행 시간의 프로세스가 처리되는 비선점 방식의 스케줄링이다. 단점으로 각 프로세스의 실행 시간을 알기가 어렵다. 사용자에 의존할 수밖에 없는데 먼저 실행되기 위해 시간을 작게 알려주면 그 시간 만큼만 실행하고 순위를 뒤쳐지게 하든가 요금을 더 지불하게 만들면 된다.

(5) SRT(Shortest Remaining Time)

SJF의 변형으로 SJF는 비선점이지만 SRT는 선점 방식으로 처리하는 것만 다르다. 시분할 시스템에 적합한 형태이다. 프로세스가 끝날 때까지 남아 있는 시간이 가장 작은 프로세스가 선택되어져서 처리되는 방식이다. 도중에 선점될 수 있기 때문에 SJF보다는 오버헤드가 크다. 현재 가장 짧은 프로세스가 실행 중인데 5초가 걸리는 프로세스이다. 실행을 2초간 했다면 완료 때까지 3초가 남은 것이 된다. 이때 새로운 프로세스가 메모리에 도착했는데 2초가 걸리는 프로세스였다면 현재의 프로세스가 선점 당하고 새로운 프로세스가 실행되게 되는 것이다.

(6) HRN(Highest Response ratio Next)

긴 작업과 짧은 작업간의 처리 방식에 대한 문제점을 해결해서 처리하는 스케줄링이다. 일반적으로 긴 작업의 우선 순위는 낮으므로 기아 상태에 빠질 수 있다. Aging 기법인 많이 기다린 프로세스에서 상대적으로 우선 순위를 높여주는 가변 우선 순위 기법이다.

$$가변\ 우선\ 순위 = \frac{대기\ 시간 + 실행\ 시간}{실행\ 시간}$$

실행 시간은 크나 작으나 가변 우선순위의 결과값에 크게 영향을 미치지 않는다. 대기 시간이 커지면 가변 순위 순위의 값이 커져서 우선 순위가 높아지게 된다. 즉, 오래 기다린 프로세스는 우선 순위가 높아지게 되어 기아 상태를 해결하는 방법이다.

(7) 다단계 피드백 큐(Multilevel Feedback Queue : MFQ)

RR의 스케줄링 방법을 여러 단계를 두어 처리하는 스케줄링이다. 높은 단계에서는 시간 할당량을 짧게 주고, 낮은 단계로 갈수록 시간 할당량을 많이 둔다. 일반적으로 단계와 단계 사이의 시간 할당량은 2배 사이로 한다. 예를 들어 단계 1에서 시간 할당량을 1초로 하면 2단계는 2초, 3단계는 4초, 4단계는 8초, 5단계는 16초 등으로 한다. 모든 프로세스는 처음에 시간 할당량이 짧은 높은 단계부터 시작한다. 낮은 단계로 갈수로 시간 할당량이 크므로 CPU를 차지하는 빈도수는 줄어든다. 마지막 단계에서는 RR 스케줄링으로 처리한다.

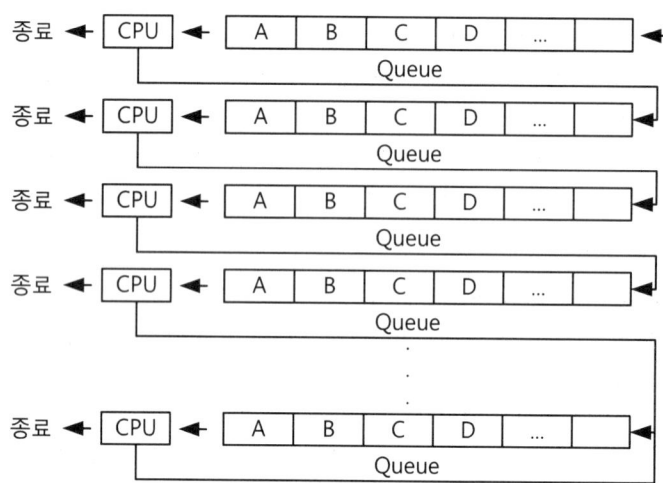

4. 교착상태(Deadlock, Deadly embrace, Stalemate)

1) 교착 상태(Deadlock)의 개념

교착 상태와 관련이 있는 자원은 비선점 자원과 관련이 있다. 선점인 경우는 교착 상태라고 하지 않고 기아 상태(starvation)와 관련이 있다.

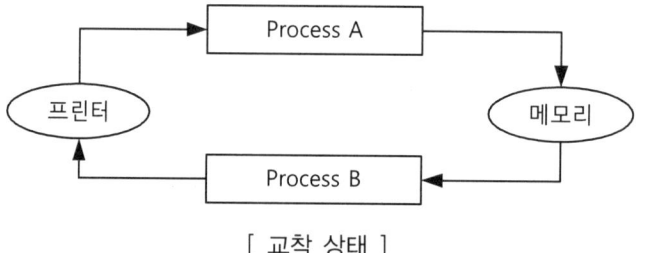

[교착 상태]

위의 그림에서 process A가 프린터를 요청한 후 사용 허가를 받은 다음 인쇄하기 위한 자료를 만들기 위하여 메모리를 요청하고 있고, process B는 메모리를 요청한 후 허가를 받아 자료를 처리한 후 프린터를 요청하고 있는 상태를 나타낸 그림이다. Process A는 프린터를 허가 받아 해제하지 않았기 때문에 process B는 프린터를 사용할 수 없고, process A는 메모리를 사용하고자 했지만 process 가 해제하지 않았기 때문에 역시 사용할 수 없게 되어 두 process 모두 사용하기를 기다리고 있게 되어 잠정적으로 교착상태에 빠진 상태가 된 그림이다. 어느 한 process가 자원을 해제하기만 하면 교착상태에서 벗어나게 된다.

2) 교착 상태 발생의 필수 조건 4가지

  (1) 상호 배제(mutual exclusion) 조건

  (2) 점유 및 대기(hold and wait) 조건

  (3) 비선점(nonpreemption) 조건

  (4) 환형대기(circular wait) 조건
   ① 상호 배제 조건에 의한 교착 상태
     임계 구역에 한 프로세스만이 수행되기 위하여 상호 배제를 지켜야하는데 이때 임계 구역에 프로세스가 존재하지 않아 어느 한 프로세스가 임계 구역에 진입할 수 있는데에도 불구하고 진입하지 못하는 교착 상태가 발생할 수 있다.
   ② 점유 및 대기 조건에 의한 교착 상태
     프로세스가 다른 자원을 요구하면서 자신은 이미 할당된 자원을 보유하고 있는 상태인 경우 교착 상태가 발생할 수 있다.
   ③ 비선점 조건의 교착 상태
     현재의 프로세스가 자원을 다 사용할 때까지 다른 프로세스가 뺏지 못하기 때문에 교착 상태가 발생할 수 있다.
   ④ 환형 대기 조건에 의한 교착 상태
     자원 할당 그래프에 의해 환형 상태의 모양에 의해 교착 상태가 발생할 수 있다.

3) 교착상태 해결 방안 3가지

  (1) 교착 상태 발견 및 회복
    단일 자원 할당인 경우는 자원 할당 그래프에 의해 환형 상태가 되면 교착 상태 발견이라고 한다. Root부터 깊이 우선(depth first) 탐색에 의해 node를 다시 만나면 환형 상태의 사이클을 만난 것이므로 교착 상태가 발견 된 것이다. 다수의 자원을 할당하고 있는 경우에는 행렬 알고리즘을 이용하여야한다. 교착 상태를 발견하면 프로세스가 시계속적으로 실행이 되기 위해서 회복시켜야한다. 회복을 하기 위한 방법은 다음과 같다.
   ① 선점에 의한 회복
   ② 복귀(rollback)에 의한 회복
   ③ 프로세스 제거에 의한 회복

  (2) 교착 상태 회피(avoidance)
    교착 상태가 발생할 수있다는 것을 인정하고 적절히 피해가는 방법이다. 대표적으로 은행원 알고리즘이 있다.

  (3) 교착 상태 예방(prevention)
    교착상태가 발생할 수있는 4가지의 필수 조건들을 부정하는 방법이다.
   ① 상호 배제 조건의 부정

② 점유 및 대기 조건의 부정

현재의 프로세스가 할당받은 자원들 이외에 또 다른 자원을 요청하지 않는다면 교착상태에 빠지지 않는다. 할당받은 의미는 실행이 될 수 있으며 실행 완료 후 자원을 해제할 수 있게 되므로 다른 프로세스가 자원을 요구할 수 있게 된다. 그러므로 프로세스가 사용하고자하는 모든 자원들을 실행되기 전에 모두 요구하도록 하는 방법이다. 만일 하나라도 요구가 안되면 아무것도 할당받지 않고 기다린다. 이 방법의 문제점은 자원의 낭비와 프로세스의 기아 상태가 발생할 수 있다. 프로세스가 필요로 하는 여러 개의 자원들 중에 하나라도 얻지 못하면 그 프로세스는 무한히 기다려야하는 프로세스 기아상태가 발생할 수 있다.

③ 비선점 조건의 부정

프로세스에 의해 이미 할당된 자원이 다른 프로세스가 선점할 수 없기 때문에 교착상태가 발생하는 것이다. 즉 비선점이기 때문에 발생한다. 해결 방법이 선점되게 하면 된다. 현재의 프로세스가 여러 개의 자원들을 보유하고 있는 상태에서 또 다른 자원을 요청할 경우 요청이 안 되면 현재의 자신의 자원을 선점하여 해제시키는 것이다. 그리고 그 프로세스는 대기 상태에 들어간다.(자원을 서로 기다리는 현상이 없어지게 된다.) 이 방법의 문제점은 어느 프로세스는 영원히 자신이 기다리는 자원을 얻지 못하는 기아 상태에 빠질 수 있다.

④ 환형 대기 조건의 부정

- 프로세스가 한 순간에 하나의 자원만 할당 받게 하는데 이 프로세스가 두 번째 자원을 요청하면 현재의 자원을 반납하게 한다.
- 모든 자원에 일련 번호를 부여하여 커지는 순서 또는 작아지는 순서로만 요청이 가능하게 한다.

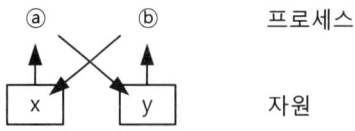

순환 대기 상태이므로 교착상태이다.

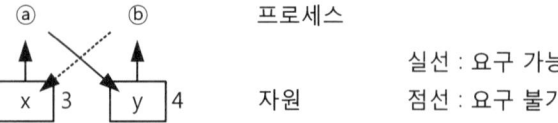

실선 : 요구 가능
점선 : 요구 불가

자원 x와 y에 번호를 부여하여 a가 y를 취하고 b가 x를 취하는 상태를 막으면 교착상태가 발생하지 않게 된다. x 가 3이고 y가 4라고 한다면 a가 3을 갖고 있는 상태에서 4를 요구하면 요구가 가능하지만 y가 4를 갖고 있는 상태에서 3을 요구하는 경우는 요구가 불가능하게 하는 방법이 모든 자원에 일련 번호를 부여한 후 자원 번호가 커지는 순서로만 부여가 가능하게 하는 방법이다.(작아지는 순서로만 부여해도 된다.) 이 방법의 문제점은 새로운 자원이 추가되면 자원들에 대한 번호를 다시 부여해야 한다.

[전자계산기 일반]

Section 3 기억장치 관리

1. 기억장치 관리

기억장치 관리자는 기억장치를 관리하는 운영체제이다.

1) 기억장치 구성 형태

```
        ┌─ 실기억 장치 ─┬─ 단일 프로그래밍
        │              └─ 다중 프로그래밍 ─┬─ 고정 분할
─┤                                         └─ 가변 분할
        └─ 가상 기억장치 ─┬─ PAGE 기법
                          └─ SEGMENT 기법
```

① 단일 프로그래밍

1개의 프로그램만이 CPU에 의해 처리된다.

단일프로그램		OS(ROM)		BIOS(ROM)
OS(RAM)		단일프로그램		단일프로그램
				OS(RAM)

② 다중 프로그래밍

	I/O time	CPU time
CPU 의존형 : 과학 기술용 계산	10 %	90 %
I/O 의존형 : 상업적 계산	90 %	10 %

과학 기술용 계산은 CPU 의존형이기 때문에 단일 프로그래밍 시스템으로 운영하거나 다중 프로그래밍 시스템으로 운영하여도 커다란 차이가 없다. 그러나 상업적 계산은 I/O 의존형이기 때문에 단일 프로그래밍 시스템으로 운영하면 CPU의 효율이 많이 떨어지게 된다. 여러개의 프로그램이 메모리에 적재되면 일부의 프로그램이 I/O를 수행하고 있어도 메모리에 남아있는 프로그램을 계속적으로 CPU를 사용하도록 하게 한다면 CPU를 100% 쉬지 않고 작업 처리가 가능하게 된다. 이러한 방식을 다중 프로그램(multiprogramming)이라고 한다.

2. 기억장치 관리 전략

값비싼 자원을 효율적으로 사용하기 위한 전략으로 다음과 같은 3가지가 있다.

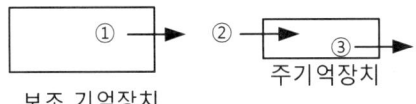

보조 기억장치   주기억장치

① File이 메모리에 언제 올라가느냐? - Fetch(반입) 전략
② File이 메모리의 어디에 배치되는가? - Placement(배치) 전략
③ 어떤 file이 메모리에서 내쫓기는가? - Replacement(교체) 전략

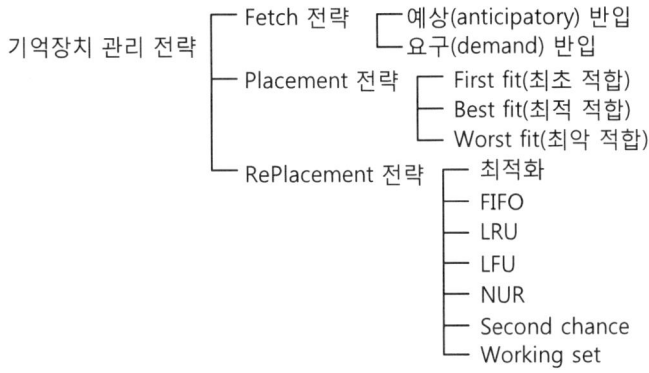

1) 실기억장치에서의 단일 프로그래밍

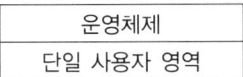

하나의 프로그램만이 상주하여 처리되는 형태이다. 프로그램의 크기는 기억장치보다 클 수 없지만 오버레이(overlay) 기법을 이용하여 처리가 가능하다. 운영체제와 사용자 영역의 보호는 하나의 경계 레지스터(bound register)를 이용하면 된다.

2) 실기억 장치에서의 다중 프로그래밍

기억장치를 고정 크기로 분할하여 다수의 프로그램이 처리되도록 이용하는 방법이다. 모두 같은 크기로 고정시키는 방법과 서로 다른 크기로 고정시키는 방법이 있다. 다중 프로그래밍에서의 기억장치 보호는 두개의 경계 레지스터에 의해 상한과 하한으로 구획을 짓는다. 단편화가 생길 수 있다.

> [전자계산기 일반]

기억장치의 크기를 프로그램이 필요한 만큼씩 배정하는 가변 분할 다중 프로그래밍이 있다. 이때도 단편화가 생기는데 프로그램 수행이 끝나고 다른 프로그램이 배정되기에 모자라면 배정될 수 없다. 이러한 단편화를 외부 단편화라고 한다. 외부 단편화를 해결하는 방법으로 2가지가 있다.

① 통합(Coalescing) : 인접한 공백들만 하나로 합치는 과정을 말한다.
② 압축(Compaction) : 사용되지 않는 모든 공백들을 한 곳으로 모으는 작업이다. 쓰레기 수집(garbage collection)이라고도 한다.

- 스와핑(Swapping)
  실기억장치에서의 다중 프로그래밍은 사용자 프로그램은 수행이 완료될 때까지 주기억장치에 기억되어 있다. 이때 프로그램이 수행되는 도중에 다른 프로그램이 수행되기 위해서 잠시 보조 기억장치로 나가고(swap out, roll out) 다른 프로그램이 들어와서(awap in, roll in) 처리되는 기법이다. 초기의 시분할 시스템의 운영 형태 방법이다. 이후 페이징 시스템으로 처리되었다.

- 재배치 레지스터(Relocation register)
  주기억장치에 저장된 프로그램의 시작 번지가 재배치 레지스터에 저장되면 수행중인 프로그램을 임의의 곳으로 이동 가능하게 될 수있다. 옮겨지는 위치의 시작번지를 재배치 레지스터에 기억시키면 된다. 프로그램이 수행될 때 해당 프로그램의 시작번지가 마치 0번지부터 시작되는 것처럼 되는 것이다.

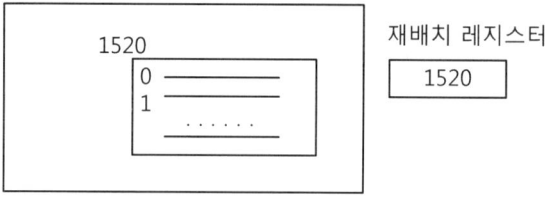

[메모리]

- 버퍼링(buffering)
  I/O 시에 자료를 일시적으로 저장하고 있는 주기억장치의 일부이다. 프로세서(processor) 속도에 비해 I/O 속도가 느리므로 여러 개의 buffer를 이용하여 교대로 이용하면 I/O 와 processing 작업이 동시에 처리될 수 있다.

- 기억장치 보호
  다중 프로그래밍(multiprogramming)에서 기억장치의 각 프로그램을 보호하기 위하여 경계 레지스터(bound register)를 이용하면 된다. 기억장치 보호 키(storage protection key)를 두어 key와 일치하는가의 여부에 의해 처리하는 방법도 있다.

연속할당 기법에 의해 생기는 문제점으로 다음과 같은 것이 있다.

(1) 단편화(fragmentation)
- 내부 단편화(internal fragmentation)
  고정 분할에서의 프로그램의 크기와 메모리의 크기가 프로그램을 기억시키고 난 크기 만큼 생기는 경우를 말한다.
- 외부 단편화(external fragmentation)
  고정 분할 및 가변 분할에서의 프로그램을 기억시키고 처리한 후에 연속적으로 기억될 공간이 없을 때를 외부 단편화라고 한다. 쓰이지 않은 공간의 전 공간은 프로그램이 배치 될 수 있는 큰 공간이 된다. 이것을 해결하는 방법이 메모리의 통합 및 압축이다.

3) 배치 전략

실 기억 장치 가변 분할 다중 프로그래밍에서의 메모리에 어디에 배치되는가를 결정짓는 전략으로 다음과 같이 3가지가 있다.
- First fit : 파일이 메모리에 상주하기에 최초로 맞는 곳을 찾아 배치되는 전략이다. 오버 헤드가 작다.
- Best fit : 파일이 메모리에 상주할 수 있는 공간들 중에 가장 잘 맞는 곳에 배치되는 전략이다. 오버 헤드가 크다. 메모리의 빈 공간을 모두 확인한 후에 가장 잘 맞는 곳을 차지기 위한 오버 헤드이다. 내부 단편화가 가장 작게 생기는 배치 전략이다.
- Worst fit : 파일이 메모리에 상주할 수 있는 공간들 중에 파일을 배치하고도 남는 공간이 가장 큰 공간에 배치되는 전략이다. 즉, 내부 단편화가 가장 크게 생기는 곳에 배치하는 전략이다.

4) 가상 기억장치(virtual storage)

주기억장치의 용량이 마치 가상 기억장치 만큼 존재하는 것처럼 사용하는 의미의 메모리이다. 2가지 방법으로 구현되는데 페이징 기법과 세그멘테이션 기법이다. 가상 기억장치의 기본 개념은 주기억장치와 주소의 개념을 독립시키는 것이다. 즉, 가상 기억장치에서의 주소는 주기억장치의 주소이어야하는 것이 아니다. 가상 주소를 실 주소로 변환하는 매핑(mapping) 방법에 의해 수행된다. 그러므로 주기억장치에 기억되는 프로그램은 연속적일 필요가 없다는 것이다. 매핑 테이블에 의해 처리되기 때문이다.

5) 페이징 기법

- 페이지(page) : 가상 기억장치에서의 일정 크기로 분할한 것이다.
- 블록(block) : 주기억장치에서의 일정 크기로 분할한 것이다. 페이지 프레임(page frame)이라고도 한다.

64 Kbyte의 가상 기억장치와 16 Kbyte의 주기억장치는 page size를 4 Kbyte의 크기로 하면 16개의 page와 4개의 block(page frame)이 존재한다.

페이징 기법에서의 매핑 테이블(mapping table)을 구현하는 방법에는 3가지가 있다.

① 직접 매핑(direct mapping)

가상 기억장치의 모든 페이지에 대한 정보가 매핑 테이블에 존재한다.

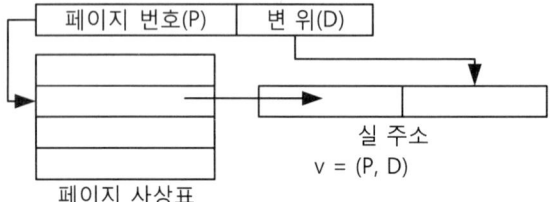

가상기억장치의 크기가 커짐에 따라 매핑 테이블의 크기도 커져야하는 단점이 있다.

② 연관 사상(associative mapping)

직접 매핑의 단점으로 보완한 것으로 내용의 의해 찾는 어소시에이티브 메모리를 이용한 방법이다. 매칭 이론에 의한 검색으로 매우 빠른 속도를 갖는다. 직접 사상에서 매핑 테이블의 크기가 30000개 정도일 때 평균 검색 횟수가 15000이 되지만 연관 매핑의 의하면 매칭에 의한 검색 횟수가 15회이므로 1000배 빠르게 된다.

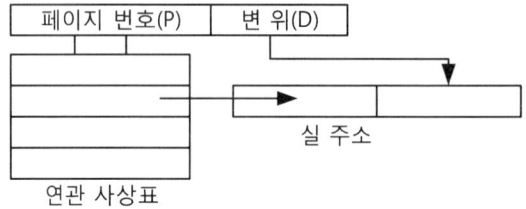

③ 연관/직접 사상(set associative mapping)

직접 매핑과 연관 매핑을 혼합한 방법이다. 우선 associative 매핑에 의해 검색한다. 못 찾은 경우에 직접 매핑에 의해 검색되는 방법이다.

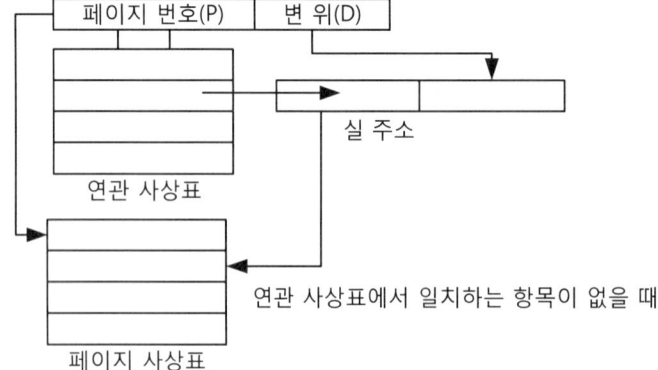

6) 세그먼트 기법

실기억 장치에서의 배치 전략은 연속 할당을 바탕으로한 first fit, best fit, worst fit 기법을 이용하였다. 이때 내부 단편화가 생기게 된다. 이러한 제약을 없애고 불연속으로 프로그램이 필요로 하는 크기 만큼을 확보하여 처리하는 가변 길이 기법이다. 기억장치에 저장된 프로그램의 위치가 여러 군데이므로 한 쌍의 경계 레지스터에 의해 프로그램에 대한 기억장치 보호가 어렵다. 이때는 기억장치 보호키를 이용하면 된다. 기억장치 보호 키는 같은 사용자들에 대한 값을 동일한 값으로 부여한다.

1	2	1	3	1	3	0	2	1
프 A	프 B	프 A	프 C	프 A	프 C		프 B	프 A

숫자 1,2,3이 기억장치 보호 키 값이다. 같은 숫자끼리 같은 프로그램을 의미한다. 0인 경우는 비어있는 공간임을 의미한다.

세그먼트 번호(S)	변 위(D)

V = (S,D)

7) 세그먼트/페이지 기법

페이지 기법과 세그먼트 기법을 혼합한 기법이다.

세그먼트 번호(S)	페이지 번호(p)	변 위(D)

V = (S,P,D)

8) 가상 기억 장치에서의 반입 전략

가상 기억장치의 파일이 주기억장치에 언제 올라가느냐를 결정짓는 전략이다. 다음과 같이 2가지가 있다.

- 예상(anticipatory) 반입 : 다음에 실행할 파일을 미리 예상해서 주기억장치에 상주시키는 전략이다. 예상이 맞으면 대기 시간을 줄일 수있지만 예상이 맞지 않을 경우에는 오버 헤드가 크게 된다.
- 요구(demand) 반입 : 필요시에 요구에 의해 주기억장치에 상주시키는 전략이다.

9) 가상 기억장치에서의 배치 전략

페이징 기법은 사용 가능한 곳이면 어디든지 적재 되어도 상관이 없으므로 결정의 여지가 없다. 그러나 세그멘테이션 기법에서는 실 기억장치 가변 분할 다중 프로그래밍에서의 배치 전략과 같다.

10) 가상 기억장치에서의 교체 전략

새로운 페이지나 세그먼트가 적재될 주기억장치의 공간이 없을때 주기억장치에 있는 페이지나 세그먼트들 중에 어느 것을 내쫓을 것인가를 결정짓는 전략이다. 교체 전략은 다음과 같다.

(1) **최적화 알고리즘** : page fault 시 교체하여야할 페이지는 앞으로 사용하지 않을 페이지를 교체하는 방법으로 가장 이상적이나 앞으로 요구할 페이지를 예측할 수 없기 때문에 구현 불가능하다.

(2) **FIFO(First In First Out) 알고리즘** : 가장 오랫동안 메모리에 상주했던 페이지를 교체하는 알고리즘이다.

(3) **LRU(Least Recently Used) 알고리즘** : 높은 히트율을 가질 수있는 알고리즘으로 가장 최근에 가장 적게 사용된 페이지가 교체되는 알고리즘이다.

(4) **LFU(Least Frequency Used) 알고리즘** : 절대적인 것은 아니나 LRU와 FIFO의 중간 정도의 히트율을 갖는 알고리즘으로 지금까지 참조된 횟수가 가장 적은 페이지를 교체하는 알고리즘이다.

(5) **NUR(Not Used Recently)** : LRU 기법과 같으며 오버 헤드를 줄인 기법이다. 참조 비트와 변형 비트를 이용하여 가장 최근에 참조되지 않은 페이지를 교체하는 알고리즘이다.

	호출 비트	변형 비트	
page A	0	1	= 1
page B	1	1	= 3
page C	0	0	= 0
page D	1	0	= 2
page E	0	1	= 1

호출 비트의 값은 주기적으로 clear(0) 된다. page B는 참조 비트가 1이므로 참조된 사실이 있음을 의미하고 변형 비트가 1이므로 변형 시킨적이 있는 page 이다. 그러므로 가장 최근에 참조된 page를 의미한다. page C는 참조 비트가 0이므로 참조된 적이 없다는 뜻인데 참조 비트의 값은 주기적으로 clear되므로 오래전에(한주기 전에) 참조된 page임을 의미한다. 변형 비트도 0 이므로 변형 시킨적이 없는 page이다. 그러므로 가장 오래전에 참조된 page임을 의미한다.

(6) **Second chance 알고리즘** : FIFO 알고리즘의 변형으로 가장 오래된 페이지가 교체 대상이지만 그 페이지가 참조된 적이 있었다면 그 페이지는 새로운 들어온 것처럼 하고 다음 페이지의 참조 비트를 조사한다. 참조된 적이 없었다면 그 페이지가 교체되면 된다. 모든 페이지가 참조된 적이 없었다면 FIFO 방법으로 된다.

3절 - 기억장치 관리

(7) Working set

하나의 프로세스가 CPU에 의해 자주 참조한 page들의 집합이다. 이때 더 이상 사용되지 않는 page는 자발적으로 교체가 되는데 이를 페이지 양도(page release)라고 한다.

예) 다음 그림은 3개의 page를 수용할 수 있는 시스템에서의 교체 알고리즘에 대한 성능을 나타낸 표이다.

요구 page		1	2	3	4	1	3	5	3	2	3	4	6	히트율
최적화	a	1	1	1	1	1	1	5	5	2	2	2	6	$\frac{5}{12}$
	b		2	2	4	4	4	4	4	4	4	4	4	
	c			3	3	3	3	3	3	3	3	3	3	
	결함	*	*	*	*			*		*			*	
LRU	a	1	1	1	4	4	4	5	5	5	5	4	4	$\frac{3}{12}$
	b		2	2	2	1	1	1	1	2	2	2	6	
	c			3	3	3	3	3	3	3	3	3	3	
	결함	*	*	*	*	*		*		*		*	*	
FIFO	a	1	1	1	4	4	4	4	3	3	3	3	6	$\frac{2}{12}$
	b		2	2	2	1	1	1	1	2	2	2	2	
	c			3	3	3	3	5	5	5	5	4	4	
	결함	*	*	*	*	*		*	*	*		*	*	

3개의 페이지를 수용할 수 있는 경우 입력되는 페이지를 1 2 3 4 1 2 5 1 2 3 4 5 0으로 처리하면 page fault가 9번 생기는데 4개의 페이지를 수용하는 경우로 처리하면 page fault가 10번 생긴다. 일반적으로 수용할 수 있는 page의 수가 늘어나면 page fault의 수는 줄어들어야 하는데 이 경우는 늘어났다. 이것을 FIFO 모순(FIFI anomaly)이라고 한다.

요구 page		1	2	3	4	1	2	5	1	2	3	4	5	히트율
FIFO	a	1	1	1	4	4	4	5	5	5	5	5	5	$\frac{3}{12}$
	b		2	2	2	1	1	1	1	2	2	2	2	
	c			3	3	3	2	3	3	3	3	4	4	
	결함	*	*	*	*	*	*	*		*	*	*		
FIFO	a	1	1	1	1	1	1	5	5	5	5	4	4	$\frac{2}{12}$
	b		2	2	2	2	2	2	1	1	1	1	5	
	c			3	3	3	3	3	3	2	2	2	2	
	d				4	4	4	4	4	4	3	3	3	
	결함	*	*	*	*			*		*	*	*	*	

11) 스레싱(thrashing)

메모리에 배치된 page가 프로세스의 일부분인 경우 page fault 이 생기는데 이때 page 교체(replacement)가 일어난다. page 교체가 과도하게 일어나는 현상을 스레싱이라고 한다. CPU의 이용률이 떨어지는 성능 저하의 원인이 되므로 다중 프로그래밍의 정도를 적당하게 유지해야 한다. 한계를 벗어나면 급격히 이용률이 떨어지기 때문이다.

3. 기억장치 사용 관리 방법의 3가지

(1) 비트 맵(bit map)

한 비트의 값이 0인 경우는 빈 영역, 1인 경우는 할당된 영역을 의미한다. 할당 단위는 일정 크기로 분할한다.

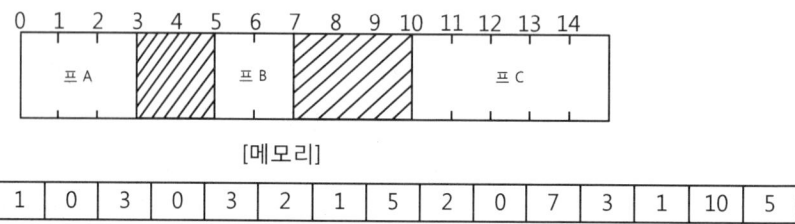

비 트 맵
해당 블록이 0이면 빈 공간
1이면 사용중임을 의미한다.

[메모리]

(2) 연결된 리스트(linked list)
Liked list에 의한 할당 방법이다.

[메모리]

| 1 | 0 | 3 | 0 | 3 | 2 | 1 | 5 | 2 | 0 | 7 | 3 | 1 | 10 | 5 |

첫 번째 항목 : 1 = 사용 중, 0 = 빈공간
두 번째 항목 : 시작 위치   세번째 항목 : 길이
[Linked list를 이용한 메모리 할당]

(3) 버디 시스템(buddy system)
할당하고자 하는 크기에 가장 근접한 2의 거듭제곱 수 크기로 짤라 기억시키는 방법이다.
1Mbyte 크기에서 200Kbyte와 50Kbyte의 프로세스가 기억되는 방법은 다음과 같다.

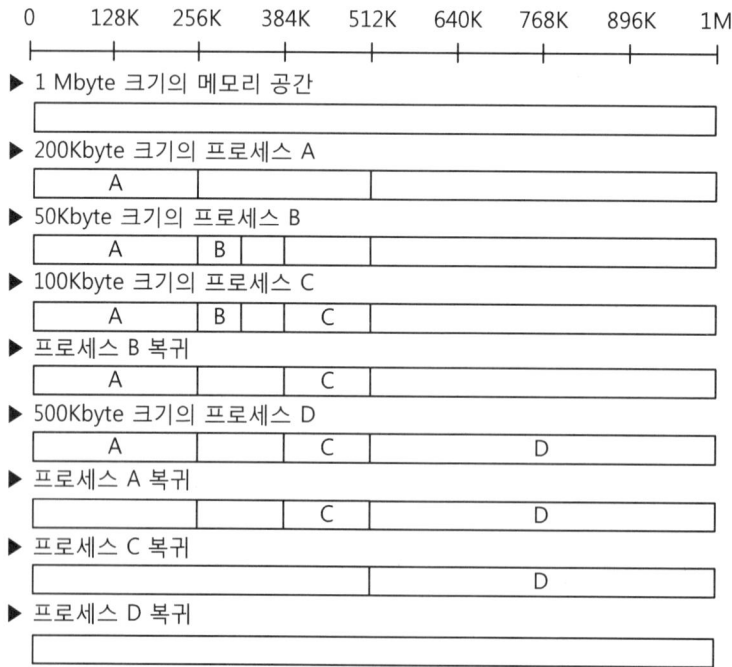

4. 기억장치 계층 구조

(1) Cache memory

컴퓨터가 탄생되면서부터 크고 빠른 메모리를 원했다. 부페 식당을 예로들어 설명하면 음식이 있는 곳(memory)이 있고, 그 음식을 먹을 수 있는 식탁(processor)이 따로 되어 있다. 젓가락을 들고 한번에 하나의 음식을 가져다 식탁에서 먹는다면 얼마나 다리가 아프겠는가? 이 시간을 줄여야 한다. 일반적으로 식당에 있는 수 많은 음식을 같은 확률로 먹기보다는 같은 종류끼리 가져다 먹는 경향이 있다.(회 종류를 먼저 먹고, 식사 대용의 음식을 먹고, 나중에 디저트 용으로 과일들을 가져다 먹는 것처럼) 이러한 것을 지역성(locality)이라고 한다. 지역성의 종류는 다음과 같이 두가지 유형이 존재한다.

① 시간 지역성(temporal locality) : 지구에서 대한민국의 현재 계절이 가을이면 내일도, 모레도 가을일 가능성이 크다.

예) 반복(loop), 부프로그램(subroutine), 스택(stack), 계산에 사용되는 변수

② 공간 지역성(spatial locality) : 지구에서 대한민국의 서울의 계절이 가을이면 부산의 계절도 가을일 가능성이 크다.

예) 배열(array) 참조, 프로그램의 순차적 코드 수행, 관련 변수들의 선언

이러한 지역성 때문에 식당에서는 작은 접시를 이용해 당장 먹으려는 음식을 담아 식탁에 와서 먹는다면 접근 시간을 상당히 줄일 수 있는데 이때 사용되는 작은 접시의 기능이 바로 캐쉬(cache) 메모리이다.

(2) 계층 구조

주기억 장치는 DRAM(Dynamic RAM)으로 만들고 CPU에 가까운 계층은 SRAM(Static RAM)으로 구현한다.

RAM ┌ DRAM : SRAM에 비해 느리나 비트당 가격은 싸다.(집적도가 높기 때문)
　　 └ SRAM : DRAM에 비해 빠르나 비트당 가격이 비싸다.(집적도가 낮기 때문)

Access time	가격(Mbyte 당)	2000년 기준
SRAM	10 ns	$ 50
DRAM	100 ns	$ 5
Disk	10 ms	$ 0.01

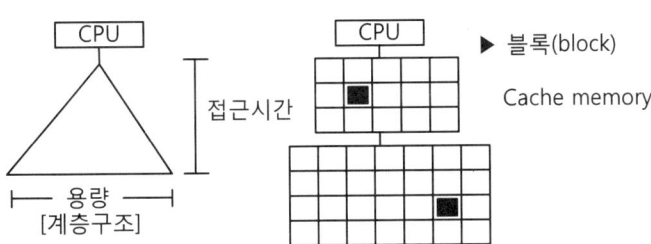
[계층구조]　　▶ 블록(block)　Cache memory

5. 디스크 스케줄링

1) 디스크 스케줄링의 필요성

CPU에 의해 처리되는 시간보다 I/O 시간에 의해 소모되는 시간이 많이 요구된다. 디스크에 접근하는 시간을 줄여 효율적인 입출력이 이루어져야한다. 디스크에 의해 소요되는 시간 중에 회전지연시간(latency time)보다 seek time에 소요되는 시간이 많이 소요(보통 10배)되므로 이 시간을 줄이기 위한 알고리즘이 필요하다.

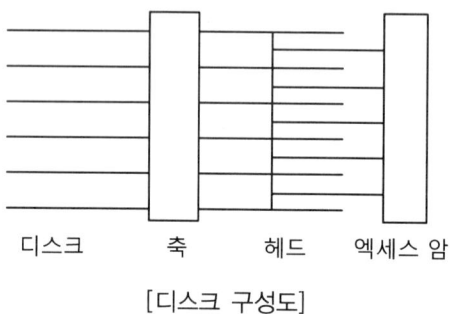

[디스크 구성도]

2) 디스크 구성 요소

― 실린더(cylinder) : 헤드의 한 회전에 의해 생긴 트랙(track)들의 집단
― 트랙(track) : 헤드의 수
― 섹터(sector) : 하나의 동심원을 일정 크기로 분할한 것

■ access time
　― seek time : 원하는 실린더를 찾는데 소요되는 시간
　― latency time(회전 지연 시간, search time) : 원하는 섹터를 찾는데 소요되는 시간

3) 디스크 스케줄링

① FCFS(First Come First Served) : 먼저 요구한 실린더를 먼저 서비스 해준다. 요구하는 경우가 많지 않은 경우에는 상관 없으나 요구가 많은 경우에는 최적화하려는 의미가 아니다.
② SSTF(Shortest Seek Time First) : 현재의 위치에서 가장 짧은 거리에 있는 실린더를 먼저 서비스해 준다. 방향에 관계없이 짧은 거리이다.
③ SCAN : SSTF와 같으나 방향이 있다. 즉, 진행 방향으로의 짧은 거리이며 한쪽 방향으로 서비스 후에 다음은 그 반대 방향으로 서비스한다.
④ C-SCAN : 한쪽 방향으로만 진행하면서 짧은 거리의 실린더를 서비스한다.

⑤ N 단계 SCAN : SCAN 기법과 동일하나 현재 대기 중인 실린더들만 서비스한다. 진행중에 도착한 요구 실린더는 다음 반대 방향으로의 서비스 시에 최적으로 서비스 받을 수 있도록 재배열되는 기법이다.
⑥ 에션바흐 기법 : C-SCAN 기법이면서 회전 지연 시간에 대해서도 최적화하려는 기법이다.

Introduction to Computer science

www.ucampus.ac

Chapter 3

C
언
어

1. C 프로그램 구조

1개의 main() 함수와 0개 이상의 부(sub)함수로 구성된다.

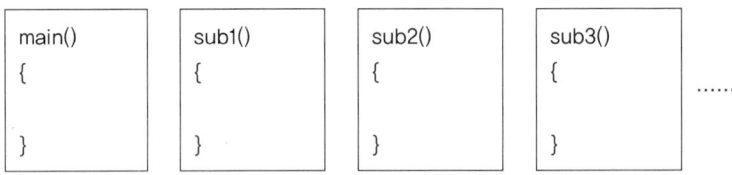

부 함수가 1개 이상 존재하면 반드시 main 함수에서 최소한 1개의 부 함수를 호출하여야한다. main 함수가 제일 먼저 오면 main 함수가 나타나기 전에 부 함수에 대한 prototype를 선언하여야 한다. 즉, 호출함수보다 피 호출 함수가 먼저 오면 상관이 없으나 나중에 나타나면 반드시 피 호출 함수에 대한 prototype을 선언하여야 한다.

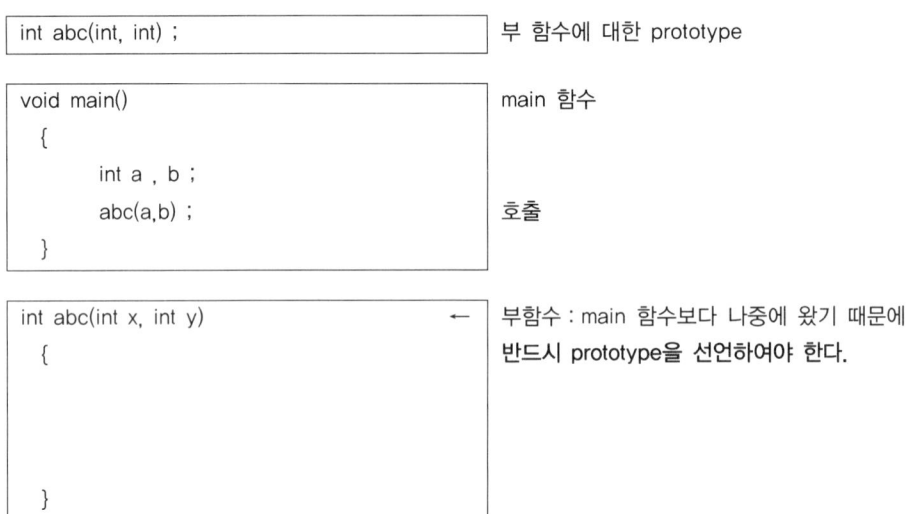

2. C 언어 연산자

C 언어의 연산자들은 다음과 같은 종류가 있다.

1) 산술 연산자(8개)

+ , - , -(1가) , * , / , % , ++ , --

2) 할당 연산자(11개)

    = , += , -= , *= , /= , &= , |= , ^= , <<= , >>=

3) 관계 연산자(6개)

    > , >= , < , <= , == , !=

4) 논리 연산자(3개)

    && , || , !

5) 포인터 연산자(2개)

    & , *

6) 구조체 및 공용체 연산자(2개)

    . , ->

7) 비트 연산자(4개)

    & , | , ~ , ^

8) 쉬프트 연산자(2개)

    << , >>

9) 계속 연산자(1개)

    ,

10) 기타(3개)

    sizeof , (type) , ? :

3. C 언어 연산자의 우선 순위

각 연산자들에 대한 우선 순위는 다음과 같다. 동 순위 연산자들에 대한 순서는 화살표 방향으로 표시하였다. → 는 왼쪽에서 오른쪽 순으로 , ← 는 오른쪽에서 왼쪽 순으로 처리함을 의미한다.

종류	순위	연산자	방향
1차 연산자	1	() , [] , . , ->	→
1가 연산자	2	* , & , - , ~ , ! , ++ , -- , (type) , sizeof	←
2가 연산자	3	* , / , %	→
	4	+ , -	→
	5	<< , >>	→
	6	> , >= , < , <=	→
	7	== , !=	→
	8	&	→
	9	^	→
	10	|	→
	11	&&	→
	12	||	→
3가 연산자	13	? :	←
할당 연산자	14	= , += , -= , *= , /= , %= , &= , |= , ^= , <<= , >>=	←
계속 연산자	15	,	→

4. C 언어 예약어

C 언어 예약어에는 다음과 같은 종류가 있다.

1) 반복

for , while , do

2) 결정 및 선택

if , else , switch , case , default

3) 이동

continue , break , goto

4) 자료형

char , short , int , long , unsigned , float , double , struct , union , void , enum , typedef

5) 기억 클래스

auto , static , register , extern

6) 기타

   return , sizeof

5. C 언어 명칭(identifier)

1) 영문자, 숫자, 밑줄(_) 로 구성한다.

2) 첫글자는 영문자 이어야한다., 밑줄도 영문자에 포함된다.

3) 명칭의 길이에는 제한이 없다. 다만 기종에 따라 정해진 길이 만큼만 인지한다.

4) 대문자와 소문자는 서로 다른 명칭이다. 통상적으로 변수명은 소문자로, symbol 상수는 대문자로 쓴다.

5) 명칭의 종류로는 keyword(예약어), 미리 정의된 명칭, 사용자가 정의하는 명칭(변수명, 함수명)등이 있다.

   keyword는 예약어로서 사용자가 정의하는 명칭으로 사용할 수 없다. 예약어는 모두 소문자이다. 미리 정의된 명칭은 system에서 제공해주는 함수들의 명칭 등이다. 사용자가 정의하는 명칭은 변수명, 함수명 등이다.
   - C 언어에서의 설명문(주석 : comment) 은 /* 로 시작해서 */ 로 끝난다. 설명문은 프로그램 내의 token 단위 사이에 어디든지 서술이 가능하다.
   - C 언어에서 사용되는 괄호
     (1) 대괄호 [ ] : 배열에서 사용
     (2) 중괄호 { } : 블록을 구성할 때 사용
     (3) 소괄호 ( ) : 함수의 인수 , 연산의 우선 순위를 바꿀 때 , 조건식을 쓸 때 사용
   - Token(토큰) : 의미있는 문자열 단위를 말한다. 다음과 같은 문장은 7개의 토큰으로 구성되어 있다.

     예) a*=*b**c →

a	*=	*	b	*	*	c
①	②	③	④	⑤	⑥	⑦

     ① : 변수 ② : 할당연산자 ③ : 포인터 연산자 ④ : 변수
     ⑤ : 곱셈연산자 ⑥ : 포인터 연산자 ⑦ : 변수

6. 변수와 상수

1) 변수(Variable)

변수는 프로그램 수행 중에 값이 변경될 때마다 일시적으로 기억시키기 위한 기억장소이다. 기억장소를 명명하는 방법은 몇이 부여 방법에 준 한다. 변수는 사용하기 전에 해당 블록의 선두에서 반드시 선언되어야한다. 선언하는 형식은 다음과 같다.

[형식]
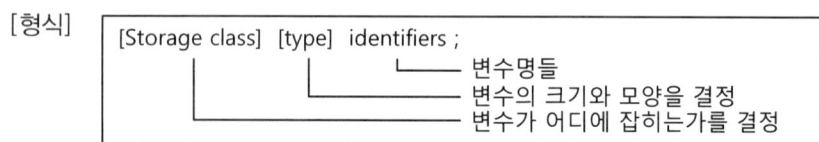

2) 상수(Constant)

상수는 변하지 않는 수를 말한다. 상수의 종류는 다음과 같다.

(1) 정수형 상수

10진 상수 : 유효숫자로 시작되는 10진 숫자 열
8진 상수 : 0으로 시작되는 8진 숫자 열
16진 상수 : 0x 로 시작되는 16진 숫자 열
long 상수 : L 또는 l 문자를 10진 상수, 8진 상수, 16진 상수 끝에 붙인 숫자 열
예) 10진 상수 100 : 100
8진 상수 100 : 0100
16진 상수 100 : 0x100
long 상수 40000 : 40000L 또는 40000l
(소문자 l 은 숫자 1과 구별이 잘 안되므로 대문자로 사용하는 것이 바람직하다.)

(2) 실수형 상수

10진 실수 : 10진수로 이루어진 실수
지수형 실수 : E 또는 e 에 의한 지수 형태의 실수

(3) 문자형 상수

문자 : 1문자를 나타내기 위하여 ' ' 안에 1문자를 쓴다.
문자열 : 1문자 이상을 나타내기 위하여 " " 안에 쓴다.
문자열의 경우는 메모리에 기억 시 문자열의 끝을 알리는 NULL(0='|0'=모든 비트가 0)의 값이 문자열의 마지막에 1 byte를 차지하여 기억된다.

예)   'A' 의 기억 형태 : 0100 0001 (1 byte)
     "A" 의 기억 형태 : 0100 0001 0000 0000 (2 byte)
                                   └─────┘
                                   NULL의 의미

7. 산술 연산자

산술 연산자에는 + , - , -(1가) , * , / , % , ++ , -- 가 있다. 산술 연산자는 수치를 입력하여 수치의 결과를 얻는 연산자이다. -(1가), ++, -- 는 1가 연산자들이고, +, -, *, /, % 는 2가 연산자들이다. 1가 연산자는 연산자에 대한 operand가 1개만 필요로 하는 연산자이고 2가 연산자는 operand가 2개 필요한 연산자이다. 2가 연산자들보다 1가 연산자들의 연산 우선 순위가 높다.

+	덧셈 연산자
-	뺄셈 연산자
-(1가)	2의 보수(양→음, 음→양)
*	곱셈연산자
/	나눗셈연산자
%	나머지연산자
++	1증가연산자
--	1감소연산자

8. 할당 연산자

할당 연산자에는 =, +=, -=, *=, /=, %=, &= , |= , ^= , <<= ,>>= 가 있다. 연산 후의 최종 결과를 기억시켰다가 추후 사용하기 위한 연산자이다. 할당 문이 아니라 할당 연산자이므로 단위 문장 내에 할당 연산자를 0개 이상 얼마든지 사용이 가능하다. 사용하지 않음은 그 문장의 의미가 없을지 몰라도 문법적 error는 아니다. 즉, a+b-c*d 와 같은 문장도 허용된다는 의미이다. 할당 연산자를 사용할 때는 반드시 왼쪽의 대상체는 변수이어야 한다. 오른쪽의 최종 결과 값을 기억시킬 위치이어야 하기 때문이다. 할당 연산자는 계속연산자인 , 를 제외하고는 가장 우선 순위가 낮기 때문에 할당 연산자 오른쪽에 있는 것을 완전히 실행한 후(결과 값) 왼쪽의 기억 장소(변수)에 할당한다.

왼쪽 대상체 　할당 연산자 　오른쪽 대상체
(Left Value)　　　　　　　　　(Right Value)

9. 관계 연산자

관계 연산자에는 〉, 〉=, 〈, 〈=, ==, != 가 있다. 이 연산자는 수치를 입력받아 논리값을 출력하는 연산자이다. 논리값의 의미는 참인 경우는 1로, 거짓인 경우는 0으로 기억된다. 관계 연산자들에 우선 순위는 〉, 〉=, 〈, 〈= 가 먼저이고 ==, != 는 나중이다.

〉	크다.
〉=	크거나 같다.
〈	작다.
〈=	작거나 같다.
==	같다.
!=	같지 않다.

10. 논리 연산자

논리 연산자에는 &&, ||, ! 이 있다. 논리 값을 입력받아 논리값을 출력하는 연산자이다. 입력으로서의 논리 값은 거짓은 0으로, 참은 0 아닌 수를 입력하면 된다. 출력으로서의 논리 값은 참인 경우는 1로 거짓인 경우는 0으로 기억된다. 그리고 이 연산자는 연산시에 할 필요가 없는 연산 수행하지 않는다. 즉, 연산의 결과가 이미 확정된 경우에 나머지 부분의 연산은 수행하지 않는다. 예를 들어 a = 6 이고 b = 7 인 경우 c = a || b 의 연산시 a 의 값 6 에 대하여 논리 연산자는 참의 의미로 해석하는데 논리 연산자가 || 이므로 이 연산의 왼쪽 논리 값이 참인 경우이면 오른쪽의 값이 참이든, 거짓이든 결과가 참이므로 오른쪽의 자료를 인출하지 않는다는 것이다.

A && B 연산의 결과

A B	F
거짓 거짓 거짓 참 참 거짓 참 참	거짓 거짓 거짓 참

A || B 연산의 결과

A B	F
거짓 거짓 거짓 참 참 거짓 참 참	거짓 참 참 참

!A 연산의 결과

A	F
거짓 참	참 거짓

11. 포인터 연산자

포인터 연산자에는 & , * 가 있다. 주소와 관련이 있는 연산자이다. &는 번지 연산자이고 *는 간접 번지 연산자이다. 이 연산자들은 모두 1가 연산자이다. 즉, operand가 1개만 필요한 연산자이다. operand가 2개이면 *는 곱셈 연산자가 되고, &는 bit 단위의 AND 연산자가 된다. 배열로 선언된 배열명은 그 배열의 시작번지를 의미하는 symbol 주소이다. 다음과 같이 배열이 선언되었을 때 배열과 포인터 관계를 알아보자.

long k[5] = {2, 4, 6, 8, 10} ;

선언된 변수들을 그림으로 그리면 다음과 같다.

```
k    [0]   [1]   [2]   [3]   [4]
    | 2  | 4  | 6  | 8  | 10 |
    100  104  108  112  116
```

&k[0]은 100번지를 의미한다. 배열명 k는 배열의 시작 번지인 100번지를 의미한다. 그러므로 &K[0] 과 k 는 같은 표현이다. &k[3]는 112번지를 의미한다. 112번지는 100번지로부터 3블록 떨어진 곳의 번지이다. 이 표현은 100번지 + 3 블록이다. 즉, 112번지 = 100번지 + 3블록 = k + 3 과 같다. 8이라는 자료는 k[3] 의 내용이다. 또는 112번지가 가리키고 있는 내용이다. 112가 가리키는 의미의 표현은 *112로 표현하는데 112는 100번지로부터 3블록 떨어진 번지이므로 *(100+3) 으로 표현이 가능하다. 100은 k를 의미하므로 *(k+3) 이 된다. k[3] 의 표현은 *(k+3) 의 표현과 같은 것이다. 그러므로 [] 하나를 * 하나로 치환할 수 있음을 알 수 있다. 예를들어 p[4][5] 의 표현을 포인터 연산자로 표현하면 *(*(p+4)+5) 가 된다.

12. 구조체 및 공용체 연산자

구조체 및 공용체 연산자에는 . , -> 가 있다. 구조체는 이질형 자료들의 집단을 의미하는데 이 집단을 대표하는 명칭을 구조체 명이라고 한다. 이때 집단 내부의 각각의 명칭은 field 명이 된다. 이 field명을 이용할 때는 반드시 구조체 연산자인 . 이나 ->를 사용하여야한다. 구조체 연산자 . 의 왼쪽에는 구조체명이 오고 오른쪽에는 field명이 온다. -> 인 경우는 왼쪽에는 구조체 포인터명이고 오른쪽에는 field명이 온다. -> 구조체 연산자는 (*). 과 등가이다. a->b 의 다른 표현은 (*a).b 이다. 연산자 . 이 * 보다 우선 순위가 높기 때문에 ( )를 해야만 한다. 연산자를 쓸 때마다 ( )를 한다는 것은 번거롭기 때문에 -> 연산자를 만든 것이다. 공용체인 경우에도 구조체와 사용 방법이 같다. 다만 공용체인 경우는 블록 안에서 정의되는 field들이 각 type에 의해서 선언되는 첫 번째 변수들의 주소가 모두 같은 주소라는 것이다.

```
struct kkk {
char a,b,c,d ;
int e,f ;
long g ;
} ;
```

```
 a b c d  e   f    g
┌─┬─┬─┬─┬──┬──┬────┐
└─┴─┴─┴─┴──┴──┴────┘
 1 1 1 1  2   2    4   (byte)
```

```
union kkk {
char a,b,c,d ;
int e,f ;
long g ;
} ;
```

```
 1 1 1 1  (byte)
┌─┬─┬─┬─┐
└─┴─┴─┴─┘
 a b c d
 └───┘
  e f
 └─────┘
    g
```

13. 비트 연산자

비트 연산자에는 &, |, ~, ^ 가 있다. &, |, ^ 는 2가 연산자이고 ~ 는 1가 연산자이다.

&	비트 단위의 AND 연산
|	비트 단위의 OR 연산
~	비트 단위의 NOT 연산
^	비트 단위의 Exclusive OR 연산

14. 쉬프트 연산자

쉬프트 연산자에는 << 와 >> 가 있다. << 는 왼쪽으로의 산술 쉬프트 연산이며, >> 는 오른쪽으로의 산술 쉬프트 연산이다. 왼쪽으로의 산술 쉬프트는 곱셈의 의미이며, 오른쪽으로의 산술 쉬프트는 나눗셈의 의미이다. 산술 쉬프트시의 부호 비트는 이동의 대상이 아니다. 2의 보수 운영체제에서의 왼쪽으로 쉬프트 시에는 무조건 0이 padding되며 오른쪽으로 쉬프트 시에는 부호 비트가 padding되어야한다. 왼쪽으로 쉬프트 하다보면 overflow가 생길 수 있으며 오른쪽으로 시프트 하다보면 truncation이 생길 수 있다. Overflow 증상은 부호 비트와 잃어버리는 비트가 다를 때이다. Truncation 증상은 잃어버리는 비트가 1일때이다. 1 비트 오른쪽으로 이동시 잃어버리는 비트가 1인 경우에는 양수, 음수 모두 0.5만큼씩 작은 값이 된다. 3에 대해 오른쪽 1 비트 쉬프트 하면 1이 되고, -3에 대해 오른쪽으로 1비트 쉬프트 하면 -2가 된다.

15. 계속 연산자

계속 연산자에는 , 가 있다. 연산자 우선 순위 중에서 가장 나중에 연산이 된다. , 왼쪽에 있는 연산이 모두 수행된 후에 , 오른쪽에 있는 연산이 수행된다.

16. 기타 연산자

기타 연산자에는 sizeof, (type) , ? : 가 있다. sizeof 연산자는 operand의 크기를 묻는 연산자이다. (type) 연산자는 자료의 type을 변경시키고자하는 캐스팅(casting) 연산자이다. ? : 연산자는 3가 연산자로서 operand가 3개인 연산자이다. ? 앞에는 조건문이, ? 와 : 사이에는 조건이 참인 경우에 수행 내용이, : 뒤에는 조건이 거짓인 경우 수행 내용이 와야한다.

17. 반복 명령

반복 명령에는 for, while, do가 있다.

(1) for 문
형식

```
for(초기값 ; 최종값 ; 증감값)
```

반복 대상의 식이 2개 이상인 경우는 반드시 블록({ })화 시켜야한다. 최종값을 쓰지 않으면 무한 반복이 된다. 이런 경우는 도중에 빠져 나오기 위해서 break를 사용하면 된다. for문의 수행 순서는 초기값 실행 → 최종값 판단(참이면 반복 계속, 거짓이면 반복 탈출) → 증감값 → 최종값 등으로 반복한다.

(2) while 문
형식

```
while(최종값)
```

반복 대상의 식이 2개 이상인 경우는 반드시 블록({ })화 시켜야한다. 최종값이 1이면(또는 0 아닌 모두 수) 무한 반복을 의미한다. 최종값이 참인 동안 반복을 위한 명령이다.

(3) do ~ while 문
형식

```
do{}while(최종값) ;
```

do{ } 블록에 있는 명령들을 먼저 수행하고 while 의 조건값이 참이면 do { }을 계속 반복하고 거짓이면 반복을 중단한다.

18. 선택 명령

선택 명령에는 if, else, switch, case, default 가 있다.

  (1) if ~ else 문

    형식 - 1

```
if(조건) 식 ;
```

    형식 - 2

```
if(조건) 식1 ; else 식2 ;
```

조건식에 의해 수행할 문장을 결정짓기 위한 명령이다. 형식-1은 조건식이 참인 경우에만 식을 수행하고 거짓인 경우에는 수행할 식이 없는 경우이다. 형식-2는 조건식이 참인 경우는 식1을 거짓인 경우에는 식2를 수행하게 된다. if의 개수보다 else 의 개수가 같거나 적어야한다. 같은 경우에는 1 : 1로 짝을 이루면 되지만 적은 경우에는 안쪽부터 짝을 이루어 나간다.

  (2) switch ~ case ~ default 문

    형식

```
switch(조건)
{
case 경우-1 : 식-1 ;
case 경우-2 : 식-2 ;
    .
    .
case 경우-n : 식-n ;
default : 식 ;
}
```

조건이 2가지 이하인 경우는 if문으로 처리하면 되는데 3가지 이상인 경우에 이 명령을 사용하면 편리하다.(if () ~ else if() ~ else if() ~를 사용할 수도 있다.) 조건식에 따라 경우를 찾아 식을 수행한다. 조건식은 반드시 ( ) 안에 서술하여야한다. default 는 조건식에 따라 찾고자하는 경우가 없는 경우에 식을 수행한다. 조건식에 따라 경우의 식을 수행하면 이후에 나타나는 경우의 식을 모두 수행하게 된다. 그러므로 반드시 해당 경우의 식만 수행하려면 식의 마지막에 반드시 break 문을 사용하여야한다.

19. 분기 명령

분기 명령에는 continue, break, goto 가 있다.

(1) continue 문
형식

> if(조건) 식1 ; else 식2 ;

일반적으로 continue 문은 if문에서 사용되는데 식1 또는 식2에 나타나게 된다. continue 문을 만나면 continue 가 소속되어있는 반복문의 마지막으로 간다. continue 문 이후 반복문의 마지막까지의 명령들을 수행하지 않기 위한 조치이다. 이때 continue 의 영향을 미치는 명령은 for문, while문 , do ~ while 문이다.

(2) break 문
형식

> if(조건) 식1 ; else 식2 ;

사용은 continue와 같은데 break를 만나면 반복문의 마지막으로 가는 것이 아니라 반복문을 빠져나가게 된다. break가 소속이 되어있는 반복문은 for 문, while 문, do ~ while 문, switch ~ case ~ default 문이다.

(3) goto 문
형식

> goto 레이블 ;

임의의 위치로 분기하고자 할 때 사용하는 명령이다. 레이블에 의해 분기된 곳의 명령 앞에 레이블 : 으로 되어 있어야한다.

   kkk : 명령
       .
   goto kkk ;

20. 자료 타입

자료 타입은 char, int , short , long , unsigned , float , double , struct , union , void , enum , typedef 등이 있다.

형식

char a	문자형(1 byte)
int a	정수형(2 또는 4 byte)
short a	정수형(2 byte)
long a	정수형(4 byte)
unsigned int a	부호없는 정수형(2 byte)
float a	실수형(4 byte)
double a	실수형(8 byte)
struct kkk a	구조체형
union kkk a	공용체형
enum kkk a	열거형
int *a	포인터형
float a[]	배열형
float a()	함수형
typedef float real	type 명칭 변경

kkk 에 대한 type은 사용자가 정의하여야한다. void 는 무치형(값이 없는 type)을 의미한다.

21. Storage class

Storage class에는 auto, static, register, extern 등이 있다. Storage class 는 변수가 메모리의 어디에 잡히는가를 알려주는 명령이다. 지역변수인 경우는 해당 블록의 입구({)에서 블록의 출구(})까지 허용 범위이다. 언제든지 변수들을 필요한 위치에서 블록의 시작으로 변수를 선언하고 블록의 끝에 의해 자동으로 범위를 해제할 수있다.

(1) auto

형식

```
auto 변수타입 변수들 ;
```

변수들은 메모리의 스택(stack) 영역에 잡힌다. auto 예약어는 생략 가능하다.
auto 변수는 프로그램 실행 시에 기억장소만 확보되고 초기화는 해주지 않는다.

(2) static

형식

> static 변수타입 변수들 ;

변수들은 메모리의 자료 영역(DS : Data Segment)에 잡힌다. 블록의 외부에서 선언되면 총괄변수의 의미가 되며 하나의 파일 내에서만 총괄(global) 변수이다. 블록 내부에서 선언되면 그 블록 내부에서만 사용할 수 있는 지역(local) 변수이다. Compile 시에 메모리 확보와 동시에 0으로 초기화시킨다.

(3) extern

형식

> extern 변수타입 변수들 ;

변수들은 메모리의 자료 영역(DS : Data Segment)에 잡힌다. 모든 파일에서의 총괄 변수의 의미이다. extern 예약어는 생략 가능하다.

(4) register

형식

> register 변수타입 변수들 ;

변수들이 register에 잡힌다. register의 수는 한정되어 있다. 사용하는 system에 따라 한정된 수만큼보다 많이 선언되었을 때는 한정된 수만큼만 register 변수로 사용되고 나머지는 모두 auto 변수로 사용된다.

22. 기타 예약어

(1) return

형식

> return 식 ;

함수명의 의미는 호출을 위한 명칭이기도 하지만 결과를 되돌려 받기 위한 변수명이기도 하다. 그러므로 함수명에 결과를 되돌려 주고자하는 경우 return 에 의해 함수명에 결과 값이 기억된다. 결과 값을 되돌려 주지 않을 경우에는 return을 사용하지 않아도 되지만 반드시 함수 선언시의 type을 void 로 선언하여야한다.

(2) sizeof

형식

> sizeof 대상체 ;

대상체의 크기를 알기 위한 연산자이다. 예약어로 되어 있는 연산자이다.

23. 입출력 함수

C 언어에서는 입출력에 대한 명령이 없다. 입출력에 대한 기능은 함수로서 제공된다. 입출력 함수의 종류에는 표준 입출력 함수와 file 입출력 함수의 2가지 종류가 있다.

표준 입출력 함수	File 입출력 함수	기능
getchar()	getc()	1 문자 입력
putchar()	putc()	1 문자 출력
gets()	fgets()	1 line 입력
puts()	fputs()	1 line 출력
scanf()	fscanf()	Formatted 입력
printf()	fprintf()	Formatted 출력

표준 입출력 함수에서 표준 입력은 키보드(keyboard)를 의미하고 표준 출력은 모니터(monitor)를 의미한다. File 입출력은 키보드와 모니터를 제외한 주변 장치들로부터의 파일을 I/O 하기 위한 함수이다. 이렇게 외부 파일로부터 I/O를 하기 위하여 반드시 파일을 open, close 하여야한다. file pointer 변수를 선언하고 file을 open 시키면 해당 file의 시작 번지가 file pointer 변수에 할당된다. 이 file pointer 변수를 이용하여 file을 I/O 하게 된다.

(1) file pointer 변수 선언

형식

> FILE file-pointer변수 ;

file-pointer변수는 외부 file의 주소를 기억할 변수이다.

(2) file open

형식

> file-pointer변수 = fopen("파일명" , "접근모드") ;

접근모드 : read 인 경우 : "r"
write 인 경우 : "w"
append 인 경우 : "a"

(3) Format 의 종류

문자 : %c

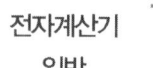

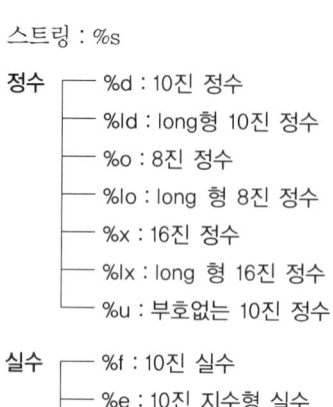

(4) Format 형식

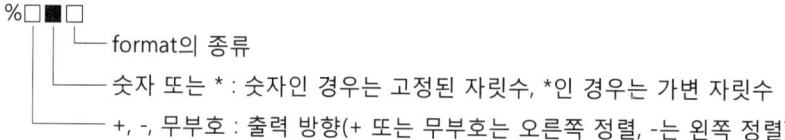

24. 매개변수 전달 기법

C 언어에서의 매개 변수 전달 방법은 call by value 이다. 실인수가 가인수로의 일방통행 형태로의 자료 또는 주소를 전달한다. 자료를 넘기는 경우는 넘겨받은 자료를 이용하여 수행 후의 결과는 인수를 통해 되돌려 줄 수 없고 return에 의해 되돌려 주어야한다. 인수를 통해 주소를 넘긴 것은 피호출 함수가 호출 함수의 자료를 주소를 통해 이용하게 되는 것이다.

25. 되부름(Recursion)

동일한 기능의 반복을 단순하게 처리하기 위한 방법으로 자신을 부르는 재귀적 호출 방법이다. 되부름은 같은 내용을 가진 함수들로 이루어진 경우로 생각하면 된다. 이때 같은 내용이라 하더라도 모두가 그 지역에서만 허용되는 지역변수의 개념으로 해석하여야한다.

26. 전 처리기(preprocessor)

C compiler에 의해 source program이 번역되기 전에 먼저 번역을 하는 기능을 가진 도구가 전처리기이다. 매크로 정의 include 기법이 있다.

(1) MACRO

문자열 치환 기능이다. 프로그램에서 매크로 명칭을 만나면 preprocessor에 의해 정의된 문자열로 치환된다.

형식

```
#define 매크로명(인수) 매크로
```

함수 내에서 매크로 명을 만나면 정의된 매크로로 치환된다. 이것을 매크로 확장이라고 한다. 연산의 개념으로 처리하면 안 된다. 일단 정의된 매크로로 치환한 후에 연산에 참여하여야 한다.

(2) include

매크로의 사용이 많은 경우 일일이 모두 정의하기가 불편하므로 비슷한 매크로 기능끼리 모아서 하나의 file로 만들어 놓으면 필요시에 include 시켜서 사용하면 편리하다. 이와같이 비슷한 기능끼리 모아놓은 file들을 header file 이라 하여 file 명 뒤에 h를 붙인다. 이때 이러한 header file을 include 시키는 방법은 다음과 같다.

형식

```
#include <header file>
또는
#include "header file"
```

<header file> : 지정된 directory에서만 찾는다.
"header file" : 현 directory에서 찾는다. 없으면 시스템에서 지정된 directory에서 찾는다.

Introduction to Computer science

www.ucampus.ac

Chapter 4

신기술 용어

[전자계산기 일반]

001. 반도체 메모리의 특징

구분	MRAM	DRAM	SRAM	플래시 메모리
집적도	높음	높음	낮음	아주높음
정보유지용 전원	불필요	필요	필요	불필요
읽기속도	초고속(3ns)	고속(60ns)	초고속(2ns)	고속(10ns)
쓰기속도	초고속(3ns)	고속(60ns)	초고속(2ns)	아주저속(0.2s)
전원 유무에따라	비휘발성	휘발성	휘발성	비휘발성
응용	주기억장치용	주기억장치용	캐시용	기본입출력용

002. 디지털 TV 의 종류

1) 브라운관 TV
   (1) 원리 : 전자총을 통해 나온 3색의 빛을 형광체가 발린 스크린에 투사
   (2) 장점 : 가격 저렴, 밝기와 선명도 뛰어남
   (3) 단점 : 소비전력 많고 무겁고 부피 큼
2) 프로젝션 TV
   (1) 원리 : RGB 3개의 작은 브라운관에서 나온 빛을 조합해 비춤
   (2) 장점 : 저렴한 가격에 대형 화면
   (3) 단점 : 시야각이 좁음, 화질과 밝기가 떨어짐
3) PDP TV(Plasma Display Panel TV)
   (1) 원리 : 유리기판(2장) 사이에 가스를 채워 발생시킨 자외선이 영상 구현
   (2) 장점 : 큰 화면, 얇고 가벼움
   (3) 단점 : LCD TV 보다 선명도 떨어짐
4) LCD TV(Liquid Crystal Display TV)
   (1) 원리 : 유리기판(4장) 사이에 액정을 주입, 전기적 신호를 가해 화상 구현
   (2) 장점 : 좋은 화질, 전력 소비 작음
   (3) 단점 : 비싸고 초대형 제품 없음

003. IT839(2004년 2월) : 8대 서비스, 3대 인프라, 9대 신 성장 동력

1) 8대 서비스 : (1) 휴대인터넷(WiBro) (2) DMB (3) 홈 네트워크 (4) 텔레매틱스 (5) 전자 칩 (6) WCDMA (7) 디지털 TV (8) 인터넷전화(VoIP)
2) 3대 인프라 : (1) BcN (2) USN (3) IPv6
3) 9대 신 성장 동력 : (1) 차세대 이동통신 (2) 디지털 TV (3) 홈 네트워크 (4) IT SoC (5) 차세대 PC (6) 임베디드 SW (7) 디지털콘텐츠 (8) 텔레매틱스 (9) 지능형 로봇

004. u-IT839(2006년 2월) : 8대 서비스, 3대 인프라, 9대 신 성장 동력

1) 8대 서비스 : (1) 휴대인터넷(WiBro) (2) DMB & 디지털 TV (3) 홈 네트워크 (4) 텔레매틱스 (5) 전자 칩 (6) WCDMA (7) 광대역 융합 서비스(IPTV) (8) IT 서비스

2) 3대 인프라 : (1) BcN(IPv6) (2) USN (3) 소프트 인프라웨어

3) 9대 신 성장 동력 : (1) 텔레매틱스(차세대 이동통신) (2) 디지털 TV (3) 홈 네트워크 (4) IT SoC (5) 차세대 PC (6) 임베디드 SW (7) 디지털콘텐츠 (8) RFID/USN 기기 (9) 지능형 로봇

005. Ut 램(Uni Transistor(단일 트랜지스터) RAM)(하이닉스=수도(Pseudo)RAM, 미쓰비시=모빌 램)

휴대폰용 버퍼 메모리(DRAM + SRAM)

006. 미들웨어(middleware)

수많은 종류의 표준화되지 않은 하드웨어나 소프트웨어가 말썽없이 운용될 수 있도록 도와주는 중계 소프트웨어

007. 차세대 메모리

1) MRAM = DRAM + SRAM + 플래시 메모리
2) FRAM(Ferroelectric RAM : 강유전체 메모리)
   납(Pb), 지르코늄, 티타늄 등의 화합물을 사용해서 만든 반도체
3) PRAM(Phase Change RAM : 상변화 메모리)
   P램 소자의 신규 재료는 안티몬(Sb)과 셀레늄(Se)이 혼합된 이원계 금속 합금, 고집적, 고속처리, 비휘발성
4) OUM(오보닉스 통합 메모리)
5) ReRAM

008. PoC(Push to talk over Cellular)

휴대폰 + 무전기(100명 이내)

009. IPTV(Internet Protocol Television)

인터넷과 텔레비전의 융합으로 초고속 인터넷을 이용해 정보서비스, 동영상 콘텐츠 및 방송 등을 텔레비전 수상기(양방향 TV)로 제공하는 서비스

010. EAI(Enterprise Application Integration : 전사적 애플리케이션 통합)

전사적 자원 관리(ERP) + 고객 관계 관리(CRM) + 공급 망 관리(SCM)

011. CRM(Customer Relations Management : 고객 관계 관리)

고객의 정보를 적극적으로 활용해 고객 수익성과 기업의 가치를 최대화(IP컨택센터), IP컨택센터는 고객의 소리를 데이터베이스(DB)화해 이를 가공 및 분석하고, 이를 통해 마케팅 전략 수립 및 프로모션에서 상품 판매까지도 가능케 하는 능동적 이익조직(Profit Center)의 기능을 수행

[전자계산기 일반]

012. SCM(Supply Chain Management : 공급 망 관리)
기업 내/외부에 걸쳐 수요 및 공급관리를 통합

013. ERP : Enterprise Resource Planning(전사적 자원관리)
기업의 모든 인적, 물적 자원을 효율적으로 관리하는 통합 정보 시스템

014. KMS(Knowledge Management System : 지식관리시스템)
다양한 형태로 흩어져있는 지식을 효과적으로 저장, 관리, 활용해 관리자의 의사결정을 지원하는 정보시스템

015. FSB(Front Side Bus)
CPU가 외부적으로 동작하는 클록

016. 그리드 컴퓨팅(Grid Computing)
서버나 PC등과 개별 하드웨어나 네트워크를 사용하지 않을 때 그 유휴자원들을 모아 컴퓨팅 파워를 효율적으로 운영할 수 있도록 하는 컴퓨팅 환경

017. DMB(Digital Multimedia Broadcasting)
DMB는 기술방식과 네트워크 구성에 따라 지상파 DMB와 위성 DMB로 구분
  (1) 지상파 DMB : VHF 대역 사용, 대역폭 2MHz
  (2) 위성 DMB : UHF 대역 사용, 대역폭 25MHz(2,630~2,655GHz)

018. WCDMA(Wideband Code Division Multiple Access : 광대역코드분할다중접속)
휴대폰·무선호출 등을 포함한 차세대 이동통신 시스템, 표준화 작업이 이루어지고 있는 IMT-2000을 주도하고 있는 무선접속 규격, 이 기술을 이용하면 데이터 처리 용량이 커 음성 뿐 아니라 상대방의 얼굴을 보면서 영상전화를 할 수 있고, 고속 데이터전송도 가능

019. OFDMA(Orthogonal Frequency Division Multiplexing Access : 직교 주파수 분할 다중화 접속)
일정 간격의 많은 반송파에 각기 다른 데이터를 실어 전송하는 무선통신의 변조방식(지상파DMB에 적용될 예정)
1G : 아날로그 2G : CDMA 3G : WCDMA 3.5G : HSDPA 4G : OFDMA

020. RFID(Radio Frequency Identification : 무선 식별)
무선 주파수(RF)를 이용하여 대상(물건,사람 등)을 식별할 수 있는 기술

021. BI(Business Intelligence)
여러 곳에 산재된 데이터를 수집하고 체계적이고 일목요연하게 정리함으로써 사용자가 필요로 하는 정보를 적기에 정확하게 제공할 수 있는 환경

022. RTE(Real Time Enterprise : 실시간 기업)

　　　기업 내·외부 업무처리를 실시간으로 할 수 있도록 함으로써 경쟁력을 극대화한 기업

023. BPM(Business Process Management : 업무 프로세스 관리)

024. VoIP(Voice over Internet Protocol : 인터넷 전화)

　　　VoIP 프로토콜은 SIP(Session Initiation Protocol)

025. EPC(Electronic Product Code : 전자 상품 코드)

　　　가장 널리 알려진 96비트 코드(GID, General IDentifier-96), 헤더(8bit) → 업체코드(28bit) → 상품코드(24bit) → 일련번호(36bit) 순으로 구성

026. ICANN : Internet Corporation for Assigned Names and Numbers(국제 인터넷 주소 관리 기구)

027. EDI(Electronic Data Interchange : 전자 문서 교환)

028. NIC(Network Interface Card , Network Information Center)

029. GPS(Global Positioning System)

030. LBS(Location Based Service : 위치 기반 서비스)

031. VPN(Virtual Private Network : 가상 사설망)

　　　하나의 공유 인프라 상에서 구축돼 규모의 경제를 실현하는 다수의 사설 네트워크

032. PRM(Partner Relationship Management)

033. ISP(Internet Service Provider : 인터넷 서비스 사업자, Information Strategy Planning : 정보화 전략 계획)

034. WiBro(Wireless Broadband : 휴대 인터넷(와이브로))

035. WiPi(Wireless Internet Platform for Interoperability : 국산 무선 인터넷 플랫폼(위피))

036. WiFi(Wireless Fidelity : 무선 네트워크 기술 = 802.11(와이파이))

037. FTTH(Fiber To The Home : 광 가입자망)

[전자계산기 일반]

038. BcN(Broadband Convergence Network : 광대역 통합망)

통신, 방송, 인터넷이 융합된 품질보장형 광대역 멀티미디어 서비스를 언제 어디서나 끊김없이 안전하게 이용
할 수 있는 차세대 통합네트워크

039. USN(Ubiquitous Sensor Network : 유비쿼터스 센서 네트워크)

인터넷에 센싱(sensing) 기능과 트래킹(tracking) 기능이 가미된 네트워크

040. SoC(System on a Chip : 시스템온칩)

메모리와 CPU, 로직 등을 묶어 하나의 칩으로 만드는 것

041. 임베디드 SW(Embedded software)

컴퓨터 환경이 아닌 일반 가정 및 산업용 기기들을 작동시키기 위해 필요한 SW

042. 아웃소싱(outsourcing)

외주 제작

043. 넷소싱(netsourcing)

기업들이 CRM 등 각종 소프트웨어를 공유

044. 인소싱(insourcing)

기업이나 조직의 서비스와 기능을 조직 내에서 총괄적으로 제공·조달하는 방식

045. 6T : 6가지의 첨단 기술 산업

1) 정보통신기술 (IT : Information Technology)
2) 생명공학기술 (BT : Biology Technology)
3) 나노기술 (NT : Nano Technology(초정밀기술))
4) 환경공학기술 (ET : Environment Technology)
5) 우주항공기술 (ST : Space Technology)
6) 문화콘텐츠기술 (CT : Culture Technology)

046. USB(Universal Serial Bus) : 범용직렬버스

047. SI(System Integration : 시스템 통합)

전문 정보처리 시스템 사업

048. NI(Network Integration) : 네트워크 통합

049. ASP(Application service Provider : 애플리케이션 서비스 임대)

   빌려쓰는 IT

050. IDC(Internet Data Center) : 인터넷 데이터 센터

051. 플래시 메모리(flash memory)

   1) NAND 플래시 메모리 : Text 저장용
   2) NOR 플래시 메모리 : Code 저장용

052. TRS(Trunked Radio System) : 주파수 공용 통신

053. 텔레매틱스(Telematics)

   통신(Telecommunication)과 정보과학(Informatics) 의 합성어

054. DSTM(Dual Stack Transition Mechanism)

   IPv6와 IPv4 전환기술

055. HSDPA(High Speed Downlink Packet Access : 하향 고속화 패킷 접속)

   비동기식 3.5세대(G)의 이동통신 서비스, 3세대 서비스인 WCDMA가 진화된 형태

056. CPFR(Collaborative Planning, Forecasting and Replenishment : 수급 망 연계 운영 시스템)

057. SIP(Session Initiation Protocol)

   인터넷 표준화기구인 IETF(Internet Engineering Task Force) 에서 멀티미디어 표준 VoIP 프로토콜로 제시한 기술

058. 블루투스(Bluetooth) : 10m 이내의 근거리 무선 통신 기술

059. 홈 네트워크

   (1) 유선 : 이더넷, 홈PNA, 전력선통신(PLC), IEEE1394
   (2) 무선 : 무선랜(WLAN), 초광대역통신(UWB), 지그비(Zigbee), 블루투스(Bluetooth), 홈RF, 무선1394

구분	블루투스	UWB	지그비(Zigbee)
전송거리	10m 이내	10m 이내	70m 이내
전송속도	1Mbps	200Mbps	260Kbps

060. 피싱(phishing)

[전자계산기 일반]

061. 파밍(Pharming)

062. 데이터 마이닝(Data Mining)
무수히 많은 데이터에서 유용한 정보와 관계를 탐색하고 모형화하는 것

063. DRM(Digital Rights Management) : 디지털 저작권 관리

064. DW(Data Warehouse)

065. 테트라(TETRA)
유럽 무선통신표준기구(ETSI)가 정한 디지털 주파수공용통신(TRS) 기술(일명 유럽형 디지털TRS)

066. 차세대 디스플레이
1) OLED(Organic Light Emitting Diode : 유기 발광 다이오드)
   TFT LCD와 PDP에 이은 차세대 디스플레이, 유리기판에 형광물질의 역할을 하는 유기화합물을 바르고 전류를 가하면 빛이 나는 디스플레이
2) FED(Field Emission Display : 전계발광디스플레이)
3) SED(표면전도형 전자방출디스플레이)
4) 플렉서블(Flexible) 디스플레이

067. 디가우저(Degausser)
저장장치의 데이터를 완전히 삭제하는 장치

068. CoD(Capacity On Demand)
비활성화된 CPU를 활성화함으로써 시스템 용량을 늘리는 방법

069. Qplus
임베디드 시스템에서 사용되는 운영체제

070. Hand Over
전문 통신용어로는 휴대전화 시스템에서 통화자가 다른 지역으로 이동해도 통화를 유지할 수 있도록 하는 기능

071. FTTH(Fiber to the Home)
광(光) 통신회선을 일반 가입자의 안방까지 지원, 고품질서비스(Qos) 기반의 광대역 통신서비스를 제공 할 수 있는 기술

072. Streaming

다운로드 없이 실시간으로 재생해 주는 기법

073. G4C(Government for Citizen)

전자정부 인프라를 통한 대국민 민원 서비스의 전자화 · 일원화하기 위한 사업(5대 민원 업무의 일원화 : 주민 · 부동산 · 자동차 · 기업 · 세금)

074. ReRAM(저항형 메모리)

테라비트(Tera bit)급 고용량 차세대 메모리(비 휘발성 메모리)

075. 파운드리(foundry)

반도체 제품을 위탁받아 제조하는 사업 방식(제조전문)

076. 팹리스(Fabless)

반도체 개발만을 전문으로 하는 사업 방식(설계전문)

077. ID3 태그

MP3 파일에 저장되어 있는 파일 정보

078. 하이브리드 HDD

하드디스크 드라이브에 플래시 메모리를 내장한 제품

079. 웹 2.0

서버-클라이언트 중심의 정적인 기존 웹 환경에 대비해 개방과 참여, 공유, 협업 등 사용자 중심의 웹 플랫폼을 제공하는 차세대 웹 환경

080. 텔레매틱스(Telematics)

통신(Telecommunication)과 정보과학(Informatics) 의 합성어, 위성위치확인시스템(GPS)과 이동 통신망을 이용, 자동차 운전자에게 교통정보, e-mail, 인터넷, 영화, 게임 등 서비스와 긴급구난 정보를 제공

081. 텔레메트릭스(Telemetrics)

각종 대상물에 대한 정보를 원거리에서 실시간으로 획득, 분석하고 상태를 관리하거나 제어하는 기술

082. ITS(Intelligent Transportation Systems) : 지능형 교통 시스템

083. BIS(Bus Information System) : 버스 정보 시스템

전자계산기 일반

084. 6시그마(six sigma)

통계적이고 체계적인 기법을 이용하여 제조 및 비제조 부문 등 산업 전반의 비즈니스 프로세스의 총체적 수준을 측정, 분석해 최적화 및 무결점에 가까운 수준으로 개선함으로써 회사의 이윤을 극대화시킬 수 있도록, 구성원 모두가 참여하는 고객 중심의 전사적 경영혁신 활동

085. 핵티비스트(Hacktivist)

해커(Hacker)와 행동주의자(Activist)의 합성어로서 인터넷이 모든 사람들을 위한 정보 공유라는 순수한 의도를 벗어나 상업적인 목적으로 이용되는 데 반기를 들고 상대방의 서버 시스템이 정상적으로 작동하지 못하도록 방해를 하고 있는 사람들

086. SSD(Solid State Disk : 고체 디스크)

플래시 메모리를 주변 장치로 사용

087. 와이브로 Vs HSDPA

HSDPA	기술	WiBro
영상 통화를 비롯한 고속 무선데이터 서비스	서비스	고속 무선 데이터 서비스(향후 음성 서비스 가능)
최대 14.4Mbps	속도	8Mbps
250Km/h 이상	이동성	60Km/h 이상
휴대폰(주력), PDA, PCMCIA 카드장착 노트북	단말기	노트북 및 PDA(주력), 휴대폰(음성 결합 이후)
일반 및 옵션 요금제	요금제	부분 정액제(초기 종량제 가능)
세계 85% 지역서 가능	해외로밍	세계 표준 작업중

088. 와이파이, 와이맥스, 와이브로

1) WiFi(Wireless Fidelity) = 무선 네트워크 기술 = 802.11
2) WiMax = 무선 통신 서비스 기술 = 고정형 와이맥스 = 802.16d
3) WiBro = 무선 통신 서비스 기술 = 이동형(모바일) 와이맥스 = 802.16e

089. PLC(Power Line Communication : 전력선 통신)

가정의 전원 콘센트에 모뎀과 컴퓨터를 연결하면 별도의 네트워크 배선 없이 고속인터넷이 가능한 통신

090. H.264

DMB에 쓰이는 동영상압축(비디오코딩) 규격, 동영상압축(비디오코딩)규격은 MPEG1,2,4를 얘기, CD-ROM이 MPEG-1이고 DVD가 MPEG-2, 국내 고화질(HD) 디지털TV 규격은 MPEG-4를 사용, H.264의 또 다른 이름은 MPEG-4 part10 : AVC(Advanced Video Coding), 또는 AVC

091. 유비쿼터스 5대 핵심 기술

(1) 센서 (2) 프로세서 (3) 커뮤니케이션 (4) 인터페이스 (5) 보안

092. 5대 보안 기술

1) 통합 위협 관리(UTM : Unified Threat Management)
2) 통합 보안 관리(ESM : Enterprise Security Management)
3) 침입 방지 시스템((Intrusion Prevention system : IPS)
4) 웹 애플리케이션 보안
5) 시큐어소킷레이어(SSL) 가상 사설망(VPN)

093. 어플라이언스(appliance)

운영체계(OS)나 소프트웨어(SW)를 설치, 설정하지 않고도 전원만 꽂으면 바로 사용할 수 있는 전용 장비

094. 플래시 메모리 저장 방식

1) SLC(Single Level Cell) : 하나의 셀에 1bit 저장. SLC는 하나의 컵으로 0 또는 1 밖에 표현하지 못함.
2) MLC(Multi Level Cell) : 플래시 메모리 칩에서 셀(cell)당 다수의 비트를 저장하는 기술

095. 최고 책임자

1) CEO(Chief Executive Officer : 최고 경영 책임자)
2) CIO(Chief Information Officer : 최고 정보 관리 책임자)
3) CTO(Chief Technology Officer : 최고 기술 책임자)
4) NTO(National Technology Officer : 국가 기술 책임자)
5) CMO(Chief Marketing Officer : 최고 마케팅 책임자)
6) COO(Chief Operating Officer : 최고 업무 집행 책임자(최고 경영 관리자))

Introduction to Computer science

www.ucampus.ac

Chapter 5

객관식 예상 문제

[전자계산기 일반]

제 01 회 ▶ 전자 계산 일반 예상 문제

1. nano second의 단위는?

   ① 10^{-6}sec
   ② 10^{-9}sec
   ③ 10^{-12}sec
   ④ 10^{-15}sec

   해설 큰 단위: $K(10^3) \to M(10^6) \to G(10^9) \to T(10^{12}) \to P(10^{15}) \to E(10^{18})$
   작은 단위: $m(10^{-3}) \to \mu(10^{-6}) \to n(10^{-9}) \to p(10^{-12}) \to f(10^{-15}) \to a(10^{-18})$

2. 다음 2진수를 16진수로 표시하면 어떻게 되는가?

110110001

   ① D82
   ② 1B1
   ③ 661
   ④ 331

   해설 $2^4 = 16^1$: 2진수 4자리는 16진수 1자리와 같다. 4자리와 1자리의 관계는 다음과 같다.

   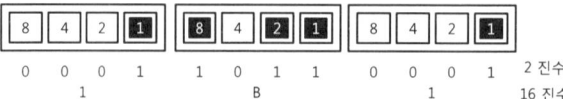

3. 다음 2진수를 8진수로 나타내면?

1110011.10111

   ① 711.27
   ② 163.56
   ③ 714.47
   ④ 463.53

   해설 $2^3 = 8^1$: 2진수 3자리는 8진수 1자리와 같다. 3자리와 1자리의 관계는 다음과 같다.
   기준은 소수점을 중심으로 좌우로 3자리씩 구분지어야 한다.

   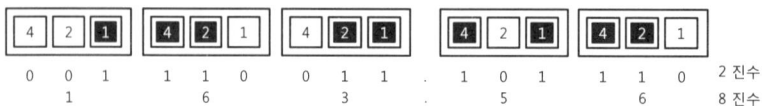

4. $(36115274)_8$의 8진수의 값을 16진수로 변환하면?
   ① $(789ABC)_{16}$
   ② $(89ABC7)_{16}$
   ③ $(9ABC78)_{16}$
   ④ $(ABC789)_{16}$

해설 $8^1 = 16^{3/4}$: 우선 8진수를 2진수 3자리로 변환한다. 변환된 2진수를 4자리씩 묶으면 16진수가 된다.

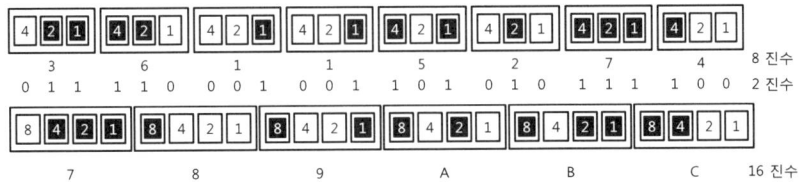

5. $\dfrac{5}{16}$를 2진수로 나타낸 것은?
   ① 0.0111
   ② 0.0001
   ③ 0.0110
   ④ 0.0101

해설 $5/16 = 5 \times 16^{-1} = 0.5_{16} = 0.0101_2$

6. 8진수 0.54를 십진수로 나타내면?
   ① 0.6875
   ② 0.8756
   ③ 0.7568
   ④ 0.5687

해설 $0.54_8 = 5 \times 1/8 + 4 \times 1/64 = 44/64 = 11/16 = 0.6875$

별해 $0.54_8 = 0.101100_2 = 0.1011_2 = 0.5 + 0.125 + 0.0625 = 0.6875$

2진수(8진수, 16진수 포함)의 소수 이하의 자리 수에 대한 10진수의 변환은 언제나 5로 끝난다. 왜냐하면 2진수의 소수이하의 가중치는 0.5, 0.25, 0.125, 0.0625, 0.03125,… 등과 같이 5로 끝나기 때문이다. 또한 2진수 소수 이하의 자리수와 같은 자리수로 변환된다. 이 경우 소수 이하의 2진수가 4자리이므로 10진수로의 변환도 4자리로 끝난다. 이 문제의 보기 중에서는 정답이 될 수 있는 것은 ①항 밖에 없다. 즉, 5로 끝나면서 4자리인 것은 ①항 밖에 없기 때문이다.

[전자계산기 일반]

7. 다음 중 10진수 956에 대한 BCD 코드(Binary Coded Decimal)는 어느 것인가?

① 1001 0101 0110　　　　　　② 1101 0101 0110
③ 1000 0101 0110　　　　　　④ 1010 0101 0110

해설　BCD 수(2진화 10진수)는 10진수 각 자리의 수에 대한 가중치가 8421 인 경우이다.

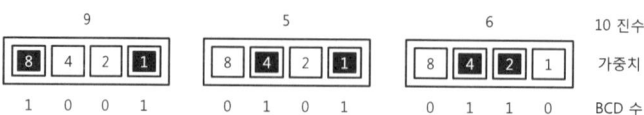

8. 10진수 5는 2421 코드에서는 어떻게 표시되는가?

① 0100　　　　　　② 1001
③ 1011　　　　　　④ 1010

해설　가중치 2 4 2 1 을 가지고 5의 조합을 만들면 된다. 5 = 2 + 2 + 1 = 4 + 1 의 두 가지가 존재한다.

9. 74$\overline{21}$ 코드 표현에 의한 십진수 5의 값은?

① 0110　　　　　　② 1100
③ 1010　　　　　　④ 1011

해설　가중치가 각각 7, 4, -2, -1 을 의미하는 코드이다. 5 의 값은 7 - 2 의 의미이다.

10. 10진수 8을 Excess-3 코드로 표시하면?

① 1000　　　　　　② 1100
③ 1011　　　　　　④ 1001

해설　Excess-3 코드는 8421 수(BCD 수)에 3을 더해 만든 코드이다.
8 에 대한 3초과 수는 11 이므로 가중치 8421 로 11 의 값을 만들면 8 + 2 + 1 이 된다.

제 01 회 전자 계산 일반 예상 문제

11. 2의 보수 방법에 의해 8비트로 10진수 36과 −72를 표현하시오.

① 00100100 , 00111000 ② 00100100 , 10111000
③ 11011011 , 10111000 ④ 10100100 , 01000111

[해설] 2진수 각 자리의 가중치를 이용하여 조합하여 만든다.

```
       128  64  32  16   8   4   2   1
36  =   0    0   1   0   0   1   0   0
       128  64  32  16   8   4   2   1
72  =   0    1   0   0   1   0   0   0
-72 =   1    0   1   1   1   0   0   0    (72에 대한 2의 보수)
```

[별해] 2의 보수 = 1의 보수 + 1 에 의한 방법과 가장 우측부터 시작해서 최초의 1 이 나타날 때까지는 그대로 쓰고 그 다음부터 0 은 1로 1은 0 으로 바꿔주면 된다.

[KEY POINT] 양수는 부호 자리 비트가 0 이고 음수인 경우는 1이어야 한다. 짝수이면 가장 우측의 2진 숫자는 0 으로 끝나야한다. 2의 보수인 경우에도(음수인 경우) 짝수인 경우 2의 보수를 취한 값도 0 으로 끝나야한다.

36 = 양수이면서 짝수이므로 = ⓪(양수) ········· ⓪(짝수)

−72 = 음수이면서 짝수이므로 = ①(음수) ········· ⓪(짝수)

12. 8 bit로 된 register가 있다. 첫째 bit는 부호 bit로서 0,1일 때 양(+),음(−)을 나타낸다고 할 때 2의 보수(2's complement)로 숫자를 표시한다면 이 register로 표현할 수 있는 10진수의 범위는 다음 중 어느 것인가?

① −256 ~ +256 ② −128 ~ +127
③ −128 ~ +128 ④ −256 ~ +127

[해설] 8 bit 로 나타낼 수 있는 경우의 수는 $2^8 = 256$ 가지이다. 정수의 종류는 음수와 0 그리고 양수로 되어 있다. 음수와 양수(0 포함)를 1/2 씩 나누어서 표현한다. 256 개의 1/2 은 128개 이므로 양수 쪽은 0부터 시작하면 127 까지의 수를 표현할 수 있게 된다. 음수는 −0 부터 시작하면 −127 까지가 되고 −1 부터 시작하면 −128 까지가 된다. 부호 절대치와 1의 보수에서는 −0 이 존재하고 2의 보수에서는 −0 이 존재하지 않는다.

[KEY POINT] 양수 범위의 끝은 언제나 홀수에서 끝난다. 양수 쪽에 할당된 개수가 짝수 개인데 0부터 시작하므로 홀수에서 끝나게 된다. 음수인 경우도 −0 부터냐 −1 부터냐에 따라 달라진다. 양수 쪽과 음수 쪽에 할당된 개수는 같다는 것이다. 양수 범위의 끝이 홀수이고 양수 쪽과 음수 쪽의 개수가 같은 경우는 ②항 밖에 없다. ①,③항은 양수 끝이 짝수여서 의미 없는 범위이고 ④항은 양수 쪽보다 음수 쪽에 할당된 개수가 2배이어서 의미가 없는 범위이다.

[전자계산기 일반]

13. 다음 코드 중에서 가중치가 있어 연산이 가능하고, 자기 보수(self complement) 코드인 것은?

① Excess-3 code ② 8421 code
③ GRAY code   ④ 2421 code

해설 자기 보수 코드의 의미는 뺄셈을 덧셈 방식으로 하기 위한 방법인데 무조건 보수를 취해 더한다고 해서 원하는 결과가 얻어지는 것이 아니다. 뺄셈의 결과가 정확하게 되기 위해서는 보수를 취한 값이 제대로 취해져야한다. 이때 제대로 취해지는 경우를 자기 보수 코드라고 하는 것이다. 예를 들어 10진수에서의 6에 대한 9의 보수는 3이 된다. 6의 수를 여러 가지 형태의 2진수로 취했을 때 취해진 2진수 형태의 값에 대한 1의 보수를 취했을 때 3의 2진수 형태가 되어야 자기 보수가 되는 것이다. 6의 Excess-3 code 는 1001 이다. 이것을 1의 보수를 취하면 0110 이다. 이것은 3에 대한 3초과 수이므로 Excess-3 code 는 자기 보수 코드인 것이다. 6에 대한 8421 수는 0110 이다. 이것을 1의 보수를 취하면 1001 이 되는데 이것은 3의 값이 아니므로 자기 보수가 아닌 것이다. 6에 대한 GRAY code는 0101 이다. 이것을 1의 보수를 취하면 1010 이 되는데 이것은 3에 대한 GRAY code 가(0010) 아니기 때문에 자기 보수 코드가 아닌 것이다. 6에 대한 2421 code 는 1100 인데 이것의 1의 보수를 취하면 0011 이 된다. 이것은 3의 값을 의미하므로 자기 보수 코드가 된다. 보기에서의 자기 보수 코드는 Excess-3 와 2421 code 인데 Excess-3 code 는 비 가중치 코드(nonweighted code) 이고 2421 code 는 가중치 코드(weighted code) 이다. 가중치와 비가중치의 구별은 3 + 4 = 7 이 된다. 3 과 4 를 Excess-3 code 로 변환한 후 더했을 때 7 에 대한 Excess-3 code 되는지를 확인해 보면 7 에 대한 Excess-3 code가 안 되기 때문에 비 가중치 코드인 것이다. 마찬가지로 3과 4 를 2421 code 로 변환한 후 더했을 때의 결과가 7 이 됨을 확인해 보면 7의 결과가 된다. 그러므로 2421 code는 가중치 코드라고 하는 것이다.

14. 부동 소숫점(floating point) 수가 기억장치 내에 있을 때 실제 자리를 필요로 하지 않는 것은?

① 부호(sign)   ② 지수(exponent)
③ 소숫점(decimal point)   ④ 가수(mantissa)

해설 부동 소수점 수가 기억 장소에 기억될 때 2진수로 변환한 후 정규화 과정을 거쳐서 기억 장소에 기억시킨다. 정규화의 의미는 모든 부동 소수점 수의 형태는 2진수 형태로 된 지수 형태의 수를 의미한다. 정규화 과정을 거치면 소수점의 위치가 가장 좌측으로 고정되므로 소수점 자체는 기억장소에 기억시킬 필요가 없는 것이다. 그러므로 정규화 과정을 거친 수의 형태에서는 부호와 지수값, 가수부의 값을 저장하면 된다. 부동 소수점 수에 대한 기억 형태를 그림으로 그려보면 다음과 같다.

| 부호 | 지수 | 가수 |

15. 논리 마이크로 동작(logic micro operation) 중 Exclusive-OR 와 같은 동작을 하는 것은?

① Selective-Set 동작
② Mask 동작
③ Compare 동작
④ Selective-Clear 동작

[해설] Exclusive-OR 의 기능은 같으면 0, 다르면 1 의 결과가 얻어지는 논리 게이트이다. 같다와 다르다를 판별하는 기능이므로 비교(compare) 기능이 되는 것이다. 또한 XOR 의 진가표에 대한 software 적인 표현은 If A Then B Else Not B 의 기능으로서 Buffer의 역할(B)과 반전의 역할(Not B)을 한다. 그러므로 부분 반전(Selective Complement)의 기능을 수행하기도 한다.

Selective-Set 동작 = OR 연산
Mask 동작 = 삭제 동작 = AND 연산
Selective-Clear 동작 = A AND (NOT B)

16. 감산 마이크로 동작(subtraction micro operation)을 표시하는 것은? (단, 2의 보수 사용 시임)

① A−1
② A'+1
③ A+B
④ A+B'+1

[해설] A − B 의 연산을 덧셈으로 처리하려면 A − B = A +(B' + 1) 의 연산을 수행하면 된다. B' + 1 은 B 에 대한 2의 보수를 취한 값이 된다. 2의 보수에 의한 연산 후 Carry 가 발생하면 그 Carry 는 버린다.(Overflow 의 의미가 아니다.)

17. 다음 그림에서 F의 값은?

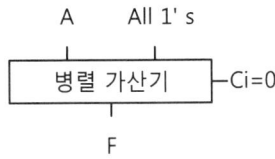

① F = A'
② F = A + 1
③ F = A − 1
④ F = 0

[해설] All 1's 의 의미를 정확하게 알아야 한다. 모든 bit 가 1 임을 의미하는데 값으로 환산하면 −1 의 값이 된다.(2의 보수를 취하는 경우) 그러므로 A +(−1) + 0 의 결과인 A − 1 이 되는데 이것은 1 감소를 의미하는 Decrement 가 되는 것이다. 모든 비트가 1 인 경우를 2의 보수가 아닌 1의 보수의 의미로도 생각할 수 있지만 (1의 보수라면 −0 을 의미하는 값이 된다.) 1의 보수 개념으로 처리 되려면 병렬 가산기의 최종 carry 값이 가장 하위 자리에 더해 주어야하는 회로로 그려져야 한다. 1의 보수 개념에 의한 덧셈에서는 carry 가 발생하는 가장 하위 자리에 더해 주어야하기 때문이다.(End Around Carry)

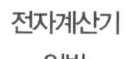

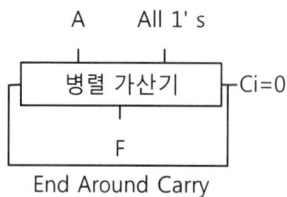

18. 다음 중 overflow가 생기는 경우는? (단, 최상위 비트는 부호 비트임)

① 010010
  +000111

② 010010
  +001111

③ 110010
  +111001

④ 010010
  +001011

해설 Overflow 조건은 두 수의 부호가 같은 경우의 수를 더했을 때 생길 수 있다. 하나가 양수이고 또 다른 하나가 음수일 경우에는 절대로 Overflow가 발생하지 않는다. 두 수의 부호 같은 경우의 수를 더했을 때 결과의 부호도 같은 부호가 되면 정상적인 결과이고 결과의 부호가 바뀌어 버리면 Overflow 증상이 된다.
  ① : 양수 + 양수 → 결과도 양수 → 정상
  ② : 양수 + 양수 → 결과가 음수 → Overflow 증상
  ③ : 음수 + 음수 → 결과도 음수 → 정상
  ④ : 양수 + 양수 → 결과도 양수 → 정상

KEY POINT 두 수의 덧셈 시에 최종 Carry의 발생은 Overflow와 아무런 관계가 없다. 즉, 최종 Carry의 의미일 뿐이다.

19. 다음 중 부동 소수점 표현의 수들 사이의 곱셈 알고리즘 과정에 해당되지 않는 것은?
  ① 0인지의 여부를 조사한다.
  ② 가수의 위치를 조정한다.
  ③ 가수를 곱한다.
  ④ 결과를 정규화 한다.

해설 부동 소수점 수의 두 수의 곱셈 알고리즘
  ① 0인지의 여부를 조사한다.   ② 지수끼리 더한다.
  ③ 가수끼리는 곱한다.   ④ 결과를 정규화 한다.
  가수의 위치를 조정하는 것은 부동 소수점 연산에서 덧셈과 뺄셈 시에 하는 알고리즘이다.(지수를 같은 지수로 맞추어야하기 때문에 가수의 조정이 필요한 것이다.)

20. BCD 코드를 사용하는 이유는?
   ① 계산이 간편하다.
   ② 복잡한 연산 기능을 수행할 수 있다.
   ③ 10진수 입출력이 간편하다.
   ④ 메모리를 효과적으로 사용할 수 있다.

해설 BCD 코드는 입출력 속도가 빠르다. BCD 코드 형태로 변환하는 것이 2진수로 변환하는 것보다 빠르다. 그러나 CPU 내부에서의 연산 속도는 2진수 형태의 수가 연산 속도가 BCD 코드 형태의 수보다 빠르다. 왜냐하면 2진수 형태에서의 연산은 보정의 절차가 전혀 필요 없기 때문이다. BCD 코드 형태의 수에 대한 연산은 보정의 절차가 필요하다. 즉, BCD 코드 형태의 수에 대한 결과가 Don't care 이거나 Carry 가 발생하면 6 을 더해 보정해야하기 때문이다.

정답	01 ②	02 ②	03 ②	04 ①	05 ④	06 ①	07 ①	08 ③	09 ③	10 ③
	11 ②	12 ②	13 ④	14 ③	15 ③	16 ④	17 ③	18 ②	19 ②	20 ③

[전자계산기 일반]

제 02 회 ▶ 전자 계산 일반 예상 문제

1. −25를 2의 보수 형태의 2진수로 나타냈을 때 이를 왼쪽으로 1비트만큼 이동했을 때의 값은? (단, 각 수는 8bit로 표시)

   ① 11001111
   ② 11001110
   ③ 10110011
   ④ 11110011

   해설

   ```
                 128 64 32  16   8  4  2   1    가중치
      25 =         0  0  0   1   1  0  0   1
     -25 =         1  1  1   0   0  1  1   1    (2의 보수)
   ```
   산술 쉬프트 시 부호 비트는 이동의 대상이 아니다.

   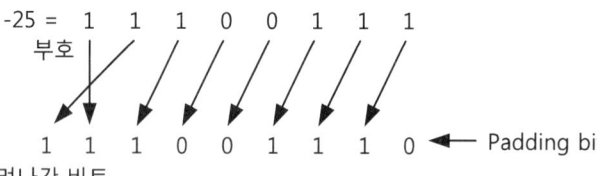

   밀려나간 비트

   왼쪽으로 1비트 산술 쉬프트의 결과는 원래의 값에 2배의 값이 되어야한다. 왼쪽 쉬프트는 곱셈의 의미이기 때문이다. −25 의 2배의 값은 −50이 되어야 한다. −50을 2의 보수 방법에 의해 표현된 것을 찾으면 된다. −50 은 음수이므로 부호 비트가 1 이여야 한다. −50 은 짝수이므로 가장 우측의 값이 짝수를 의미하는 0 으로 끝나야한다.

2. 8 bit로 나타낸 부호와 1의 보수 표현의 수 −88을 우측으로 1 bit 산술 쉬프트 했을 때의 결과는 2진수로 어떻게 표현되는가?

   ① 11010100
   ② 11010011
   ③ 01010011
   ④ 11011000

   해설

   ```
                128  64  32  16   8  4  2  1    가중치
      88 =        0   1   0   1   1  0  0  0
     -88 =        1   0   1   0   0  1  1  1    (1의 보수)
   ```
   산술 쉬프트 시 부호 비트는 이동의 대상이 아니다.

   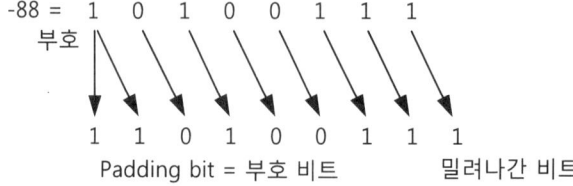

   Padding bit = 부호 비트   밀려나간 비트

오른쪽으로 1 비트 산술 쉬프트의 결과는 원래의 값에 1/2 배 값이 되어야한다. 오른쪽 쉬프트는 나눗셈의 의미이기 때문이다. -88의 1/2 배는 -44의 결과 값이 되어야한다. -44 의 1의 보수를 취한 값을 찾으면 된다. -44는 음수이므로 부호 비트는 1이어야 한다. 44는 짝수여서 0 으로 끝나는 2진수이지만 음수에서는 홀수로 끝나는 형태가 되어야한다. 1의 보수는 모든 수를 바꾸기 때문이다. 그러므로 가장 우측은 1로 끝나야 한다.

3. 한 단어가 25비트로 이루어지고 총 32768개의 단어를 가진 기억장치가 있다. 이 기억장치를 사용하는 컴퓨터 시스템의 MBR(Memory Buffer Register), MAR(Memory Address Register), PC(Program Counter)에 필요한 각각의 비트 수는?

① 15, 15, 25   ② 25, 15, 25
③ 25, 25, 15   ④ 25, 15, 15

해설 한 단어의 의미는 word 로서 컴퓨터의 CPU 에 의해 처리되어지는 단위이다. 그러므로 명령어와 자료가 기억되는 크기는 word 크기로 디자인된다. 명령이나 자료가 기억되는 register 는 MBR, IR, Accumulator 등이 있는데 이들의 크기는 word 크기인 25 비트의 크기를 가져야한다. 주소를 기억하는 register 들은 메모리의 용량에 따라 크기가 결정된다. 주소를 기억하는 register 들로는 PC, MAR 등이 있다. 용량이 32768 이므로 이것은 32K 의 크기를 의미하는데 $32K = 2^5 \times 2^{10} = 2^{15} = 15$비트의 주소 비트이어야 한다.

 PC 와 MAR의 크기는 같아야 한다. 둘 다 주소를 기억시키기 위한 register 이기 때문이다.

4. 만약 인스트럭션이 operation, address, next instruction address 의 3부분으로 나뉘어 졌다면 다음 중 필요 없는 register는 무엇인가?

① MAR(Memory Address Register)   ② MBR(Memory Buffer Register)
③ AC(Accumulator)   ④ PC(Program Counter)

해설 프로그램이 순서대로 진행되기 위한 방법은 각 명령어들을 메모리에 순차적으로 기억시켜놓고 순차적으로 불러다 처리하는 방법이 있는데 순서대로 명령어가 불려져 나오게 하는 역할을 하는 register가 바로 PC(Program Counter)이다. 만일 PC(Program Counter)가 없다면 모든 명령어 마다 자신의 명령을 실행 후 다음 명령어를 부를 수 있는 주소를 가지고 있으면 된다. 이것이 next instruction address를 의미한다. 그러므로 명령어 마다 next instruction address 를 갖고 있다면 이것의 역할을 하는 PC(Program Counter)가 필요 없다.

[전자계산기 일반]

5. 한 인스트럭션의 수행 순서는 여러 사이클로 이루어진다. 다음 중 맞는 것은?
   ① 추출 사이클(Fetch) — 인터럽트 사이클 — 간접(Indirect addressing) 사이클 — 실행 사이클
   ② 추출 사이클 — 실행 사이클 — 간접 사이클 — 인터럽트 사이클
   ③ 추출 사이클 — 간접 사이클 — 실행 사이클 — 인터럽트 사이클
   ④ 추출 사이클 — 실행 사이클 — 인터럽트 사이클 — 간접 사이클

   해설 CPU에 의해 하나의 명령어가 처리되려면 항상 명령어가 인출되고 그리고 나서 그 명령어가 수행될 때 필요로 하는 대상체가 인출되어야한다. 명령어가 불려져 나오는 주기는 추출 사이클(인출 사이클)이라고 하며 대상체가 불려져 나오는 주기는 실행 사이클이라고 한다. 만일 대상체가 간접 번지 형태라면 실제 대상체가 불려져 나오기 위해 두 번을 접근을 해야하므로 첫 번째 접근을 간접 사이클이라고 하는 것이다. 실행 사이클에서 정상적인 실행이면 다음 명령어를 인출하러가지만 예기치 못한 상태가 발생하면 인터럽트 사이클을 거쳐가야 한다.

6. 다음 중 오퍼랜드(operand)를 읽어 내는 컴퓨터 사이클(cycle)은?
   ① 실행 사이클   ② 간접 사이클
   ③ 가로채기(interrupt) 사이클   ④ 페치(fetch) 사이클

   해설 Fetch cycle : Read instruction(명령어를 읽는 주기)
   Indirect cycle : Read address of operand(대상체의 주소를 읽는 주기)
   Execute cycle : Read operand(대상체를 읽는 주기)
   Interrupt cycle : 예기치 못한 상태에 대한 응급조치를 취하는 주기

7. 다음 중 동기 가변식(synchronous variable) 동작에 대한 설명 중 틀린 것은?
   ① 각 마이크로 오퍼레이션의 사이클 타임이 현저한 차이를 나타낼 때 사용한다.
   ② 수행 시간이 가장 긴 마이크로 오퍼레이션의 사이클 타임을 클럭의 주기로 정한다.
   ③ 마이크로 오퍼레이션의 수행 시간과 차이가 큰 것이 있는 경우 시간의 낭비를 줄일 수 있다.
   ④ 각 마이크로 오퍼레이션 그룹의 사이클 타임이 서로 정수배가 되도록 한다.

   해설 동기 고정식 : 하나의 시간으로 통일 시키는 방법으로 가장 긴 시간의 마이크로 오퍼레이션이 기준이 된다. 모든 마이크로 오퍼레이션의 시간이 유사한 경우에 유리하다.
   동기 가변식 : 마이크로 오퍼레이션들이 현저한 차이가 날 때 동기 고정식으로 하면 낭비가 심하기 때문에 유사한 것들끼리 그룹화하여 사이클 타임을 클럭의 주기로 정하는데 정수배가 되도록 하는 것이 좋다.
   비동기식 : 동기 가변식의 극단적인 형태라고 할 수 있다. 즉, 모든 마이크로 오퍼레이션마다 해당 클럭 사이클 만큼으로 주기로 정하는 방법이다.

8. 다음의 마이크로 오퍼레이션(micro operation)은 무엇을 수행하는 것인가?

```
MAR ← MBR(AD)
MBR ← M , AC ← 0
AC ← AC + MBR
```

① STORE AC   ② LOAD TO AC
③ AND TO AC   ④ ADD TO AC

해설   MAR ← MBR(AD) : 번지 지정

MBR ← M , AC ← 0 ┐ M(메모리) 의 내용이 AC(누산기)로 그대로 불려져 나오는 마이크로
AC ← AC + MBR   ┘ 동작이므로 Load 의 기능이다.

9. 컴퓨터의 인스트럭션 포맷(instruction format)에 관한 기술이다. 맞는 것은?
   ① 연산자(op code) 부분만으로 구성되어 있다.
   ② 주소(address) 부분만으로 구성되어 있다.
   ③ 연산자와 주소 부분으로 구성되어 있다.
   ④ 연산자와 주소 부분과는 별개이다.

해설   Instruction의 구성

Operation	Operand
동작 부분 = 연산자	대상체 = 자료 또는 주소

10. 다음 중 0-주소 인스트럭션에 필요한 것은?
    ① 스택(stack)   ② 큐(queue)
    ③ 색인 레지스터(index register)   ④ 기본 레지스터(base register)

해설   0-주소 : Stack 구조에 의해 처리되는 명령어 형식이다.

1-주소 : Accumulator 에 있는 자료를 처리하는 명령어 형식이다.

2-주소, 3-주소 : 주소의 지정을 명시적으로 나타내서 처리하는 명령어 형식이다.

[전자계산기 일반]

11. 명령문 구성 형태 중 하나의 오퍼랜드가 어큐뮬레이터 속에 포함된 주소 방법은?

① 0-번지　　　　　　　　　② 1-번지
③ 2-번지　　　　　　　　　④ 3-번지

해설 어큐뮬레이터(Accumulator)를 사용하는 명령어 형식은 1-주소 명령어 형식이다. 일반적으로 하나의 명령어가 처리될 때 두 개의 자료가 필요하기 때문에 2개의 주소를 지정하여야하지만 두 개 중에 하나를 고정된 기억 장소로 이용하면 하나의 주소 표현을 생략할 수 있게 된다. 이때 이 하나의 고정된 기억 장소를 누산기(Accumulator)라고 표현한 것이다. 두 개의 기억장소를 생략한 형태의 주소인 0-주소인 경우는 2개의 자료를 stack 의 가장 상단의 자료와 그 다음 자료를 의미하는 형태로 이용하는 것이다. 가장 상단의 자료 위치는 stack pointer 가 가리키고 있다.

12. 프로그램 카운터가 명령의 번지 부분과 더해져서 유효 번지가 결정되는 어드레싱 모드는?

① 상대 번지 모드　　　　　② 간접 번지 모드
③ 직접 번지 모드　　　　　④ 인덱스드 어드레싱 모드

해설 Operand
- 자료 자신(Immediate operand)
- 직접 주소(Direct operand) : 한 번에 찾아 갈수 있는 자료의 주소
- 간접 주소(Indirect operand) : 두 번 이상의 접근으로 찾아 갈 수 있는 자료의 주소
- 계산에 의한 주소(Calculated operand)
  (1) 기본 주소를 이용한 주소 : 프로그램의 시작번지를 나타내는 Base register 를 이용한 주소
  (2) 인덱스 레지스터를 이용한 주소 : 베이스 레지스터에 인덱스 레지스터의 값을 더해서 이용하는 주소
  (3) PC(Program Counter) 를 이용한 주소 : 상대 주소라고 하며 해당 명령어가 실행될 때 해당 명령어의 위치로부터 일정 거리만큼 떨어진 번지를 이용한 주소

13. 3-cycle 인스트럭션에 속하지 않는 것은?

① ADD　　　　　　　　　　② JUMP
③ LOAD　　　　　　　　　 ④ STORE

해설 CPU 에 의해 처리되는 명령들은 일반적으로 3-cycle 인스트럭션들이다. 제어 명령은 CPU에 의해 처리되는 명령이 아니고 명령어의 진행 순서를 바꾸어주기 위한 명령으로 PC 의 값을 바꿔주면 된다. 그렇기 때문에 JUMP 명령은 1-cycle 인스트럭션이 속한다.

14. 중앙처리장치에서 정보를 기억장치에 기억시키는 것을 무엇이라 하는가?
   ① Load
   ② Store
   ③ Fetch
   ④ Transfer

   해설 Load : Memory → CPU
        Store : CPU → Memory

15. 로더(loader)의 기능 중 틀린 것은?
   ① 배열(allocation)
   ② 재배열(relocation)
   ③ 링크(link)
   ④ 실행(execution)

   해설 로더(Loader) : 적재기
        (1) 메모리 할당(Memory Allocation)
        (2) 연결(Linking)
        (3) 재배치(Relocation)
        (4) 적재(Loading)

16. 다음 기억 장치 중에 refresh가 필요한 것은?
   ① static memory
   ② volatile memory
   ③ non-volatile memory
   ④ dynamic memory

   해설 반도체 메모리

   (1) RAM ┬ DRAM : Refresh 필요, 집적도 높다. 주기억 장치, 처리속도 느리다. 소멸성 메모리(Volatile memory)
           └ SRAM : Refresh 불필요, 캐시 메모리, 집적도 낮다. 처리 속도 빠르다. 소멸성 메모리(Volatile memory)

   (2) ROM ┬ Mask ROM : 읽기만 가능, 비소멸성 메모리(Non volatile memory)
           ├ EPROM : 자외선에 의한 읽기/쓰기, 비소멸성 메모리(Non volatile memory)
           ├ EEPROM : 전기에 의한 읽기/쓰기, 비소멸성 메모리(Non volatile memory)
           └ PROM : 한번만 쓰기 가능/읽기 가능, 비소멸성 메모리(Non volatile memory)

전자계산기 일반

17. 대용량 메모리를 내장한 제품 중 프로그램 되어 있는 ROM은?
① PROM　　　　　　　　② Mask ROM
③ EPROM　　　　　　　　④ EEPROM

> Mask ROM : 대량 생산을 목적으로 제공 공정 과정에서 쓰기를 한 메모리이다. 사용자는 읽기만 가능한 메모리이다.
> PROM : 사용자에 의해서 한 번의 쓰기가 가능한 메모리이다. 읽기는 얼마든지 가능한 메모리이다.
> EPROM : 읽기/쓰기가 가능한 비 소멸성 메모리이다.(자외선에 의한 방법)
> EEPROM : 읽기/쓰기가 가능한 비 소멸성 메모리이다.(전기선에 의한 방법)

18. 캐쉬(Cache) 메모리에 있어서 액세스 시간(access time)이 100ns, 주기억장치의 액세스 시간이 1000ns 이고, 캐쉬의 적중률이 0.9일때 이 시스템의 유효 액세스 시간은?
① 140ns　　　　　　　　② 150ns
③ 190ns　　　　　　　　④ 200ns

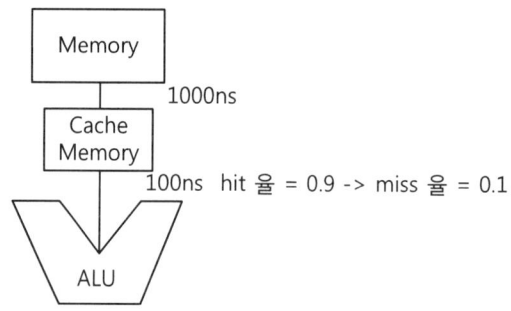

유효 access time = 100ns * 0.9 + (1000ns + 100ns) * 0.1 = 90 ns + 110ns = 200ns

19. 다음 중 잘못된 것은?
① Associative Memory - Memory Access 속도
② Virtual Memory - Memory 공간 확대
③ Cache Memory - Memory Access 속도
④ Memory Interleaving - Memory 공간 확대

> Memory interleaving 은 하나의 커다란 Memory를 작은 단위의 Modular memory 형태로 하여 순서대로 불러 처리하는 방식으로 Memory 용량은 그대로이고 Access 속도를 빠르게 하기 위한 방법이다.

20. 메모리의 내용으로 어드레스 할 수 있는 메모리는?
   ① ROM   ② RAM
   ③ Virtual 메모리   ④ Associative 메모리

   [해설] 메모리의 내용을 주소에 의해 검색하는 방법이 아니라 내용에 의해 내용을 검색하는 방법으로 운영되는 메모리를 Associative Memory 또는 CAM(Contents Addressable Memory : 내용 지정 메모리)라고 한다.

정답

| 01 ② | 02 ② | 03 ④ | 04 ④ | 05 ③ | 06 ① | 07 ② | 08 ② | 09 ③ | 10 ① |
| 11 ② | 12 ① | 13 ② | 14 ② | 15 ④ | 16 ④ | 17 ② | 18 ④ | 19 ④ | 20 ④ |

[전자계산기 일반]

제 03 회 ▶ 전자 계산 일반 예상 문제

1. 전자계산기 메모리에서 지움성 읽음(destructive read out) 성질을 갖고 있는 것은?
   ① 반도체 메모리
   ② 자기 코어 메모리
   ③ 자기 디스크 메모리
   ④ 자기 테이프 메모리

   해설 주기억 장치 보조 기억 장치

   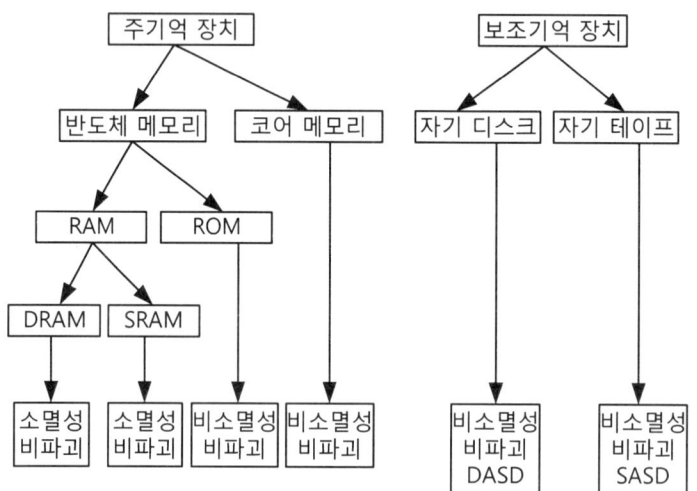

   지움성 읽음의 의미는 파괴 메모리를 의미한다. 기억된 내용을 읽어 낼 때 자신의 값이 파괴된다는 것이다.

2. DMA 제어기의 구성에 포함되지 않는 것은?
   ① 워드 카운터 레지스터
   ② 데이지 체인
   ③ 주소 레지스터
   ④ 자료 버퍼 레지스터

   해설 DMA에 필요한 레지스터
   데이터 버퍼 레지스터(Data Buffer Register) : I/O Buffer 기능
   어드레스 레지스터(Address Register) : 전송될 위치를 기억
   데이터 카운트 레지스터(Data Count Register) : 전송할 자료의 양을 기억
   데이지 체인은 직렬 방법에 의한 우선 순위 결정 방법이다.

제 03 회 전자 계산 일반 예상 문제

3. 멀티플렉서 채널과 셀렉터 채널의 차이점은?
   ① I/O 장치의 크기 ② I/O 장치의 용량
   ③ I/O 장치와 주기억 장치의 연결 ④ I/O 장치의 속도

   해설 Multiplexer Channel : 속도가 느린 주변 장치와의 연결
   Selector Channel : 속도가 빠른 주변 장치와의 연결

4. 다음 중 인터럽트의 발생 원인으로서 적당하지 않은 것은 어느 것인가?
   ① Supervisor CALL ② 정전
   ③ 부 프로그램 호출 ④ 불법적인 인스트럭션 수행

   해설 부 프로그램 호출은 예기치 못한 상황으로 발생하는 것이 아니라 사용자의 필요에 의해 호출 되는 프로그램이다.

5. OSI 7 계층 모델에서 메모리의 구조에 대한 계층 순서가 맞는 것은?
   ① 물리 계층→데이터 링크 계층→네트워크 계층→전송 계층→세션 계층→프리젠테이션 계층→응용 계층
   ② 물리 계층→네트워크 계층→데이터 링크 계층→전송 계층→프리젠테이션 계층→세션 계층→응용 계층
   ③ 물리 계층→네트워크 계층→전송 계층→데이터 링크 계층→프리젠테이션 계층→세션 계층→응용 계층
   ④ 물리 계층→데이터 링크 계층→네트워크 계층→전송 계층→프리젠테이션 계층→세션 계층→응용 계층

   해설 낮은 층 ↔ 높은 층
   Hardware 적인 규정   Software 적인 규정

6. I/O bus에 연결될 수 있는 다음 4개의 선 중에서 양방향성(bidirectional)은?
   ① interrupt sense line ② data line
   ③ function line ④ device address line

   해설 data line 은 Memory 쪽으로 또는 CPU 쪽으로 전송되는 양방향 bus를 사용한다. 제어 선이나 주소 선은 단방향 bus 로 운영한다.

[전자계산기 일반]

7. 명령어 해석기(Command interpreter)에 관한 설명 중 맞지 않는 것은?
① 사용자와 운영체제간의 인터페이스이다.
② 명령 문장을 읽어서 실행하는 기능을 갖는다.
③ 쉘(shell)이라고도 한다.
④ 운영체제의 커널을 의미한다.

해설

응용 프로그램	
Command interpreter	⇐ User mode = Shell
OS	⇐ Supervisor mode = Kernel
기계어	
micro program(ROM)	
CPU	

운영체제의 커널(Kernel)은 감시 모드이며 사용자가 직접 호출하지 못한다.. 사용자가 직접 호출하는 모드는 쉘이라고 하는 command interpreter이다.

8. 128개의 CPU로 구성된 하이퍼큐브(Hypercube)에서 각 CPU는 몇 개의 연결점을 갖는가?
① 6 ② 7
③ 8 ④ 10

해설 하이퍼큐브(Hypercube) 연결 구조

컴퓨터 수 $= 2^x$ ⇨ x 값이 연결 branch의 개수가 된다.

$128 = 2^7$ ⇨ 7 개의 연결점을 갖는다.

9. 300MHz ~ 3000MHz의 주파수 대역은 어느 것인가?
① HF(High Frequency) ② VHF(Very High Frequency)
③ UHF(Ultra High Frequency) ④ SHF(Super High Frequency)

해설 LF(Low Frequency : 장파) : 30KHz ~ 300KHz

MF(Medium Frequency : 중파) : 300KHz ~3MHz (AM 라디오 방송)

HF(High Frequency : 단파) : 3MHz ~ 30MHz (아마츄어 무선 햄)

VHF(Very High Frequency : 초단파) : 30MHz ~ 300MHz (아날로그 TV 2CH ~ 13CH 방송, 지상파 DMB (8CH, 12CH)방송, FM 라디오 방송)

UHF(Ultra High Frequency : 극초단파) : 300MHz ~ 3GHz(아날로그 TV 14CH ~ 83CH 방송, 위성 DMB 방송)

10. 다음 중 CISC와 RISC의 차이를 대비한 것으로 옳지 않은 것은?

	CISC	RISC
①	복잡하고 기능이 많은 명령어	간단한 명령어
②	다양한 사이즈의 명령어	동일한 사이즈의 명령어
③	복잡한 주소지정 방식	간단한 주소지정방식
④	많은 수의 레지스터	적은 수의 레지스터

해설
- CISC(Complex Instruction Set Computer) : 복잡한 명령어 구조 컴퓨터로서 명령어의 형식이 다양하게 존재한다. RR, RS, RX, SI, SS 의 5가지 형식이 존재한다. 레지스터의 수가 적어서 명령어의 구조가 복잡해진 것이다.
- RISC(Reduced Instruction Set Computer) : 단순한 명령어 구조 컴퓨터로서 명령어 형식이 RR 형식만 존재한다. 레지스터의 수가 많아져서 명령어의 형식을 단순화가 가능해진 것이다.

11. 직렬 포트의 일종으로서, 오디오 플레이어, 디지털 카메라, 마우스, 키보드, 스캐너 및 프린터 등과 같은 주변기기와 컴퓨터 간의 플러그 앤 플레이 인터페이스로써, 12Mbps의 데이터 전송 속 속도를 지원하고, 최대 127개까지 장치들을 사슬처럼 연결할 수 있으며, 컴퓨터를 사용하는 도중에 주변 장치를 연결해도 인식을 하는 장치는?

① AGP
② USB
③ SCSI
④ IEEE-1394

해설
- AGP(Accelerlated Graphics Port) : 3차원 그래픽 표현을 빠르게 구현할 수 있게 해주는 버스 규격이다.
- USB(Universal Serial Bus) : 범용 직렬 버스, 127개까지 직렬로 연결 가능, 4개선(전원선 2개, 자료선 2개)으로 구성, P&P(Plug and Play) 기능을 갖고 있다.
- SCSI(Small Computer System Interface) : 개별적인 인터페이스를 통합하여 컴퓨터 간의 서로 다른 주변 기기를 연결시켜주는 인터페이스로서 최대 7개의 HDD, CD-ROM, SCANNER, Tape device 등의 주변기기를 장착 가능하며 초당 최대 20MB/초 의 데이터 전송률을 제공하며 Plug and Play 기능을 갖고 있다.
- IEEE-1394 : 범용 직렬 버스 , 63개까지 직렬로 연결 가능, 6개의 선(전원선 2개, 자료선 4개)으로 구성, P&P(Plug and Play) 기능을 갖고 있다.

12. 5개의 서브넷을 브리지로 완전 연결할 때 브리지는 몇 개 필요한가?

① 12
② 10
③ 8
④ 6

해설 완전 연결에서의 총 브리지 수 = n * (n-1) / 2 이다. 여기에서 n 은 서브넷의 개수를 의미한다. 5개의 서브넷에서의 총 브리지 수 = 5 * 4 / 2 = 10 개 이다.

13. 다음은 전자 메일에 사용되는 프로토콜에 대한 설명이다. ( ) 안에 들어갈 용어를 순서대로 나열한 것은?

> ( )는 사용자의 컴퓨터에서 작성된 메일을 받아서 다른 사람의 계정이 있는 곳으로 전송해 주는 역할에 사용되며, ( )는 전송 받은 메일을 저장하고 있다가 사용자가 메일 서버에 접속하면 이를 보내주는 역할에 사용된다.

① SNMP, TCP ② POP3, SMTP
③ TCP, SNMP ④ SMTP, POP3

해설
■ 메일 서버
- 송신 프로토콜 : SMTP(Simple Mail Transfer Protocol)
  MIME(Multipurpose Internet Mail Extension)
- 수신 프로토콜 : POP3(Post Office Protocol)
  IMAP(Internet Message Access Protocol)

14. IP 주소를 구성하는 요소로 적절한 것은?
① 네트워크 주소와 도메인 주소
② 네트워크 주소와 호스트 주소
③ 서브넷 주소와 호스트 주소
④ 서브넷 주소와 도메인 주소

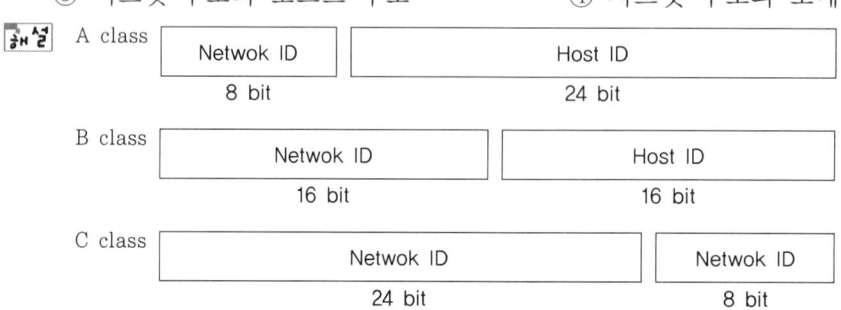

15. 차세대 인터넷으로 불리는 IPv6(Internet Protocol version6)의 주소는 몇 비트로 이루어져 있나?
① 16비트 ② 128비트
③ 64비트 ④ 32비트

해설
■ IPv4 : 32 bit(4Byte) ■ IPv6 : 128 bit(16Byte)

16. 그림 파일을 표시하는데 있어서 이미지의 대략적인 모습을 먼저 보여준 다음 점차 자세한 모습을 보여주는 기법을 무엇이라 하는가?
    ① 인터레이싱(Interlacing)
    ② 메조틴트(Mezzotint)
    ③ 솔러리제이션(Solarization)
    ④ 디더링(Dithering)

    해설
    - Interlacing : 한 화면을 2번에 걸쳐서 보여주는 방식(비월 주사)
    - 메조틴트 : 중간 색조
    - 솔러리제이션 : 애니메이션에서의 순간 멈추는 장면과 같이 일시적으로 필름을 빛에 노출시켜 반전된 형태를 표현하는 기술
    - 디더링 : 한정된 색상을 조합하여 원하는 색상을 만들어내는 기술

17. 전 세계 모든 문자를 표현할 수 있는 16비트 완성형 코드는?
    ① BCD코드
    ② ASCII 코드
    ③ Hamming 코드
    ④ Uni 코드

    해설
    BCD 코드 : 6 비트
    ASCII 코드 : 7 비트
    Hamming 코드 : 1 비트 착오 교정을 위한 코드
    Uni 코드 : 16 비트

18. 다음 중 USB에 대한 설명으로 옳지 않은 것은?
    ① USB 지원 주변기기는 반드시 별도의 전원이 필요하다.
    ② 하나의 포트를 허브를 이용해서 여러 주변장치가 공유할 수 있다.
    ③ 최대 127개의 주변 장치를 연결할 수 있다.
    ④ 12Mbps의 데이터 전송속도를 지원한다.

    해설 USB 단자의 선의 개수는 4개인데 2개는 전원선, 나머지 두 개는 자료선이다. 전원 선은 컴퓨터로부터 전원을 공급받아 작동됨을 의미한다. 그러므로 별도의 전원이 불필요하다.

19. 다음 중 ADSL(Asymmetric Digital Subscriber Line)에 대한 설명으로 틀린 것은?
    ① 비대칭 디지털 가입자 회선이라 한다.
    ② 비대칭이란 다운로드와 업로드 속도가 다르다는 의미이다.
    ③ 업로드 속도가 다운로드 속도보다 빠르다.
    ④ 기존 전화선을 사용한다.

    해설 비대칭인 경우 업로드 속도가 다운로드 속도보다 느리다.

[전자계산기 일반]

20. HDTV의 압축된 데이터를 decoding 할 수 있는 DTV 수신기는 무엇인가?
    ① Black box
    ② White box
    ③ Set top box
    ④ Control box

    해설 Set Top Box
    디지털 회선을 통해 전송된 압축신호를 원래의 음성 및 영상 신호로 복원해 주는 장치이다.

정답 01 ② 02 ② 03 ④ 04 ③ 05 ① 06 ② 07 ④ 08 ② 09 ③ 10 ④
      11 ② 12 ② 13 ④ 14 ② 15 ② 16 ① 17 ④ 18 ① 19 ③ 20 ③

제 04 회 ▶ 전자 계산 일반 예상 문제

1. HDTV 화면의 수평 해상도가 1920 픽셀이라고 하면 수직 해상도는 얼마인가?
   ① 720 픽셀
   ② 960 픽셀
   ③ 1080 픽셀
   ④ 1440 픽셀

   해설 HDTV(고화질 TV)의 화면 비율은 16 : 9 이다.(일반 화질은 4 : 3)
   16 : 9 = 1920 : x → x 의 값을 구하면 x = 9 * 1920 / 16 = 1080 픽셀이 된다.

2. 다음 도표의 [가] 와 [나]의 빈칸에 들어갈 명칭으로 맞는 것은?

	대역폭(Mbit/s)	최대 연결 주변기기 수	케이블 최대 길이	사용 케이블
[가]	800~3200	63개	100m	6와이어 (데이터 : 4, 전원 : 2)
[나]	480	127개	5m	4와이어 (데이터 : 2, 전원 : 2)

   ① 가 : USB , 나 : IEEE-1394
   ② 가 : IEEE-1394 , 나 : USB
   ③ 가 : RS-232C , 나 : USB
   ④ 가 : USB , 나 : RS-232C

   해설 USB에 연결 가능한 주변기기 수는 127개까지이며 IEEE-1394에 연결 가능한 주변기기 수는 63개까지이다.

3. 1280 * 1024 의 해상도를 가진 화면에 true color를 표현하기 위해 가능한 용량은 몇 Byte의 비디오 메모리가 필요한가?
   ① 2MByte
   ② 4Mbyte
   ③ 8Mbyte
   ④ 16Mbyte

   해설 True color 는 RGB 의 색이 3 Byte 의 크기로 표현되는 색상이다. 그러므로 화면의 총 픽셀 수에 3을 곱하면 한 화면에 표시되는 자료의 크기가 된다.
   1280 * 1024 * 3Byte = 약 4MByte

4. 외부로부터 전송되는 데이터가 받는 침입의 형태 중에서 무결성(integrity)에 대한 공격은 어느 것인가?
   ① 불통(interruption)
   ② 가로채기(interception)

③ 위조(fabrication) ④ 수정(modification)

[해설]
- 불통(가로막기) : 유효성(안전성)에 대한 공격
- 가로채기 : 기밀성(비밀성)에 대한 공격
- 위조 : 인증(authentication)에 대한 공격
- 수정 : 무결성(integrity)에 대한 공격

5. 다음 중 저장 용량이 가장 작은 것에서부터 순서대로 나열한 것은?

① 플로피 디스크 → ZIP 디스크 → CD → DVD
② 플로피 디스크 → CD → ZIP 디스크 → DVD
③ 플로피 디스크 → ZIP 디스크 → DVD → CD
④ ZIP 디스크 → 플로피 디스크 → CD → DVD

[해설] 플로피 디스크 = 1.44M , ZIP 디스크 = 100M, CD = 700M, DVD = 4.7G

6. 하나의 컴퓨터에서 서버/클라이언트를 모두 수행시키기 위해 사용되는 IP 주소로서 맞는 것은?

① 0.0.0.0 ② 1.0.0.0
③ 127.0.0.0 ④ 127.0.0.1

[해설] Loop back test를 위한 주소로서 127.0.0.1 를 사용한다.

7. 다음 중 표시장치에 대한 설명으로 옳지 않은 것은?

① 화면의 크기는 대각선 길이를 Inch로 표시하며, 화면 구성의 기본 단위는 Pixel 이다.
② CRT(Cathode Ray Tube)는 LCD(Liquid Crystal Display)에 비해 화면표시 처리 속도가 빠르나, 전력 소모가 많고 눈이 쉽게 피로해진다.
③ 플라즈마(Plasma) 디스플레이는 해상도가 뛰어나 사진과 같은 그래픽 작업에 적합하다.
④ LCD(Liquid Crystal Display)는 휴대용 노트북 등에 많이 사용되며, 네온 또는 아르곤의 혼합 가스를 이용하여 만든 장치이다.

[해설] ④항의 설명은 LCD 가 아니라 PDP 에 대한 설명이다.

8. 다음과 같은 IP 주소에서의 Network ID 와 Host ID를 구분하면?

> 200.25.13.8

① Network ID : 200 , Host ID : 25.13.8
② Network ID : 200.25 , Host ID : 13.8
③ Network ID : 200.25.13 , Host ID : 8
④ Network ID : 200.25.13.8 , Host ID : 없음

해설 좌측의 숫자 200은 C class 의 주소(A class = 0 ~ 127 , B class = 128 ~191 , C class = 192 ~ 223, D class = 224 ~ 239, E class = 240 ~ 255)를 의미한다. C class 의 Network ID 는 3 Byte이고 Host ID 는 1 Byte 이다.(좌측의 3개의 숫자 = Network ID, 우측의 1개의 숫자 = Host ID)

9. 다음에서 설명하는 것은 무엇인가?

> 음성. 영상 등 다양한 멀티미디어 신호를 디지털 방식으로 변조 , 위성을 통해 고정 또는 휴대용, 차량용 수신기에 제공하는 방송 서비스

① LBS   ② DMB
③ Ubiquitous   ④ RFID

해설 DMB 방송 : 디지털 방송으로 지상파 DMB 와 위성 DMB 가 있다.
지상파 DMB 는 VHF 대역을 사용하고 위성 DMB 는 UHF 대역을 사용한다.

10. 외부 기억 장치로서 코드 저장용으로 사용되어지는 메모리는?

① EEPROM   ② NAND fresh memory
③ NOR fresh memory   ④ CD-ROM

해설 EEPROM 은 주기억 장치 용이다.
Fresh memory : Text 저장용으로 NAND fresh memory가 사용되고 code 저장용으로는 NOR fresh memory가 사용된다.

11. 디지털 데이터를 디지털 신호로 전송하는 회로 장치는?

① CODEC   ② MODEM
③ DSU   ④ 전화

해설
- 모뎀(MODEM : MOdulation/DEModulation) : 디지털 → 아날로그 → 디지털
- 코덱(CODEC : COder/DECoder) : 아날로그 → 디지털 → 아날로그
- DSU(Digital Service Unit) : 디지털 → 디지털 → 디지털

전자계산기 일반

12. JK Flip-Flop 의 입력 신호의 주파수가 10[MHz]이고 J=K=1 일 때 출력 Q의 신호 주파수는?

① 5[MHz]   ② 10[MHz]
③ 20[MHz] ④ 40[MHz]

해설 클럭 펄스의 하강 모서리(또는 상승 모서리)에서 결과가 나타나므로(반전) 입력 클럭의 주파수 보다 1/2 만큼 작아진 신호 주파수가 발생된다.

클럭

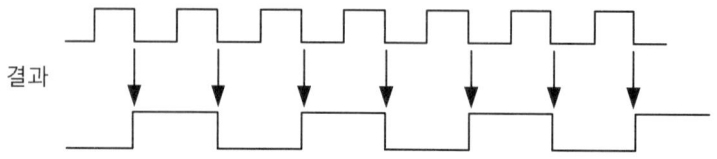

결과

입력 클록 주파수가 10MHz 이므로 출력 Q의 주파수는 10MHz 의 1/2 인 5MHz가 된다.

13. 다음 IPv4 주소체제에서 최상위 비트의 값이 110 이라면 어느 class 에 속하는가?

① class A   ② class B
③ class C   ④ class D

해설 110 의 값에서 0 의 위치가 3번째이므로 C class 가 된다. 0 의 위치가 첫 번째에 나타나면 A class(0xxxxxxx) 이고 두 번째에 나타나면 B class(10xxxxxx), 세 번째에 나타나면 C class(110xxxxx), 네 번째에 나타나면 D class(1110xxxx), 네 번째까지가 모두 1 이면 E class(1111xxxx)이다.

14. 다음 위성 방송(DBS : Direct Broadcasting Satellite)을 수신하기 위해서 어떤 장치를 TV 셋트와 연결하는가?

① FM- 튜너   ② SET-TOP-BOX
③ 아날로그 튜너 ④ 야기(Yagi) 안테나

해설 Set Top Box

디지털 회선(위성 방송)을 통해 전송된 압축신호를 원래의 음성 및 영상 신호로 복원해 주는 장치이다.

15. 다음과 같은 기능을 갖는 논리 회로는?

> if A then NOT B else B

① AND
② NAND
③ XOR
④ NOR

해설 A 의 값이 참이면 결과는 NOT B 이고 거짓이면 결과는 B 가 된다는 명령이다. 이것을 진가표로 그리면 다음과 같다.

A B	F
0 0	0
0 1	1
1 0	1
1 1	0

위의 진가표는 XOR(Exclusive OR) 에 대한 진가표이다.

16. 다음 중 임베디드 시스템(Embedded system)에서 사용되는 운영체제는?

① 지그비(Zigbee)
② Qplus
③ 와이브로(WiBro)
④ 디가우저(Degausser)

해설
- 지그비 : 무선에 의한 홈 네트워킹 기술
- 와이브로 : 휴대 인터넷
- 디가우저 : 저장 장치의 데이터를 완전히 삭제하는 장치

17. 다음 반도체 RAM 중에서 컴퓨터를 켜자마자 화면이 뜨며, 전원이 꺼져도 정보가 날아가지 않는 메모리는?

① MRAM
② SRAM
③ DRAM
④ 플래시 메모리

해설
- SRAM과 DRAM 은 주기억 장치로 사용되나 소멸성 메모리이다.
- MRAM(Magnetic RAM) = SRAM(처리속도 빠른 장점) + DRAM(집적도가 높은 장점) + 플래시 메모리(비소멸성 장점)
- 플래시 메모리는 보조기억 장치용이다.

[전자계산기 일반]

18. 다음이 설명하는 내용은 무엇인가?

> 13.56MHz 의 주파수를 사용해 우편물 발.착시 팔렛(pallet) 단위 관리를 위한 바닥형 안테나와 컨베이어 상의 우편물 정보를 파악하기 위한 터널형 안테나를 구축, 우편 물류를 총괄 제어할 수 있다.

① bar code
② Location Based Service System
③ Radio Frequency Identification tag
④ Telematics System

해설 RFID tag : 무선 인식 기술을 이용하는 tag

19. 다음이 설명하는 내용은 무엇인가?

> 위성 위치 확인시스템(GPS)과 이동 통신망을 이용, 자동차 운전자에게 교통 정보, e-mail, 인터넷, 영화, 게임 등의 서비스와 긴급 구난 정보를 제공하는 서비스이다.

① Teletext   ② Telematics
③ RFID   ④ 디지털 컨버젼스

해설 ■ 텔레매틱스(Telematics)
통신(telecommunication)과 정보(informatics)의 합성어로서 실시간 원격으로 정보를 제공해주는 통합 서비스 시스템이다.

20. 다음에서 데이터 보안 침입 형태가 아닌 것은 어느 것인가?

① 가로막기   ② 가로채기
③ 위조   ④ 인증

해설 ■ 데이터 보안 침입 형태 4가지
1. 가로막기 2. 가로채기 3. 수정 4. 위조
■ 네트워크 보안 6가지
1. 인증 2. 접근제어 3. 비밀성 4. 무결성 5. 부인 봉쇄 6. 보안 감사

정답
01 ③ 02 ② 03 ② 04 ④ 05 ① 06 ④ 07 ④ 08 ③ 09 ② 10 ③
11 ③ 12 ① 13 ③ 14 ② 15 ③ 16 ② 17 ① 18 ③ 19 ② 20 ④

제 05 회 ▶ 전자 계산 일반 예상 문제

1. 다음이 설명하는 디지털 TV 는 어떤 것인가?

   (1) 유리 기판 사이에 가스를 채워 발생시킨 자외선이 영상을 구현
   (2) 크기는 일반적으로 42 ~63 inch (3) 큰 화면에 적합하고 얇고 가벼움

   ① 브라운관 TV ② 프로젝션 TV
   ③ PDP TV ④ LCD TV

   [해설]
   ■ PDP TV : 큰 화면, 2장의 유리 기판에 8족의 원소를 넣어 자외선으로 영상 구현
   ■ LCD TV : 작은 화면, 4장의 유리 기판에 액정으로 영상 구현

2. 두 대의 CPU에 똑같은 내용의 업무를 처리하게 한 후 양자의 처리 결과를 비교하여 일치할 경우만 다음 업무를 수행토록 하는 시스템 구성 방식은?

   ① Duplex 방식 ② Dual 방식
   ③ Separate 방식 ④ Multi processing 방식

   [해설]
   ■ Dual 방식 : 병렬처리 방식(같은 일을 하는 경우는 신뢰도를 높이기 위한 방법이며 다른 일을 하는 경우는 처리량을 높이기 위함)
   ■ Duplex 방식 : 고장 날 경우를 대비하여 여분의 개념으로 처리하기 위한 방식

3. 기수 패리티를 가진 해밍 코드의 수신된 결과가 다음과 같을 때 착오(error)를 수정한 후의 코드는?

	1	2	3	4	5	6	7
수신 결과	0	0	1	1	1	1	1

   ① 1 0 1 1 1 1 1 ② 0 0 1 0 1 1 1
   ③ 0 0 1 1 1 0 1 ④ 0 0 1 1 1 1 0

   [해설]
   ```
                         1 2 3 4 5 6 7
              수신 자료   0 0 1 1 1 1 1
   1번째 check bit check  0   1   1   1 = 0 (정상)
   2번째 check bit check    0 1     1 1 = 0 (정상)
   4번째 check bit check        1 1 1 1 = 1 (비정상)
   ```

기수 패리티는 1의 개수가 기수(홀수)개이면 정상이고 우수(짝수)개이면 비정상이 된다. check 된 값을 역순으로 읽으면 100 이다. 100은 10진수로 4 이므로 4번째 위치의 비트 값이 잘못된 것을 의미한다. 그러므로 4번째 비트의 값을 반전시키면 된다. 4번째 위치의 값을 반전시키면 0010111이 된다.

4. 정보 전송 기기 중 리피터(repeater)의 설명으로 가장 옳은 것은?
① 멀티 네트워크 케이블을 접속하는 기기이다.
② 전기적으로 신호를 증폭시키는 기능을 가진다.
③ 데이터링크 계층 레벨의 데이터를 전송한다.
④ 프레임이나 패킷의 내용을 처리하여 분석하는 기능을 가진다.

해설 Repeater는 1 계층 장비로서 감쇄된 신호를 증폭시키는 기능을 갖는다.

5. PCM 방식에서 아날로그 신호의 디지털 신호 생성 과정으로 맞는 것은?
① 아날로그 신호-표본화-부호화-양자화-디지털 신호
② 아날로그 신호-표본화-양자화-부호화-디지털 신호
③ 아날로그 신호-양자화-표본화-부호화-디지털 신호
④ 아날로그 신호-양자화-부호화-표본화-디지털 신호

해설
- 표본화(Sampling) : 아날로그 신호를 작은 단위로 분할하는 과정(아날로그 신호 주파수의 2배 주파수 이상)
- 양자화 : 분할된 신호의 아날로그 값
- 부호화 : 아날로그 값을 2진수로 변환하는 과정

6. 어드레스 공간은 16비트이고 메모리 공간은 12비트로 표현된다. 하나의 페이지를 256 워드로 구성한다면 페이지는 몇 개로 구성되는가?
① 16개 ② 64개
③ 256개 ④ 4096개

해설 페이지는 어드레스 공간에서의 일정 크기로 분할 한 것이다. 어드레스 공간이 16 비트이므로 용량은 2^{16}이다. 이것을 하나의 페이지 크기인 256워드로 나누면 페이지의 수가 계산된다.
$2^{16}/256 = 2^{16}/2^8 = 2^8 = 256$개다.
블록은 메모리 공간에서의 일정 크기로 분할한 것이다. 블록의 수는 메모리 공간의 용량을 하나의 페이지 크기로 나누면 된다. 메모리 공간이 12 비트이므로 용량이 2^{12}이며 이것을 256으로 나누면
$2^{12}/256 = 2^{12}/2^8 = 2^4 = 16$개가 된다.

7. 스택(stack)이 사용되는 경우가 아닌 것은?
    ① 인터럽트의 처리 ② 수식의 계산
    ③ 서브루틴의 복귀번지 저장 ④ 스풀(spool) 처리

    해설 스택은 LIFO(Last In First Out) 구조로 운영되는 메모리이다. 인터럽트 처리 시에는 되돌아갈 번지를 기억시켜 운영하는 용도로 사용되며 수식의 계산에서는 postfix 로 변환된 수식에 대하여 스택을 이용하면 계산의 속도가 빨라진다. 스풀 처리는 Queue(FIFO : First In First Out)로 운영한다.

8. 다음 중 gTLD(Generic Top-Level Domain)에 속하지 않는 것은?
    ① com ② org
    ③ net ④ int

    해설
    - gTLD(generic Top Level Domain) : com, org, net
    - sTLD(special Top Level Domain) : edu, mil, gov
    - iTLD(international Top Level Domain) : int

9. 다음 설명은 Flynn의 컴퓨터 분류에 대한 설명 중 어느 구조를 의미하는가?

    - 공통의 제어장치 아래에 여러개의 처리 장치를 두는 구조로서 모든 프로세서는 동일한 명령어를 서로 다른 데이터 항목에 대하여 실행시킨다.
    - 이 구조에서는 모든 프로세서가 동시에 메모리를 접근할 수있도록 다중 모듈을 가진 공유 메모리 장치가 필요하다.

    ① SISD ② SIMD
    ③ MISD ④ MIMD

    해설
    - SISD : 하나의 CPU에 의해 하나의 명령어에 대해 하나의 자료를 처리하는 구조, 효율적인 처리를 위하여 파이프라인 처리를 한다.
    - SIMD : 여러 개의 CPU에 의해 모든 CPU가 동일 명령어로 서로 다른 자료를 처리하는 구조로서 배열 처리기라고 한다.
    - MISD : 여러 개의 CPU에 의해 모든 CPU 서로 다른 명명어로 같은 자료들을 처리하는 구조이다.
    - MIMD : 여러 개의 CPU에 의해 모든 CPU 가 서로 다른 명령어로 서로 다른 자료들을 처리하는 구조이다. 강결합 형태(병렬처리 시스템)와 약결합 형태(분산처리 시스템)가 있다.

> 전자계산기
> 일반

10. 시간 할당량(Quantum)과 가장 관련 깊은 작업 스케줄링 방식은?
   ① Round-robin ② SJF
   ③ FIFO ④ HRN

   【해설】
   ■ Round-Robin(RR)은 시간을 작은 단위로 분할하여 FIFO의 선점 형태로 운영되는 스케줄링 방식이다.
   ■ SJF(Shortest Job First) : Job의 시간이 가장 짧은 job을 먼저 처리하는 비선점 스케줄링 방식이다.
   ■ FIFO(First In First Out) : job이 도착되는 순서대로 처리하는 비선점 스케줄링 방식이다.
   ■ HRN : 가변 우선 순위 방식으로 job의 기다린 시간이 많을 수록 우선 순위를 높여 처리하는 스케줄링 방식이다.

11. 복수의 프로세스(process)가 가능하지 못한 상태를 무한정 기다리고 있는 상태를 무엇이라 하는가?
    ① 교착 상태(Deadlock) ② 병목 현상(bottleneck)
    ③ 차단 상태(blocked) ④ 임계 영역(critical section)

    【해설】 무한정 기다리는 상태를 교착 상태(deadlock = stalemate)라고 한다.

12. 프로세스의 스케줄링 방법 중 비선점 방식이 아닌 것은?
    ① FCFS(First Come First Service) ② SJF(Shortest Job First)
    ③ HRN(Highest Response ratio Next) ④ RR(Round-Robin)

    【해설】 비선점 : FIFO(FCFS), SJF, HRN
    선점 : RR, SRT, MFQ(Multi level Feedback Queue)

13. 교착 상태(Deadlock) 발생의 필요 조건이 아닌 것은?
    ① Mutual Exclusion ② Preemption
    ③ Circular Wait ④ Hold & Wait

    【해설】 교착 상태 발생 필수 조건 4가지
    상호 배제(Mutual Exclusion)
    비선점(NonPreemption)
    환형 대기(순환 대기 : Circular Wait)
    점유 및 대기(Hold & Wait)

14. 프로세스의 정의와 관련이 적은 것은?
    ① 실행 중인 프로그램　　② PCB를 가진 프로그램
    ③ CPU가 할당되는 실체　　④ 디스크에 저장된 프로그램

    해설　프로세스(Process) : CPU 에 의해 실행되고 있는 프로그램을 의미하며 메모리에 올라와 있는 프로그램들은 PCB(Process Control Block)를 가지고 있다. 디스크에 저장된 프로그램은 파일(File)이라고 한다.

15. 이동 전화망과 인터넷 망 사이에 게이트웨이를 두는 형태로 실현되는 표준 규격으로서 무선 데이터 서비스 사용자들이 인터넷에 접속할 수 있도록 고안된 프로토콜은 무엇인가?
    ① IMAP　　② WAP
    ③ NNTP　　④ UDP

    해설　IMAP : Internet Message Access Protocol
    　　　WAP : Wireless Application Protocol
    　　　NNTP : Network News Transfer Protocol
    　　　UDP : User Datagram Protocol

16. 프로세스가 CPU를 점유하고 있는 상태를 무엇이라 하는가?
    ① 실행(Running) 상태　　② 준비(Ready) 상태
    ③ 보류(Block) 상태　　④ 조건 만족(Wakeup) 상태

    해설　실행 상태 : CPU 를 점유하고 있는 상태
    　　　준비 상태 : 실행을 기다리고 있는 메모리의 프로그램
    　　　보류 상태 : 입출력과 같은 작업을 수행하기 위한 상태
    　　　조건 만족 상태 : 보류 상태 → 준비 상태로의 전이

17. 서울에서 부산으로 가는 135호 열차의 5번 차량 45번 좌석의 표가 컴퓨터에 의해 중복 판매되었다면 이는 다음 중 무엇이 보장되지 못하였기 때문인가?
    ① 교착 상태　　② 시분할 처리
    ③ 국부(locality)의 원리　　④ 상호 배제

    해설　상호 배제 : 공유 자원 사용 시 어느 한 순간에 하나의 프로세스만이 접근하도록 하는 방법, 중복 판매된 경우라면 임계 구역에 두 개의 프로세스가 접근된 경우이다.

18. 주 기억장치 관리기법인 First-fit, Best-fit, Worst-fit 방법을 각각 적용할 경우 10K의 프로그램이 할당될 부분으로 옳게 짝지어진 것은?

영역 1	9K
2	15K
3	10K
4	30K

① 2-3-4
② 2-2-3
③ 2-3-2
④ 2-1-4

해설 First fit : 가장 먼저 10K의 프로그램이 배치될 수 있는 곳은 영역 2 이다.
Best fit : 10K의 프로그램이 가장 잘 맞는 곳은 10K의 영역 3 이다.
Worst fit : 10K의 프로그램이 배치될 수있는 가장 큰 곳은 30K의 영역 4 이다.

19. 가변분할 다중 프로그래밍 시스템에서 인접한 공백들을 더 큰 하나의 공백으로 합하는 과정을 무엇이라 하는가?
① 기억장소의 페이징(paging)
② 기억장소의 통합(coalescing)
③ 기억장소의 집약(compaction)
④ 기억장소의 단편화(fragmentation)

해설
- 페이징(Paging) : 가상 기억 장치를 고정 크기로 분할하여 처리하는 것
- 통합(Coalescing) : 인접한 공백들만 하나로 합치는 것
- 집약(압축 : Compaction) : 사용되지 않는 모든 공백들을 한곳으로 모으는 작업(garbage collection)
- 단편화(Fragmentation) : 메모리의 쓰이지 않는 조각들을 의미

20. 페이지 교체 기법 중 가장 오랫동안 사용되지 않은 페이지를 교체하는 기법은?
① FIFO
② LRU
③ LFU
④ NUR

해설
- FIFO : 가장 먼저 참조된 페이지가 교체되는 기법
- LRU : 가장 오래전에 참조된 페이지가 교체되는 기법(가장 오랫동안 참조되지 않은 페이지)
- LFU : 참조된 빈도수가 가장 적은 페이지가 교체되는 기법
- NUR : 최근에 사용된 적인 없는 페이지가 교체되는 기법(참조 비트와 변형 비트 이용)

정답 01③ 02② 03② 04② 05② 06③ 07④ 08④ 09② 10① 11① 12④ 13② 14④ 15② 16① 17④ 18① 19② 20②

제 06 회 전자 계산 일반 예상 문제

1. 인터럽트가 발생했을 때 현재 상태를 저장하고 제어를 옮기는 과정을 무엇이라 하는가?
   ① 문맥교환(Context Switching)   ② 디스패치(Dispatch)
   ③ Aging   ④ Interrupt Swapping

   해설 PSWR(Program Status Word Register)에 프로그램의 진행 상태 값을 기억하고 있는데 인터럽트가 발생하면 이 PSWR 값을 저장하고 새로운 작업을 하기 위한 상태 값을 설정하여 프로그램을 수행한다. 이때 이 PSWR 값의 교환을 문맥 교환이라고 한다.

2. Multiplexer는 32개의 입력 line을 제어하기 위하여 몇 개의 선택 제어선이 필요한가?
   ① 4   ② 5
   ③ 16   ④ 32

   해설 Multiplexer

   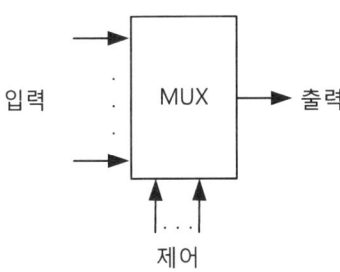

   출력 선은 언제나 1개이다. 입력 선의 수에 따라 제어 선의 수가 결정된다.
   입력선의 수가 2^n 개이면 제어선의 수는 n개가 되어야 한다.
   입력선의 32개이므로 $32 = 2^5$ ⇨ 5개의 제어선이 필요하다.

3. 다음 URL의 구성 요소 중에 포트 번호가 나타나는 위치를 바르게 나타낸 것은?
   ① 맨 앞에   ② 프로토콜과 도메인 이름 사이
   ③ 도메인 이름과 디렉토리 이름 사이   ④ 아무 위치나 가능

   해설 URL(Uniform Resource Locator) 구성

스키마 (프로토콜)	웹 서버 이름 (도메인 이름)	포트 번호	경로 (디렉토리)	파일 명

   HTTP : //WWW.findwally.net : 80/index.html

[전자계산기 일반]

4. 4[KHz]까지의 음성 신호를 완전히 재생시키기 위한 표본화 주기는 몇[s]인가?
   ① 250
   ② 200
   ③ 125
   ④ 100

   해설 표본화 주파수는 전송을 위한 신호의 2배 주파수 이상으로 하여야 한다. 전송을 위한 신호의 주파수가 4KHz 이므로 8KHz 로 표본화 하여야 한다. 주파수 f = 1/t (t 는 시간) 이므로 t = 1/f 이다. t = 1/8KHz = 125 s 이다.

5. 플립 플롭(flip-flop)과 관계가 없는 것은?
   ① RAM
   ② Decoder
   ③ Counter
   ④ Register

   해설 Flip-Flop은 1비트 기억 소자로서 순서 논리회로이다. RAM, Counter, Register 는 기억 소자이므로 순서 논리회로이다. Decoder 은 해독기로서 해독을 위한 기능을 갖는 조합 논리회로이다.

6. 다음 논리식을 간단히 하면?

AB + AC + BC'

   ① AC + BC'
   ② AB + BC'
   ③ AC + B
   ④ AB + C

   해설 AB + AC + BC' = AB(C+C') +A(B+B')C + (A+A')BC' = ABC + ABC' + ABC + AB'C + ABC' + A'BC' = ABC + ABC' + AB'C + A'BC' = Σ(111, 110, 101, 010)

A\BC	00	01	11	10
0	0	0	0	1
1	0	1	1	1

   AC BC'

7. 다음과 같은 전위 표기식에 대하여 계산을 한 후의 결과는?(단, 각 숫자는 10진수 1자리수이다.)

+5*-436

   ① 10
   ② 11
   ③ -11
   ④ -10

해설 연산이 되는대로 괄호를 친다.

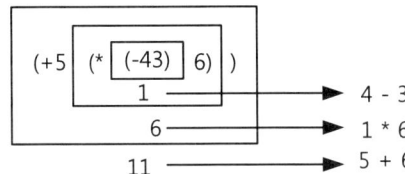

8. 다음 두 변수의 맵을 이용하여 부울 식을 간소화 한 것은?

$$F(x,y) = \Sigma(0,1,3)$$

① x + y'
② x' + y
③ xy'
④ x'y

해설 $\Sigma(0,1,3) = \Pi(2) \to$ 2의 값은 2진수로 10 이다. Π 는 0 이 기준임을 표시한다. 그러므로 $\Pi(2)$ = x' + y 의 부울 식이 구해진다.(0 기준인 경우는 합 항의 곱 형태로 나타내야 한다.)

9. 다음에 설명하는 내용에 대한 용어는?

분산 컴퓨팅 환경 구현 시 발생하는 문제점들을 해결하기 위한 소프트웨어이다.

① freeware
② shareware
③ middleware
④ groupware

해설
- 분산 기술 : TCP/IP, DCOM(Distributed Component Object Model : 분산 컴포넌트 객체 기술), CORBA(Common Object Request Broker Architecture : 코바) 등이 있다.
- freeware : 무료로 사용하는 소프트웨어
- shareware : 무료로 사용 해본 후 필요 시 구매하여 사용하는 소프트웨어
- middleware : 수많은 종류의 표준화되지 않은 하드웨어나 소프트웨어가 말썽 없이 운용될 수 있도록 도와주는 중계 소프트웨어
- groupware : 그룹 작업의 지원을 가능케 하는 소프트웨어

10. 다음 16진수 ABC12 에 대한 8진수로의 변환이 맞는 것은?

① 5274044
② 5274042
③ 2536022
④ 4536022

해설 16진수의 8진수로의 변환은 16진수 1자리의 수로 2진수 4자리의 형태로 변환한다. 2진수로 변환 자료를 3자리씩 묶어서 표현하면 8진수가 된다.

[전자계산기 일반]

16진수 ABC12 = 2진수 1010 1011 1100 0001 0010

2진수 1010 1011 1100 0001 0010 = 10 101 011 110 000 010 010 = 8진수 2 5 3 6 0 2 2

11. 다음 부울 식에 대한 진가 표는?

$$F = xy + x'y + y'z$$

① $F(x,y,z) = \Sigma(1,2,3,5,6,7)$
② $F(x,y,z) = \Sigma(2,3,4,6,7)$
③ $F(x,y,z) = \Sigma(0,4)$
④ $F(x,y,z) = \Sigma(0,1,5)$

해설 $F = xy + x'y + y'z = xy(z+z') + x'y(z+z') + (x+x')y'z = xyz + xyz' + x'yz + x'yz' + xy'z + x'y'z = xyz + xyz' + x'yz + x'yz' + xy'z + x'y'z = \Sigma(111, 110, 011, 010, 101, 001) = \Sigma(1, 2, 3, 5, 6, 7)$

$\Sigma(1, 2, 3, 5, 6, 7)$ 은 $\Pi(0,4)$ 와 같은 의미이다.

12. 다음 중 순서 논리회로에 속하는 것은?

① 부호기(Encoder)
② 반가산기(Half Adder)
③ 플립 플롭(Flip-Flop)
④ 멀티플렉서(Multiplexer)

해설 순서논리 회로는 기억 소자의 역할을 하는 회로가 있어야한다. 플립 플롭은 1 비트 기억 소자로서 순서 논리 회로에 속한다. 부호기, 반가산기, 멀티플렉서는 기억 소자의 역할을 못하고 단순한 기능을 수행하기 위한 조합 논리 회로이다.

13. 다음 중 명령(instruction)의 구성 부분이 될 수 없는 것은?

① Operand
② Operation code
③ Condition code
④ Address

해설 명령어 구성

| Operation(OP-code) | Operand(Address) |

Condition code는 상태 register 가 가지고 있는 자료이다.

14. 64 X 3비트(bit)의 기억장치를 만들려고 한다. 최소한 몇 개의 어드레스 선이 필요한가?

① 3
② 4
③ 5
④ 6

해설 주소 선은 용량과 관계가 있다. 64 X 3에서 용량은 64 이고, word size 는 3 이 된다. 용량이 64 이므로 $64 = 2^6$으로서 6 비트의 주소가 필요하다.

15. 다음의 어셈블리 프로그램을 실행하는 동작은?

| ① LDA A   ② CMA   ③ STA TMP   ④ LDA B   ⑤ CMA   ⑥ AND TMP   ⑦ CMA |

① AND
② Exclusive OR
③ NAND
④ OR

해설 ① LDA A : 변수 A 의 내용 누산기(ACC)로 불러오기(load)
② CMA : 누산기의 내용을 1의 보수(complement) 취하기(A')
③ STA TMP : 누산기의 내용을 변수 TMP에 저장하기(store)
④ LDA B : 변수 B 의 내용 누산기(ACC)로 불러오기(load)
⑤ CMA : 누산기의 내용을 1의 보수(complement) 취하기(B')
⑥ AND TMP : 변수 TMP 의 내용과 누산기의 내용 AND 연산하기(A'·B')
⑦ CMA : 누산기의 내용을 1의 보수(complement) 취하기((A'·B')') = A + B = OR 동작

16. 다음 중 레지스터(Register) 의 설명 중 옳지 않은 것은?
① 누산기(Accumulator)도 레지스터의 일종이다.
② CPU 내부에 있으며, 자료를 기억하는 기능이 가지고 있다.
③ 레지스터 상호간의 자료 전달은 버스를 이용한다.
④ 레지스터의 수가 많으면 컴퓨터의 효율이 떨어진다.

해설 레지스터의 수가 많으면 모든 연산을 레지스터에 의해서 연산을 완료시킬 수 있기 때문에 컴퓨터의 실행 효율이 좋아진다. 이러한 형태의 CPU 구조를 RISC 구조라고 한다.

17. 가상 기억체제에서 주소 공간이 1024K이고, 기억 공간은 64K라고 가정할 때, 주기억장치의 주소 레지스터는 몇 비트로 구성되는가?
① 10
② 12
③ 14
④ 16

해설 가상기억 체제의 주소 공간은 보조 기억 장치의 공간을 의미한다. 기억 공간은 주기억 장치의 공간을 의미한다. 주기억 장치의 주소 레지스터의 크기는 주기억 장치의 용량에 의해 계산된다. 주기억 장치의 용량이 $64K (2^6 2^{10} = 2^{16})$이므로 16 비트의 주소가 필요하다.

[전자계산기 일반]

18. CPU 내부에서 데이터를 전달하는 기능을 가진 병렬 신호 회선을 무엇이라 하는가?
① 레지스터(Register) ② 버스(Bus)
③ 플립 플롭(Flip Flop) ④ 누산기(Accumulator)

해설 버스 : 공유 회선의 의미로 Data bus, Address bus, Control bus 의 3가지 종류가 있다.

19. 다음 코드들 중에서 가중치 코드이면서 자기 보수 코드인 것은?
① 3초과 수 ② BCD 수
③ 2421 수 ④ GRAY 코드

해설 3초과 수 : Nonweighted code, 자기 보수 코드
BCD 수 : 8421 수로서 Weighted code, 자기 보수코드 아님
2421 수 : Weighted code 이며, 자기 수 코드
GRAY 코드 : Nonweighted code, 자기 보수 코드 아님

20. 메모리 용량이 8192word이며 1 word 의 크기는 32 bit일 때 PC와 MBR의 크기로서 맞는 것은?
① 13 32 ② 32 13
③ 18 32 ④ 32 18

해설 PC 는 주소와 관련이 있는 레지스터로서 용량에 의해 크기가 결정된다. 용량이 8192워드 이므로 13 비트의 크기가 필요하다.($8192 = 8K = 2^3 2^{10} = 2^{13}$) MBR은 자료와 관련이 있는 레지스터로서 워드의 크기로 구성되어야 한다. 워드의 크기가 32 비트이므로 MBR의 크기는 32 비트이어야 한다.

정답 01 ① 02 ② 03 ③ 04 ③ 05 ② 06 ① 07 ② 08 ② 09 ③ 10 ③
11 ① 12 ③ 13 ③ 14 ④ 15 ④ 16 ④ 17 ④ 18 ② 19 ③ 20 ①

제 07 회 ▶ 전자 계산 일반 예상 문제

1. 다음 major state의 fetch cycle 순서로서 맞는 것은?

   ⓐ IR ← MBR   ⓑ PC ← PC + 1
   ⓒ MAR ← PC   ⓓ MBR ← M(MAR)

   ① ⓐ→ⓑ→ⓒ→ⓓ   ② ⓒ→ⓓ,ⓑ→ⓐ
   ③ ⓐ→ⓓ,ⓑ→ⓒ   ④ ⓒ→ⓓ→ⓑ→ⓐ

   해설 Fetch cycle은 명령어를 읽어내는 주기이다.(Read instruction)
   - MAR ← PC ; 실행할 명령의 주소를 번지 해독기에 전송
   - MBR ← M(MAR) , PC ← PC + 1 ; 해당 명령어가 MBR로 전송되고, 다음에 실행할 명령의 번지를 가리키기 위해 PC 값 1 증가(, 연산자는 동시 연산자이다.)
   - IR ← MBR ; 명령어는 명령 레지스터에 저장되어 해독되어진다.

2. Hamming code에서 data bit가 8bit 인 경우에 필요한 check bit 수는?

   ① 1   ② 4
   ③ 8   ④ 12

   해설 Hamming code

1	2	3	4	5	6	7	8	9	10	11	12	13	14	15	16	…
■	■	□	■	□	□	□	■	□	□	□	□	□	□	□	■	

   □ 는 data bit 이고 ■ 는 check bit 이다.
   data bit 가 1개인 경우(3번 위치) check bit 는 2개가 필요하다.(1번, 2번 위치)
   data bit 가 2개 이상 4개 이하인 경우(5번 ~ 7번 위치)는 3개의 check bit 가 필요하다.(1번, 2번, 4번 위치)
   data bit가 5개 이상 11개 이하인 경우(9번 ~ 15번 위치)는 4개의 check bit 가 필요하다.(1번, 2번, 4번, 8번 위치)
   data bit 가 8개 이면 위치상으로 12번 위치까지를 의미한다.(3번,5번, 6번, 7번, 9번, 10번, 11번, 12번) 12번 위치까지의 왼쪽 부분을 보면 check bit 가 4 개 필요함을 알 수 있다.
   n : 전체 비트 수 , m : 해밍 비트 수(check bit), n – m : data bit 수 이면 $2^m \geq n+1$ 의 수식이 성립하게 된다.

3. 비동기식 전송 방식에서 쓰이지 않는 stop bit의 수는?

① $\frac{1}{2}$ bit
② 1 bit
③ $1\frac{1}{2}$ bit
④ 2 bit

해설 비동기 전송에서의 start bit는 언제나 1 bit이고 stop bit 는 1 bit, 1.5 bit, 2 bit 중에서 선택하여 사용한다.

4. 다음 불 함수를 간단히 하시오.

$$F(x,y,z) = \Sigma(1,3,4,5,6,7)$$

① $x + y + z$
② xyz
③ $x + z$
④ $x' + y' + z'$

해설 $F(x,y,z) = \Sigma(1,3,4,5,6,7) = \Pi(0,2)$ 이므로 카르노 맵을 그려보면 다음과 같다.

x\yz	00	01	11	10
0	0	1	1	0
1	1	1	1	1

x   z

$F = X + Z$

0 으로 묶는 경우 1로 묶는 경우와 동일한 결과를 얻는다.

x\yz	00	01	11	10
0	0	1	1	0
1	1	1	1	1

x + z

5. 다음 네크워크 장비들을 하위 계층에서 상위 계층으로의 순으로 바르게 된 것은?

ⓐ Bridge   ⓑ Router
ⓒ Hub   ⓓ Gateway

① ⓐ→ⓑ→ⓒ→ⓓ
② ⓒ→ⓐ→ⓑ→ⓓ
③ ⓐ→ⓓ→ⓑ→ⓒ
④ ⓒ→ⓓ→ⓑ→ⓐ

해설
- 1층 장비 : Hub
- 2층 장비 : Bridge
- 3층 장비 : Router
- 7층 장비 : Gateway

6. 다음 1GB 용량과 같은 것은?
   ① 2^{20} B
   ② 2^{30} KB
   ③ 2^{20} KB
   ④ 2^{40} B

   해설 ① 2^{20} B = 1MB   ② 2^{30} KB = 2^{40} B = 1TB
        ③ 2^{20} KB = 2^{30} B = 1GB   ④ 2^{40} B = 1TB

7. 2진수 1000에 대한 2의 보수는?
   ① 0111
   ② 1000
   ③ 0000
   ④ 표현 불가

   해설 1000 에 대한 2의 보수 = 1000 에 대한 1 의 보수 + 1
   1의 보수를 취한 후 1을 더한다. 1000의 1 의 보수는 0111 이다. 여기에 1을 더하면 1000이 된다.
   또 다른 2의 보수 취하는 방법은 가장 우측부터 시작하여 최초의 1이 나타날 때까지는 그대로 쓰고
   다음부터 0은 1로, 1은 0으로 바꾸면 된다.
   1000에 대한 2의 보수는 1000 이고 0000 에 대한 2의 보수는 0000 이다.

8. 다음 수식에 대한 설명으로 틀린 것은? (각 숫자는 1자리의 숫자를 의미한다.)

   2345-*+

   ① 가장 우측에 연산자가 나타났기 때문에 postfix 형태의 수식임을 알 수 있다.
   ② 가장 처음에 operand가 나타났기 때문에 postfix 형태의 수식임을 알 수 있다.
   ③ 연산의 결과는 -1 이다.
   ④ prefix 형태로 고치면 +2*3-45 가 된다.

   해설
Prefix :	연산자	Operand	Operand
Infix :	Operand	연산자	Operand
Postfix :	Operand	Operand	연산자

9. 다음 Biquinary code에 대한 10진수 값이 잘못된 것은?
   ① 0100001 : 0
   ② 0100010 : 1
   ③ 0101000 : 4
   ④ 1001000 : 8

[전자계산기
  일반]

해설 Biquinary code(2-5진 코드) 의 가중치는 50 43210 이다. 반드시 50에서 1 bit, 43210에서 1bit씩, 2개의 bit 가 1의 값을 가져야한다.(이렇게 2개이어야 정상적인 자료가 되므로 error 를 검출할 수 있다.)

0 : 01 00001 5 : 10 00001
1 : 01 00010 6 : 10 00010
2 : 01 00100 7 : 10 00100
3 : 01 01000 8 : 10 01000
4 : 01 10000 9 : 10 10000

10. −31에 대한 2의 보수 표시법으로 표현을 16진수로 올바르게 나타낸 것은?

① 001F
② 801F
③ FFE0
④ FFE1

해설
```
 31=  0000  0000  0001  1111
-31=  1111  1111  1110  0001
       F     F     E     1
```

11. 9 비트(bit)로 된 레지스터(register)가 있다. 첫 번째 비트는 부호 비트(sign bit)로서 0,1일 때 각각 양(+), 음(−)을 나타낸다고 할 때 2의 보수(2's complement)로 숫자를 표시한다면 이 레지스터로 표시할 수 있는 10진수의 범위는?

① −256 ~ +255
② −256 ~ +256
③ −512 ~ +512
④ −511 ~ +512

해설 9 bit로 나타낼 수 있는 정수의 범위는
부호 절대치 방법 : −255 ~ 255
부호화된 1의 보수 방법 : −255 ~ 255
부호화된 2의 보수 방법 : −256 ~ 255

KEY POINT 양수 범위의 끝은 언제나 홀수 값이어야 한다.
부호 절대치 방법과 부호화된 1의 보수 방법에서의 음수 쪽과 양수 쪽의 절대 값은 같아야 한다.
2의 보수인 경우는 양수 쪽의 절대 값보다 음수 쪽의 절대 값이 1만큼 언제나 커야 한다.
② −256 ~ +256, ③ −512 ~ +512 , ④ −511 ~ +512 의 내용은 양수범위의 끝이 짝수로 표현되어 있기 때문에 절대로 범위가 될 수 없다.

12. 데이터 전송 시에 발생하는 에러(error)로서 수신측에서 인터페이스가 전송자료를 조사할 때 정지(stop)비트의 갯수가 맞지 않을 때 발생하는 에러는?
    ① 패리티 에러(parity error)
    ② 프레이밍 에러(framing error)
    ③ 오버런 에러(overrun error)
    ④ 전송 에러(transfer error)

    [해설]
    - 패리티 에러 : 전송된 데이터의1의 l 개수(짝수 개 또는 홀수 개)가 맞지 않을 때
    - 오버런 에러 : CPU가 수신 부 레지스터의 내용을 읽기 전에 다음 문자가 shift register에 전송되어 올 때
    - 프레이밍 에러 : 정지 비트(stop bit)의 개수가 맞지 않을 때 , 한 프레임의 시작 위치에 start bit 값과 끝 위치에 stop bit 의 값이 일치 되어야 한 프레임의 의미가 되기 때문이다.

13. 아래에 있는 연산 알고리즘이 설명하는 연산 방법은 무엇인가?

    ```
    [1] Z ← 0
    [2] Y = 0 이면 끝, 아니면 [3]을 수행
    [3] Z ← Z + X , Y = Y - 1을 하고 [2]로부터 반복 수행
    ```

    ① 덧셈
    ② 뺄셈
    ③ 나눗셈
    ④ 곱셈

    [해설] X의 값이 Z에 Y번 만큼 반복적으로 더해지는 알고리즘이다. 이것은 곱셈 알고리즘을 의미한다.

14. 명령을 수행하는 과정에서 우선적으로 이루어져야하는 것은?
    ① PC ← PC + 1
    ② IR ← MBR
    ③ MAR ← PC
    ④ MBR ← PC

    [해설] Fetch cycle micro operation = Read instruction
    ① MAR ← PC ; 번지 지정
    ② MBR ← M(MAR) , PC ← PC + 1 ; 해당 명령어 인출, 다음 명령어 번지 설정
    ③ IR ← MBR ; 해당 명령어 해독

15. 어떤 컴퓨터의 메모리 용량이 1024 word 이고 1 word는 16 bit로 구성되어 있다면 MAR과 MBR은 몇 bit로 구성되어 있는가?
    ① MAR = 10 , MBR = 8
    ② MAR = 10 , MBR = 16
    ③ MAR = 11 , MBR = 8
    ④ MAR = 11 , MBR = 16

    [해설] MAR은 주소를 기억하기 위한 레지스터로 기억 용량에 따라 크기가 결정되며 MBR 은 자료가 기억

되는 register로 word 크기와 관련이 있는 register이다.

MAR = 1024 = 2^{10} = 10bit

MBR = 1word = 16bit

16. 다음 중 세계 최초의 전자계산기인 ENIAC의 구성 소자는?
    ① 진공관   ② TR
    ③ IC   ④ LSI

    [해설] 전자 소자의 발달 순서
    진공관 → TR → IC → LSI
    최초의 전자 소자는 진공관이다.

17. Interrupt cycle에 대한 micro operation 중에서 관계가 없는 사항은 어느 것인가?

    MAR : Memory Address Register
    PC : Program Counter
    MBR : Memory Buffer Register
    IEN : Interrupt Enable
    (단, Interrupt Handler는 1번지에 저장되어 있다.)

    ① MAR ← PC , PC ← PC + 1   ② MBR ← MAR , PC ← 0
    ③ M ← MBR , IEN ← 0   ④ GO TO fetch cycle

    [해설] PC ← 0 의 마이크로 동작은 MBR ← PC 의 마이크로 동작과 동시에 일어나야 하는 동작이다.

18. 다음 빗금 친 부분이 의미하는 연산은?

    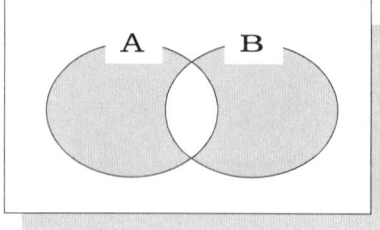

    ① NAND   ② NOR
    ③ Exclusive-OR   ④ Exclusive-NOR

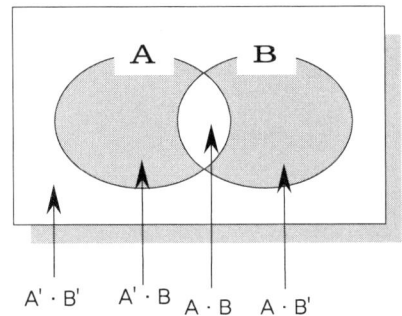

A'·B' A'·B A·B A·B'

빗금친 부분의 부울식 = A'·B + A·B' = A⊕B = Exclusive-OR
빗금치지 않은 부분의 부울식 = A'·B'+ A·B = (A⊕B) ' = A⊙B = Exclusive-NOR

19. 다음 부울 함수에 대한 논리식은?

$$F(X,Y,Z) = \Sigma(5)$$

① X·Y'·Z
② X + Y' + Z
③ X' + Y + Z'
④ X'·Y·Z'

해설 $F(X,Y,Z) = \Sigma(5) = \Sigma(101_2) = X \cdot Y' \cdot Z$

20. 다음 중 모든 디지털 시스템을 설계할 수 있는 범용 게이트(universal gate)는?

① AND 게이트
② OR 게이트
③ NOR 게이트
④ Exclusive OR 게이트

해설 한가지의 부품으로 어떤 경우의 회로 디자인이 가능한 gate 는 NAND gate 또는 NOR gate 이다.

정답 01② 02② 03① 04③ 05② 06③ 07② 08② 09③ 10④
      11① 12② 13④ 14③ 15② 16① 17② 18③ 19① 20③

[전자계산기 일반]

제 08 회 ▶ 전자 계산 일반 예상 문제

1. 64K인 주소 공간(address space)과 4K인 기억 공간(memory space)을 가진 컴퓨터의 경우 한 페이지(page)가 512 워드로 구성 된다면 페이지와 블록의 수는 각각 얼마인가?
   ① 16 페이지 12 블록
   ② 128 페이지 8 블록
   ③ 256 페이지 16 블록
   ④ 64 페이지 4K 블록

   해설 페이지 수 = 주소 공간 / 페이지 크기 = 64K / 512 = 128개 페이지
   블록 수 = 기억 공간 / 페이지 크기 = 4K / 512 = 8개 블록

2. CPU와 관련된 양방향 버스는?
   ① Address bus
   ② Control bus
   ③ I/O bus
   ④ Data bus

   해설 제어 버스와 주소 버스는 단방향 버스로 구성되고 자료 버스는 양방향으로 구성된다.

3. 분기 명령이 수행될 때 다음의 레지스터 중 그 내용이 바뀌는 것은?
   ① 누산기
   ② 프로그램 카운터
   ③ MAR
   ④ 인덱스 레지스터

   해설 다음에 실행할 명령어의 주소를 가리키는 레지스터는 프로그램 카운터(PC)인데 분기 명령은 다음에 실행할 명령의 번지를 가리키는 명령으로 분기 번지를 프로그램 카운터에 넣음으로서 해결되는 것이다.

4. 순서 논리 회로 구성에 관한 설명 중 옳지 않은 것은?
   ① 기억 소자가 필요하다.
   ② 조합 논리 회로를 포함한다.
   ③ 카운터는 순서 논리 회로가 아니다.
   ④ 입력 신호와 레지스터의 상태에 따라 출력이 결정된다.

   해설 순서 논리회로는 반드시 기능을 수행하기 위한 조합 논리회로와 기억 소자를 필요로 한다. 카운터 회로는 증가라는 기능과 증가된 값을 기억해야 순서 논리 회로로서의 역할을 하게 된다.

5. 병렬 2진 가산기에 두개의 입력 A,B 및 올림수 C를 다음 그림과 같이 인가한다면 수행되는 출력 F 의 기능은?

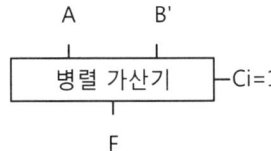

① 올림수를 포함한 덧셈(addition with carry)
② 뺄셈(subtraction)
③ 증가(Increment)
④ 감소(Decrement)

해설 연산 결과 F = A + B' + 1 = A − B (2의 보수 방법에 의한 뺄셈 연산)

6. 0과 1의 조합에 의하여 어떠한 기호라도 표현 될 수 있도록 부호화를 행하는 회로를 무엇이라 하는가?
① Encoder   ② Decoder
③ Comparator   ④ Detector

해설 Encoder : 부호화 회로(기호 → 2진수로 변환)
Decoder : 해독기(2진수 → 기호)

7. 48KByte 의 기억 용량을 가진 8bit 마이크로 컴퓨터의 address line 은 몇 개인가?
① 8   ② 12
③ 16   ④ 32

해설 Address line = 용량 = 48K = $2^{5.xxxx} \times 2^{10} = 2^{15.xxxx}$ ≒ 16bit

8. 문자 하나의 전송 시간이 0.05초 이고 한 문자의 길이가 11 비트로 구성되었다면 자료 전송률은?
① 440 Baud   ② 110 Baud
③ 220 Baud   ④ 550 Baud

해설 1 문자 = 0.05 초 → 1초 = 20문자
1 문자 = 11 bit = → 20문자 = 11 bit * 20 = 220 baud

[전자계산기 일반]

9. ALU의 기능이 아닌 것은?
  ① 가산을 한다.
  ② AND 동작을 한다.
  ③ Complement 동작을 한다.
  ④ 프로그램 카운터(Program counter)를 1 만큼 증가 시킨다.

  [해설] ALU = Arithmetic & Logical Unit = 산술 & 논리 연산 장치
  가산 =산술 연산 , AND = 논리 연산 , Complement = 논리 연산
  프로그램 카운터의 1 증가 연산은 마이크로 동작(제어 동작)이다.

10. 기억장치의 액세스 속도를 향상시키기 위한 방법이 아닌 것은?
  ① 캐시(Cache) 메모리
  ② 가상(Virtual) 메모리
  ③ 메모리 뱅킹(Banking)
  ④ 메모리 인터리빙(Interleaving)

  [해설] 가상 메모리는 주소 공간의 확대가 목적이다.

11. 병렬 처리기 구성에서 명령 파이프라인(instruction pipeline)이 사용하는 버퍼의 구조는?
  ① LIFO
  ② FILO
  ③ FOLO
  ④ FIFO

  [해설] 명령 파이프 라인은 순차적으로 미리 대기시켜 처리하기 위한 방법으로 FIFO 형태의 버퍼 구조를 가져야한다.

12. 부동 소숫점(floating point) 데이터의 정규화(normalize)란 무엇을 의미하는가?
  ① 지수(exponent)의 가장 오른쪽 숫자(digit)가 0이 아니도록 하는 과정
  ② 지수(exponent)를 최대한 크게 하는 과정
  ③ 지수를 최대한 작게 하는 과정
  ④ 가수(mantissa)의 가장 왼쪽 숫자가 0이 아닌 숫자(digit)가 오도록 하는 과정

  [해설] 부동 소수점 수에 대한 정규화는 $0.xxxxxxx \times 2^p$ 또는 $1.xxxxxxx \times 2^p$의 형태로 만드는 과정이다. 즉, 지수 형태로 만들어지게 된다. 이렇게 정규화 함으로써 아주 작은 수 및 아주 큰 수의 표현이 가능하게 된다.

13. 논리식 $A \cdot (A+B+C)$를 간단히 하면 어느 값과 같은가?
  ① 1
  ② 0
  ③ B+C
  ④ A

  해설 $A \cdot (A+B+C) = A \cdot A + A \cdot B + A \cdot C = A + A \cdot B + A \cdot C = A \cdot (1+B+C) = A$

14. 다음 중 의미가 다른 하나는 어느 것인가?
  ① $F(x,y,z) = \Pi(2,3,6)$
  ② $F(x,y,z) = \Sigma(0,1,4,5,7)$
  ③ $F = (x+y'+z) \cdot (x+y'+z') \cdot (x'+y'+z)$
  ④ $F = y' + x' \cdot z$

  해설 $F(x, y, z) = \Pi(2, 3, 6)$는 $F(x, y, z) = \Sigma(0, 1, 4, 5, 7)$와 같은 의미가 된다.
  $(x+y'+z) \cdot (x+y'+z') \cdot (x'+y'+z)$과 같은 인수분해 형태의 부울 식은 0을 기준으로 하여 만든 식이고 $y'+x' \cdot z$과 같은 전개형태의 부울 식은 1을 기준으로 하여 만든 부울 식이다.
  $(x+y'+z) \cdot (x+y'+z') \cdot (x'+y'+z) = \Pi(010_2, 011_2, 110_2) = \Pi(2, 3, 6)$
  $y'+x' \cdot z = (x+x') \cdot y' \cdot (z+z') + x' \cdot (y+y') \cdot z = x \cdot y' \cdot z + x \cdot y' \cdot z' + x' \cdot y' \cdot z +$
  $x' \cdot y' \cdot z' + x' \cdot y \cdot z + x' \cdot y' \cdot z = x \cdot y' \cdot z + x \cdot y' \cdot z' + x' \cdot y' \cdot z + x' \cdot y' \cdot z' +$
  $x' \cdot y \cdot z' = \Sigma(101_2, 100_2, 001_2, 000_2, 010_2) = \Sigma(0, 1, 2, 4, 5)$
  $F(x, y, z) = \Sigma(0, 1, 4, 5, 7)$에 대한 부울 식은

  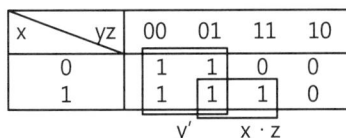

  $F(x,y,z) = \Sigma(0,1,4,5,7) = y' + x \cdot z$ 이다.

15. 논리 게이트 중 입력이 모두 논리 '0' 일 때 출력이 논리 '1'이 나오는 게이트는?
  ① NAND
  ② OR
  ③ EX-OR
  ④ NOR

  해설 입력이 모두 논리 '0' 일 때 출력이 논리 '1' 이 나오는 의미를 진가표로 그리면

A B	F
0 0	1
0 1	0
1 0	0
1 1	0

  위의 진가 표에 의한 부울 식은 $A' \cdot B' = (A + B)'$ = NOR gate

전자계산기 일반

16. 두개의 입력이 A, B일때 A>B 인 경우에 출력이 1인 비교기를 구성하려고 한다. 맞는 논리 식을 찾으시오.

① $\overline{A}+B$
② $A \cdot \overline{B}$
③ $\overline{A+B}$
④ $\overline{A \cdot \overline{B}}$

A B	F
0 0	0
0 1	0
1 0	1 ⇨ A > B 인 경우 → A · B'
1 1	0

17. 다음과 같은 karnaugh map을 간소화하였을 때 부울식은?

A\BC	00	01	11	10
0	x	x	1	0
1	x	x	x	0

① A·B
② B·C
③ A
④ C

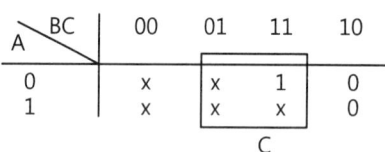

18. 프로그램 수행 중에 인터럽트가 발생하였을 경우 인터럽트의 처리 시기는?

① 발생 즉시 처리한다.
② 수행 중인 프로그램을 완료하고 처리한다.
③ 수행 중인 인스트럭션을 끝내고 처리한다.
④ 수행 중인 마이크로 오퍼레이션을 끝내고 처리한다.

해설 인터럽트 사이클은 언제나 execute cycle 다음에 수행된다.

19. 공유 자원을 어느 한 시점에서 단지 한 개의 프로세스만이 사용할 수 있도록 하여, 다른 프로세스가 공유 자원에 대하여 접근하지 못하게 제어하는 기법은?
   ① Mutual exclusion   ② Critical section
   ③ Deadlock   ④ Scatter loading

   해설 Mutual exclusion : 상호 배제
   Critical section ; 임계 구역 = 공유 자원의 영역
   Deadlock : 교착 상태

20. 두 대의 CPU에 똑같은 내용의 업무를 처리하게 한 후 양자의 처리 결과를 비교하여 일치할 경우만 다음 업무를 수행토록 하는 시스템 구성 방식은?
   ① Duplex 방식   ② Dual 방식
   ③ Separate 방식   ④ Multi processing 방식

   해설 신뢰도와 처리 능력 향상을 위한 구조는 Dual 방식이고, 신뢰도를 높이는 것만을 위한 구조는 Duplex 구조이다.

정답 01 ② 02 ④ 03 ② 04 ③ 05 ② 06 ① 07 ③ 08 ③ 09 ④ 10 ②
         11 ④ 12 ④ 13 ④ 14 ④ 15 ④ 16 ② 17 ④ 18 ③ 19 ① 20 ②

[전자계산기 일반]

제 09 회 ▶ 전자 계산 일반 예상 문제

1. 부동 소수점 수(floating point number)란?
   ① format에 부호와 수, 지수 부분으로 되어 있다.
   ② format에 수와 지수, 소수점으로 되어 있다.
   ③ format에 지수, 소수점으로 되어 있다.
   ④ format에 소수점, 수, 지수로 되어 있다.

   해설 부동 소수점 수 format

부호	지수	가수

2. 다음 중 특정 비트의 값을 선택적으로 반전시키는 경우에 이용되는 방법으로 가장 효율적인 것은?
   ① AND 마스킹(masking)   ② OR 마스킹
   ③ XOR 마스킹   ④ 스택을 이용하는 것

   해설 선택적 반전은 같으면 그대로, 다르면 반전시키는 기능을 가진 gate는 XOR gate 이다.
   AND : 삭제 동작
   OR : 삽입 동작

3. 해밍 코드 방식에 의하여 구성된 코드가 16비트의 경우 데이터 비트의 수 및 패리티 비트의 수는 각각 몇 개씩인가?
   ① 데이터 비트 : 11 비트, 패리티 비트 : 5 비트
   ② 데이터 비트 : 10 비트, 패리티 비트 : 6 비트
   ③ 데이터 비트 : 12 비트, 패리티 비트 : 4 비트
   ④ 데이터 비트 : 15 비트, 패리티 비트 : 1 비트

   해설 16 bit 해밍 코드

1	2	3	4	5	6	7	8	9	10	11	12	13	14	15	16
■	■	□	■	□	□	□	■	□	□	□	□	□	□	□	■

   □ : data bit → 11 bit
   ■ : check bit(parity bit) → 5 bit

4. 특정의 비트 또는 특정의 문자를 삭제하기 위해 가장 필요한 연산은?
　　① OR 연산　　　　　　　　　② MOVE 연산
　　③ Complement 연산　　　　　④ AND 연산

　해설　OR 연산 : 삽입 연산
　　　　AND 연산 : 삭제 연산

5. 객체 지향 시스템에서 자료 부분과 연산(또는 함수)부분 등 정보처리에 필요한 기능을 한 테두리로 묶는 것을 무엇이라 하는가?
　　① 메소드(Method)　　　　　② 클래스(Class)
　　③ 캡슐화(Encapculation)　　 ④ 통합(Integration)

　해설　정보를 숨기는 작업으로 캡슐화의 의미이다.

6. 스택(Stack)과 관계없는 명령어는?
　　① CALL　　　　　　　　　② POP
　　③ PUSH　　　　　　　　　④ MOVE

　해설　CALL : 호출 명령으로 되돌아 갈 번지를 반드시 스택에 보관하여야하는 명령
　　　　POP : 스택에서 자료를 빼내기 위한 명령
　　　　PUSH : 스택에 자료를 넣는 명령
　　　　MOVE : 레지스터 간의 자료 전송을 위한 명령으로 스택과 관련이 없는 명령

7. 시프트 레지스터(shift register)에 있는 2진수가 5번 왼쪽으로 자리 이동(shift left) 되었다. 이때 이 수는?
　　① 32로 나눈 값이 된다.　　　② 32배가 된다.
　　③ 64배가 된다.　　　　　　　④ 64로 나눈 값이 된다.

　해설　Shift : 산술 shift 와 논리 shift 의 두 가지 형태가 있다. 논리 shift 는 왼쪽, 오른쪽 이동 시 padding 은 언제나 0 이다. 산술 shift 는 왼쪽인 경우는 곱셈의 연산을 의미하고, 오른쪽인 경우는 나눗셈의 연산을 의미한다. 그리고 음수의 표현 방법에 따라 padding 되는 값이 다르다. 2진수를 5번 왼쪽으로 자리 이동의 의미= 임의의 수 $\times 2^5$ 로서 임의의 수가 32 배가 됨을 의미한다.

전자계산기 일반

8. 고정 소숫점(fixed point) 방식에 관한 설명 중 맞는 것은?
① 2의 보수(signed-2's complement) 표현 방식이 1의 보수 표현 방식보다 하드웨어로 구현하기 쉽다.
② 1의 보수에 의해 나타낸 수의 연산에서는 부호 비트에서의 범람을 무시해도 되므로 연산이 간편하다.
③ 부호와 절대치(signed magnitude) 표현 방법이 1이나 2의 보수 표현 방법에 비해 실제 연산에 하드웨어가 더 필요하므로 그만큼 비용이 많이 든다.
④ 2의 보수 표현 방법에서 0은 +0, -0 두 가지가 있다.

[해설] ① 1의 보수 표현이 2의 보수 표현 방식보다 하드웨어 구현이 쉽다.
② 1이 보수에서의 carry 발생은 가장 하위 자리에 더해 주어야한다.(End Around Carry) 2의 보수 방법에 의한 연산 시 범람이 무시된다.
③ 부호 절대치 방법에 의한 연산을 위한 하드웨어가 많이 필요하다. 예를 들어 뺄셈을 하는 경우 수의 부호 판정, 수의 대소 판정, 덧셈기, 뺄셈기 등의 하드웨어가 필요하다.

9. 명령어 주소 부분과 PC 값을 더해서 유효 번지를 결정하는 주소 모드는?
① Implied 모드
② Relative address 모드
③ Index address 모드
④ Register indirect 모드

[해설] 상대 주소(Relative address) : PC 값 + 명령어 내의 주소
기본 주소(Base address) : 프로그램의 시작 주소 + 명령어 내의 주소
인덱스 주소(Index address) : 프로그램의 시작 주소 + Index register 값 + 명령어 내의 주소

10. 10110101 이라는 이진 자료가 2 's complement 방식으로 표현되어 있다. 이를 우측으로 3비트 만큼 산술적 이동(arithmetic shift) 하였을 때의 결과는?
① 11110110
② 11010110
③ 10000110
④ 00010110

[해설] 1의 1보수와 2의 보수에서의 우측으로의 쉬프트 시에는 padding bit 는 부호 비트가 padding 되어야 한다. 그리고 부호 비트는 불변이다.

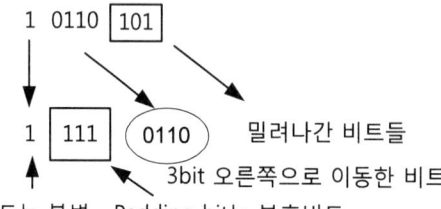

11. 다음은 정규화 된 부동 소수점(floating point) 방식으로 표현된 두 수의 덧셈 과정이다. 보기 중에서 그 순서가 올바로 배열된 것은?

> A : 정규화
> B : 지수의 비교
> C : 가수의 정렬
> D : 가수의 덧셈

① B - C - D - A   ② C - B - D - A
③ A - C - B - D   ④ A - B - C - D

해설 부동 소수점수의 덧셈
0인지 여부 조사
지수 비교(지수가 같아야 가수끼리 덧셈을 할 수 있으므로)
큰 지수 쪽으로 가수 조정
가수끼리 더한다
결과의 정규화

12. 다음 4개의 논리적 처리 중 2의 보수(2's complement) 가산 회로로서 정수 곱셈을 이행할 경우 필요로 하지 않는 것은?

① shift   ② add
③ complement   ④ normalize

해설 정수 곱셈과 나눗셈은 shift에 의한 덧셈(add)의 반복 처리이다. 보수(complement)는 음수에 대한 표현시 필요하다. 정규화(normalize)는 부동 소수점 수에서 필요한 처리이다.

13. CPU가 인스트럭션을 수행하는 순서는?

> (가) 인터럽터 조사   (나) 인스트럭션 디코딩
> (다) 인스트럭션 fetch   (라) Operand fetch
> (마) execution

① (다), (가), (나), (라), (마)   ② (다), (나), (라), (마), (가)
③ (나), (다), (라), (마), (가)   ④ (라), (다), (나), (마), (가)

해설 인스트럭션 수행 순서
Fetch cycle : read instruction = 인스트럭션 fetch , 인스트럭션 디코딩
Indirect cycle : read address of operand = operand fetch
Execution cycle : read operand = execution
Interrupt cycle

[전자계산기 일반]

14. 8비트 2의 보수에 의한 표현에서 A = 11110000, B = 00010100 이라고 하자. A − B 의 계산 결과에 대한 상태 비트 값들을 올바르게 나타낸 것은 어느 것인가? (단, C 는 Carry flag, S는 Sign flag, V 는 Overflow flag, Z 는 Zero flag 이다.)

① C = 0 , S = 0 , V = 0 , Z = 0
② C = 1 , S = 0 , V = 0 , Z = 0
③ C = 1 , S = 1 , V = 0 , Z = 0
④ C = 0 , S = 1 , V = 0 , Z = 0

해설
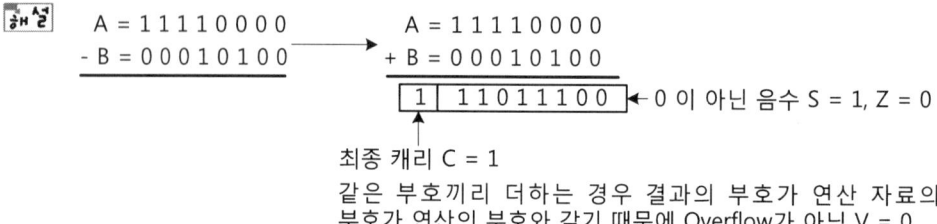

최종 캐리 C = 1
같은 부호끼리 더하는 경우 결과의 부호가 연산 자료의 부호가 연산의 부호와 같기 때문에 Overflow가 아님 V = 0

15. 8 bit로 나타낸 부호와 1의 보수 표현의 수 −88을 우측으로 1 bit 산술 쉬프트 했을 때의 결과는 2진수로 어떻게 표현되는가?

① 11010100
② 11010011
③ 01010011
④ 11011000

해설
```
        128 64 32 16 8 4 2 1
   88 =  0   1  0  1 1 0 0 0
  -88 =  1  (0   1  0 0 1 1) 1
우측으로 1 bit 산술 shift
         ↓
         1  [1] (0 1 0 0 1 1)  1 밀려나간 bit
부호 비트 (불변)↑
         Padding bit (부호 비트)
```

 −88에 대한 오른쪽 1 bit 산술 쉬프트의 결과는 −44가 되어야 한다(2로 나누는 의미이기 때문). −44 에 대한 1의 보수 표현은 음수이므로 부호 비트는 1이고 가장 우측의 숫자는 1이어야한다. 양수로서의 44는 짝수이므로 0 으로 끝나는 2진수인데 이것을 1의 보수를 취하면 1로 끝나는 2진수이어야한다. 부호 비트가 1 이기 가장 우측 자리의 값이 1인 경우는 ②항의 보기 밖에 없다.

16. 1의 보수로 나타낸 2진 고정점의 수를 우측으로 1비트 만큼 산술적 이동하였을 부호와 반대되는 비트가 밀려났다면 그 결과는?
   ① 양수의 경우 2로 나눈 것보다 0.5가 크고, 음수인 경우는 0.5가 작다.
   ② 양수의 경우 2로 나눈 것보다 0.5가 작고, 음수인 경우는 0.5가 크다.
   ③ 양수, 음수 모두 0.5가 작다.
   ④ 양수, 음수 모두 0.5가 크다.

   [해설] 양수인 경우는 언제나 0.5가 작아진다. 음수인 경우는 음수 표현 법에 따라 달라진다. 1의 보수는 비대칭 수의 표현이어서 음수인 경우 0.5가 커지지만 2의 보수는 대칭으로 음수인 경우도 0.5가 작아진다.

   [KEY POINT] 양수에서 0.5가 커진다는 것은 의미없는 표현이다. 그러므로 ①, ④ 항은 의미없는 표현으로 답이 절대로 될 수 없다.

17. Machine instruction에 있어서 꼭 필요한 부분은?
   ① OP-code 와 Index register field
   ② Op-code 와 Operand field
   ③ Base register 와 Index register field
   ④ Indirect addressing 과 Address field

   [해설] Instruction 의 형식

Operation(OP-code)	Mode	Operand
동작부분(연산자)	주소 형태	대상체

18. 일반적으로 32bit 마이크로프로세서(microprocessor)라 할 때 다음 중 그 길이가 32 bit인 것은?
   ① 누산기(Accumulator)
   ② 프로그램 카운터(Program Counter)
   ③ 스택 포인터(Stack Pointer)
   ④ 어드레스 레지스터(Address Register)

   [해설] 32 bit 의 의미는 1 word 의 크기를 의미하며 자료와 관련이 있는 크기이다. 주소 크기는 기억장치 용량에 의해 표현된다. 누산기는 자료와 관련이 있는 레지스터이고 나머지 프로그램 카운터, 스택 포인터, 어드레스 레지스터는 주소와 관련이 있는 레지스터들이다.

[전자계산기 일반]

19. 다음에 실행할 명령의 번지(address)를 갖고 있는 것은?
   ① CCW
   ② CAW
   ③ CSW
   ④ PSW

   해설 다음에 실행할 명령의 번지는 PC(Program Counter)와 PSW(Program Status Word register)가 가지고 있다.

20. 다음에 실행할 명령의 번지를 갖고 있는 register는?
   ① MBR
   ② MAR
   ③ IR
   ④ PC

   해설 MBR : Memory Buffeer Register
   MAR : Memory Address Register(번지 해독기)
   IR : Instruction Register(명령 레지스터)
   PC : Program Counter(다음에 실행할 명령어 번지 기억)

정답 | 01 ① 02 ③ 03 ① 04 ④ 05 ③ 06 ④ 07 ② 08 ③ 09 ② 10 ①
      11 ① 12 ④ 13 ② 14 ③ 15 ② 16 ② 17 ② 18 ① 19 ④ 20 ④

제 10 회 전자 계산 일반 예상 문제

1. Two address machine에서 기억 용량이 $65536 = 2^{16}$ 이고 word length가 40 bit라면 이 명령 형식(instruction format)에 대한 명령 코드는 몇 bit로 구성되는가?
   ① 5
   ② 6
   ③ 7
   ④ 8

   해설 1 word length = 40 bit = 1 instruction
   2 address machine 구조

   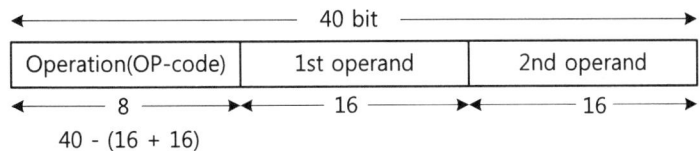

2. 3 초과 코드에서 사용하지 않는 코드는?
   ① 1100
   ② 0101
   ③ 0001
   ④ 1011

   해설 3 초과 수 = BCD 수 + 3 = (0 ~ 9) + 3 = 3 ~ 12 = 0011 ~ 1100
   그러므로 0000, 0001, 0010, 1101, 1110, 1111 은 Don't care 이다.

3. 다음은 CPU 클럭에 관한 것이다. 동기 가변식(synchronous variable)에 대한 설명으로 옳지 않은 것은?
   ① 각 마이크로 오퍼레이션의 사이클 타임이 현저한 차이를 나타낼 때 사용한다.
   ② 중앙처리장치의 시간을 효율적으로 이용할 수 있다.
   ③ 모든 마이크로 오퍼레이션의 수행 시간이 유사한 경우에 사용된다.
   ④ 모든 마이크로 오퍼레이션에 대하여 서로 다른 사이클을 정의할 수 있다.

   해설 모든 마이크로 오퍼레이션의 수행 시간이 유사한 경우는 하나의 시간으로 통일시켜 처리하는 동기 고정식이다.

전자계산기 일반

4. FORTRAN 문 A=B를 어셈블리어 형태로 바르게 나타낸 것은?

(보기) ⓐ LOAD A ⓑ LOAD B ⓒ STORE A ⓓ STORE B

① ⓑⓒ ② ⓐⓒ
③ ⓑⓓ ④ ⓐⓓ

해설 실제로 메모리의 자료끼리 전송은 불가능하다. 메모리끼리의 자료를 전송하려면 레지스터로 불러온 후 다시 메모리로 전송시켜야 한다.

A = B 의 식은 메모리 변수 B의 내용을 메모리 변수 A 로 전송하는 식인데 직접 메모리끼리 전송이 안 되므로 변수 B 의 내용을 레지스터로 불러온다(LOAD B). 레지스터로 불려 나온 값을 다시 메모리 변수 A 에 전송하면 된다.(Store A)

5. 다음 보기와 같은 일련의 마이크로 동작이 수행하는 instruction은 어느 것인가?

MAR ← MBR(Addr)
MBR ← AC
M ← MBR (AC : 누산기)

① AND to AC ② ADD to AC
③ Load to AC ④ Store AC

해설 MAR ← MBR(Addr) ; 어드레스 지정
MBR ← AC; 누산기의 내용 버퍼에 전송
M ← MBR ; 누산기로부터 옮겨온 버퍼의 내용을 메모리(M)에 전송
최종적으로 누산기의 내용이 메모리에 저장되는 마이크로 동작으로 Store 명령의 기능이다.

6. 논리식 F = (A+B)·(A+B') 에 대한 카르노 맵은 어느 것인가?

①
A\B	0	1
0	1	1
1	0	0

②
A\B	0	1
0	0	0
1	1	1

③
A\B	0	1
0	1	0
1	1	0

④
A\B	0	1
0	0	1
1	0	1

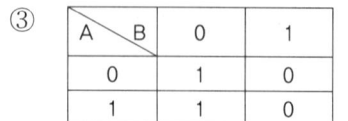 $F(A,B) = (A+B) \cdot (A+B') = \Pi(00_2, 01_2) =$ 00과 01의 위치의 결과가 0인 논리식이다.

제 10 회 전자 계산 일반 예상 문제

7. 10진수 178을 16진수로 고치면?
   ① 2B
   ② B2
   ③ 112
   ④ 211

   [해설]
	128	64	32	16	8	4	2	1
178 =	1	0	1	1	0	0	1	0
		B				2		

   [KEY POINT] 10진수 178 은 짝수이다. 그러므로 이것을 16진수로 변환해도 짝수이어야 한다. ① ,④ 항은 홀수 이므로 절대로 답이 될 수 없다.

8. 다음 중 인스트럭션의 설계 과정과 가장 거리가 먼 것은?
   ① 연산자의 종류
   ② 주소 지정 방식
   ③ 기억장치의 대역폭(bandwidth)
   ④ 해당 컴퓨터 시스템의 단어(word)의 크기

   [해설] 명령어 설계는 한 word 크기에 맞게 설계한다. 연산자의 종류에 따라 operation bit가 결정되고 주소 지정 방식에 따라 operand가 결정된다. 기억장치의 대역폭은 기억장치의 성능을 평가하는 요소이다.

9. 여러개의 범용 레지스터를 가진 컴퓨터에 사용되며, 연산 후의 입력 자료가 변하지 않고 보존되는 인스트럭션의 형식은?
   ① 0 주소 인스트럭션의 형식
   ② 1 주소 인스트럭션의 형식
   ③ 2 주소 인스트럭션의 형식
   ④ 3 주소 인스트럭션의 형식

   [해설] 0 Address : 연산 후 입력 자료 모두 변한다.
   1, 2 Address ; 연산 후 하나의 입력 자료가 변한다.
   3 Address : 연산 후 2개의 입력 자료 모두 불변이다.

10. 다음 중 PUSH micro operation을 옳게 정의한 것은?
    ① SP ← SP + 1 , MBR ← data , MAR ← SP , M ← MBR
    ② MAR ← SP , MBR ← M , OUT ← MBR , SP ← SP − 1
    ③ SP ← SP − 1 , MBR ← data , MAR ← SP + 1 , M ← MBR
    ④ MAR ← SP + 1 , MBR ← M , SP ← SP − 1

> [해설] PUSH 동작은 먼저 SP 의 값을 변경시킨 후 스택에 자료를 넣는다. SP ← SP + 1 와 SP ← SP - 1 는 스택을 어떻게 이용하느냐에 따라 다르기 때문에 신경 쓰지 않아도 된다. 스택에 넣으려는 자료는 반드시 MBR 에 기억되어야 한다. 그리고 해당 주소를 지정해 줘야하는데 메모리의 주소를 해독하는 MAR에 주소를 알려 준다. 그리고 나서 스택 메모리에 자료를 넣는다.

11. 다음 16진수 ABCD 에 대한 16의 보수는 얼마인가?
① 5432
② 6543
③ 5433
④ 6544

> [해설] 16의 보수는 15의 보수 + 1 을 하면 된다. 15의 보수는 FFFF에서 자료를 빼면 된다.
>
> ```
>   F F F F
> - A B C D
> ─────────
>   5 4 3 2  ←── 15의 보수
> +       1
> ─────────
>   5 4 3 3  ←── 16의 보수
> ```

12. 다음 명령어에 대한 처리를 나타낸 설명이다. 틀린 것은 어느 것인가?
① 로드(load) 명령은 메모리로부터 레지스터로의 정보 전송을 나타낸다.
② 저장(store) 명령은 레지스터로부터 메모리로의 정보 전송을 나타낸다.
③ 이동(move) 명령은 레지스터간의 정보 전송을 나타낸다.
④ push와 pop 명령은 메모리와 스택간의 정보 전송을 나타낸다.

> [해설] Load : 레지스터 ← 메모리
> Store : 메모리 ← 레지스터
> Move : 레지스터 ↔ 레지스터
> PUSH, POP : 스택메모리 ↔ 레지스터

13. 다음 항목 중에서 누산기(accumulator)에 대하여 바르게 설명한 항은?
① 레지스터의 일종으로 산술 연산, 논리 연산의 결과를 일시적으로 기억하는 장치
② 연산 명령의 순서를 기억하는 장치
③ 연산 부호를 해독하는 장치
④ 연산 명령이 주어지면 연산 준비를 하는 장소

> [해설] 누산기 : 범용 레지스터들 중에 default 로 정해 놓은 레지스터로 연산 시 피가수 및 연산의 결과를 일시적으로 저장하고 있는 레지스터이다.

14. 명령문 구성 형태 중 하나의 오퍼랜드가 어큐뮬레이터 속에 포함된 주소 방법은?
    ① 0-번지　　　　　　　　　　② 1-번지
    ③ 2-번지　　　　　　　　　　④ 3-번지

    해설 일반적인 명령의 operand 는 2개가 필요한 2 Address 인데 2개 중에 하나의 operand를 누산기로 설정해 놓으면 1개의 Address 만 지정해 주면 된다. 이러한 형식이 1-번지 주소 형식이다.

15. 다음은 3-주소 명령어의 각 필드(field)를 나타낸 것이다. 이에 속하지 않는 것은?
    ① 피연산자의 주소(A)　　　　② 피연산자의 주소(B)
    ③ 결과에 대한 주소(C)　　　　④ 다음 명령어의 주소(D)

    해설 일반 명령어의 3-주소 명령어의 각 필드는 2개의 피연산자 주소와 1개의 결과주소로 사용된다. 마이크로 명령인 경우는 2개의 피연산자 주소와 다음 명령어의 주소 형태로 운영된다.

16. 다음 명령어 형식 중 잘못 연결된 것은?
    ① 0-주소 명령어 형식은 스택을 사용한다.
    ② 1-주소 명령어 형식은 누산기를 사용한다.
    ③ 2-주소 명령어 형식은 MOVE 명령이 필요하다.
    ④ 3-주소 명령어 형식은 내용이 연산 결과 저장으로 소멸된다.

    해설 3-주소 명령어 형식은 연산 후 입력 자료가 보존된다.

17. 주소 지정 방식에 따른 기억 장치에 대한 최소 접근 횟수가 맞는 것은?
    ① 직접 지정 - 1번
    ② 간접 지정 - 3번
    ③ 자료 자신(immediate addressing) - 1번
    ④ 계산에 의한 주소 지정 - 2번 이상

    해설 자료 자신 - 0번
    　　　　직접 주소 - 1번
    　　　　간접 주소 - 2번
    　　　　계산에 의한 주소 - 1.xxxx 번(0.xxxx 는 유효 주소를 계산하는데 소모된 시간)

[전자계산기 일반]

18. 프로그램 카운터가 명령의 번지 부분과 더해져서 유효 번지가 결정되는 어드레싱 모드는?
   ① 상대 번지 모드
   ② 간접 번지 모드
   ③ 직접 번지 모드
   ④ 인덱스드 어드레싱 모드

   해설 프로그램 카운터의 번지를 기준으로 떨어진 정도를 표현하는 주소를 상대 주소라고 한다.

19. 다음 명령 중에서 번지 필드가 필요 없는 명령은?
   ① 데이터 전송 명령
   ② 산술 명령
   ③ 스킵(skip) 명령
   ④ 서브루틴 CALL 명령

   해설 스킵 명령은 다음 명령으로 넘어가는 명령으로 PC 값을 1 증가시키는 것으로 해결된다. 그러므로 스킵 명령 자체는 번지를 지정하지 않는다.

20. 명령(instruction)을 수행하기 위해 CPU 내부에서 실행하는 것은?
   ① shift operation
   ② count operation
   ③ fetch operation
   ④ micro operation

   해설 CPU 내부에서는 하나의 Clock Pulse 동안 하나의 동작이 이루어지는데 이러한 동작을 Micro 동작이라고 한다.

정답
01 ④ 02 ③ 03 ③ 04 ① 05 ④ 06 ② 07 ② 08 ③ 09 ④ 10 ①
11 ③ 12 ④ 13 ① 14 ② 15 ④ 16 ④ 17 ① 18 ① 19 ③ 20 ④

제 11 회 ▶ 전자 계산 일반 예상 문제

1. 서브루틴과 연관되어 사용되는 명령은?
   ① Shift
   ② Call 과 Return
   ③ Skip 과 Jump
   ④ Increment 와 Decrement

   해설) 서브루틴은 별도로 작성한 작은 프로그램으로 호출에 의해 수행되고 수행 후 반드시 되돌아가야하는 프로그램이다. 호출은 Call 명령에 의해 되돌아가는 기능은 Return에 의해 수행된다.

2. PUSH 와 POP 명령은 (　　　)와 스택간의 정보 전송을 나타낸다.
   ① 메모리
   ② 레지스터
   ③ 프로그램 카운터
   ④ 누산기

   해설) 스택은 메모리의 일부분이기 때문에 스택의 내용과 메모리와 직접 자료 이동이 불가능하다. 항상 레지스터를 경유하여 처리되어야한다.

3. 중앙처리장치에서 정보를 기억장치에 기억시키는 것을 무엇이라 하는가?
   ① Load
   ② Store
   ③ Fetch
   ④ Transfer

   해설) Load : CPU ← 메모리
   Store : 메모리 ← CPU

4. 마이크로 프로세서가 명령을 페치하고 실행하는데 13개의 T 스테이트가 필요하다. 만약 클럭이 2.5MHz의 주파수를 갖는다면 명령 사이클 타임은?
   ① 2.5 ns
   ② 5.2 μs
   ③ 400 ns
   ④ 800 ns

   해설) 1 Instruction = 13 * T
   f = 2.5MHz = 1 / T → T = 1 / 2.5MHz = 0.4μs
   13 * T = 13 * 0.4μs = 5.2μs

전자계산기 일반

5. 다음 중 명령이 시작되는 최초의 번지를 기억하고 있는 레지스터는?
   ① 누산기
   ② 스택
   ③ 베이스 레지스터
   ④ 명령 레지스터

   해설 프로그램의 시작 번지를 기억하고 있는 레지스터는 베이스 레지스터(Base Register)이다.

6. 고급 언어(high level language)에 대한 설명 중 옳은 것은?
   ① Computer의 하드웨어와 compiler에 종속적이다.
   ② Computer의 하드웨어에 독립적이고 compiler에 종속적이다.
   ③ Computer의 하드웨어에 종속적이고 compiler에 독립적이다.
   ④ Computer의 하드웨어와 compiler에 독립적이다.

   해설 고급언어는 하드웨어에 관계없이 처리되는 언어이므로 하드웨어에 독립적이다. 그러나 해당 하드웨어가 실행되게 기계어로 번역되어야하므로 번역기에 대하여는 기계 종속적이다.

7. Assembler 란?
   ① Symbolic code를 machine code로 바꾸는 프로그램이다.
   ② Symbolic code를 machine code로 바꾸는 하드웨어이다.
   ③ Machine code를 처리하는 프로그램이다.
   ④ Machine code를 symbolic code로 바꾼다.

   해설 Assembler : 어셈블리어로 작성된 프로그램(Symbolic code)을 기계어(Machine code)로 번역해 주는 번역기(Software)이다.

8. 다음 설명 중 부 프로그램과 매크로(MACRO)의 공통점은?
   ① 삽입하여 사용
   ② 분기로 반복을 한다.
   ③ 다른 언어에서도 사용한다.
   ④ 반복되는 부분을 별도로 작성하여 사용

   해설 부프로그램과 매크로의 공통점은 반복되는 부분에 대하여 별도로 작성한 것이고 다른 부분은 Macro는 Open 부프로그램이고 부 프로그램은 Closed 부 프로그램이다.

9. 다음 설명 중 cache memory에 대한 설명과 가장 관계가 있는 것은?
   ① 내용에 의해서 access되는 memory unit이다.
   ② 대형 computer system에서만 사용되는 개념이다.
   ③ 현재 실행 중인 명령이나 자주 필요한 data를 저장하는 초고속 기억 장치이다.
   ④ 각 module 별로 memory에 접근하여 액세스하는 기억 장치이다.
   > 해설 메모리와 CPU 사이에 CPU 에 의해 실행 되어질 프로그램이나 자료가 기억되어지는 초고속 기억 장치이다.

10. 가상 기억 장치에서 주 기억 장치로 자료의 페이지를 옮길 때 주소(address)를 조정해 주어야하는데 이것을 무엇이라 하는가?
    ① Spooling   ② Blocking
    ③ Mapping   ④ Buffering
    > 해설 주소 변환 = Mapping

11. 자기 디스크에서 데이터를 액세스하는데 걸리는 시간에 포함되지 않는 것은?
    ① 회전 지연 시간(rotational delay)
    ② 탐색 시간(seek time)
    ③ 입력 시간(reading time)
    ④ 전송시간(transmission time)
    > 해설 디스크는 입출력 장치이므로 입출력 시에 필요한 시간을 전송 시간이라고 한다. 입력 시간과 출력 시간을 따로 구분해서 사용하지 않는 것이다.

12. 다음 컴퓨터의 성능 척도를 나타내는 단위인 MFLOPS 의 공식으로 맞는 것은 어느 것인가?
    ① $\text{MFLOPS} = \dfrac{\text{프로그램에서 실행된 고정 소수점 연산 개수}}{\text{실행시간} \times 10^6}$
    ② $\text{MFLOPS} = \dfrac{\text{프로그램에서 실행된 고정 소수점 연산 개수}}{\text{실행시간} \times 10^9}$
    ③ $\text{MFLOPS} = \dfrac{\text{프로그램에서 실행된 부동 소수점 연산 개수}}{\text{실행시간} \times 10^6}$
    ④ $\text{MFLOPS} = \dfrac{\text{프로그램에서 실행된 부동 소수점 연산 개수}}{\text{실행시간} \times 10^9}$

[전자계산기 일반]

해설 FLOPS 는 부동 소수점 수에 대한 연산 능력을 의미하는 용어이다. M 은 백만 단위(10^6), G는 10억 단위(10^9), T 는 1조 단위(10^{12}) 이다.

13. 다음과 같은 명령을 어셈블리어로 작성하고자할 때 사용되지 않는 명령은 어느 것인가?

$$C = A - B$$

① ADD ② CMA
③ INC ④ CLA

해설 뺀다는 것은 2의 보수를 취하여 더하는 방법(ADD 명령)으로 처리한다.
2의 보수는 1의 보수를 취하여(CMA 명령) 1 증가(INC 명령)한다.
CLA 는 누산기를 clear 시키는 명령인데 이 연산에서는 필요 없는 연산이다.

14. CPU와 memory가 각 8개씩인 병렬처리 시스템에서 상호 연결을 위한 네트워크를 2 * 2 오메가 스위치(omega switch)로 구성한다면 몇 개가 필요하겠는가?

① 8 ② 12
③ 16 ④ 64

해설 CPU Memory

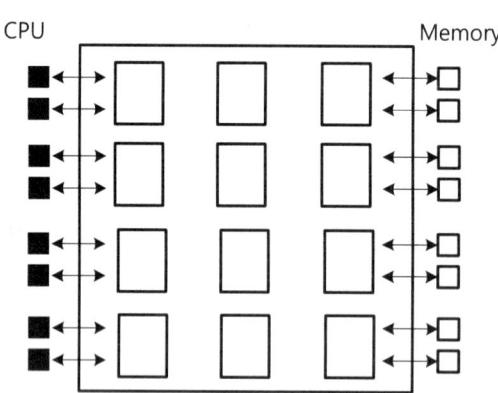

15. 메모리와 입출력 장치를 구별하는 제어선이 필요 없는 입출력 주소 지정 방법은?
① Memory mapped I/O ② Isolated I/O
③ I/O mapped I/O ④ Interrupted I/O

해설 I/O mapped I/O : 메모리와 입출력 장치가 독립적으로 운영되는 방법(격리형(Isolated) I/O)
Memory mapped I/O : 메모리와 입출력 장치가 종속적으로 운영되는 방법(메모리의 특정번지 영역을 입출력 장치에 배당하여 직접 전송하는 방법

16. 다음 DMA(Direct Memory Access)의 설명 중 옳지 않는 것은?
   ① DMA는 기억 장치와 주변장치 사이에 직접적인 자료 전송을 제공한다.
   ② 자료 전송에 CPU의 레지스터를 직접 사용한다.
   ③ DMA는 주기억 장치에 접근하기 위해 사이클 스틸링(cycle stealing)을 한다.
   ④ 속도가 빠른 장치들과 입출력 할때 사용하는 방식이다.

해설 DMA(Direct Memory Access)는 CPU를 경유하지 않고 직접 메모리와 전송을 위한 방법이다.

17. 다음과 같은 레지스터 전송마이크로 동작에서 R1 = 5, R2 = 6의 값을 기억하고 있다고 가정한다. T = 1 일때 마이크로 동작의 수행 결과 후 R1과 R2의 값은 얼마인가?

   T : R2 ← R1, R1 ← R2

   ① R1 = 5 , R2 = 6   ② R1 = 5 , R2 = 5
   ③ R1 = 6 , R2 = 6   ④ R1 = 6 , R2 = 5

해설 마이크로 동작에서의 , 는 동시 연산자이다. , 좌우의 마이크로 동작이 하나의 cloak pulse 동안 동시에 실행하게 된다. 위의 마이크로 동작은 R1 register와 R2 register의 내용이 교환되는 식이 된다.

18. 다음의 채널 중에서 속도가 느린 장치에 연결되는 채널은 어느 채널인가?
   ① 멀티플렉서 채널   ② 셀렉터 채널
   ③ 블록 멀티플렉서 채널   ④ 블록 채널

해설 (바이트)멀티플렉서 채널 : 속도가 느린 장치에 연결하기 위한 채널
셀렉터 채널 : 속도가 빠른 장치에 연결하기 위한 채널
블록 멀티플렉서 : (바이트) 멀티플렉서 채널 + 셀렉터 채널

19. 다음에서 자기 테이프(magnetic tape)와 관계가 없는 것은?
   ① IRG   ② Cylinder
   ③ BOT   ④ File Protect Ring

> **해설**
> IRG : Magnetic Tape에서의 Inter Record Gap
> Cylinder : 자기 디스크에서의 같은 동심원들의 집합
> BOT : Magnetic Tape에서의 Beginning Of Tape
> File Protect Ring : Magnetic Tape에서의 파일 보호를 위한 링

20. 인터럽트 사이클의 마이크로 동작 중에서 최후의 시퀀스는?
① fetch cycle로 돌아간다.
② 리턴(return) 번지를 전송하고, PC를 클리어 시킨다.
③ 메모리 어드레스 레지스터에 0을 전송한다.
④ 인터럽트 가능 플립플롭을 인에이블(enable) 한다.

> **해설** 인터럽트 사이클의 마지막 마이크로 동작은 GOTO fetch cycle 이다.

정답
01 ② 02 ② 03 ② 04 ② 05 ③ 06 ② 07 ① 08 ④ 09 ③ 10 ③
11 ③ 12 ③ 13 ④ 14 ② 15 ① 16 ② 17 ④ 18 ① 19 ② 20 ①

제 12 회 ▶ 전자 계산 일반 예상 문제

1. 다음 스케줄링 방법 중에서 프로세스의 실행 시간을 알고 있어야하고 일괄처리에 적합한 스케줄링은 어느 것인가?
   ① FIFO
   ② Round Robin
   ③ SJF
   ④ SRT

   [해설] FIFO : 비선점(일괄처리), 시간과 관계없이 먼저 입력된 것을 먼저 처리하는 방법
   Round Robin(RR) : 선점(대화식 처리), 일정 시간 만큼 씩 할당되어 처리하는 방법
   SJF(Shortest Job First) ; 비선점(일괄처리), 실행시간이 가장 짧은 job 을 먼저 처리하는 방법
   SRT(Shortest Remaining Time) : 선점(대화식 처리), 남아있는 실행 시간이 가장 짧은 job이 선점하여 처리하는 방법

2. 프로세스의 스케줄링 방법 중 preemptive 방법이 아닌 것은?
   ① SJF(Shortest Job First)
   ② SRT(Shortest Remaining Time)
   ③ Round Robin
   ④ Multilevel Feedback Queue

   [해설] 선점(Preemptive) : RR(Round Robin), SRT(Shortest Remaining Time), MFQ(Multi level Feedback Queue)
   비선점(Nonpreemptive) : FIFO(First In First Out), SJF(Shortest Job First), HRN

3. 복수의 프로세스(process)가 가능하지 못한 상태를 무한정 기다리고 있는 상태를 무엇이라 하는가?
   ① 교착 상태(Deadlock)
   ② 병목 현상(bottleneck)
   ③ 차단 상태(blocked)
   ④ 임계 영역(critical section)

   [해설] 무한정 기다리는 상태를 교착 상태라고 한다.

[전자계산기 일반]

4. 다음 중 RR(Round Robin) 스케줄링 기법에서 시간 할당량에 대한 설명으로 올바르지 않는 것은?
   ① 시간 할당량이 너무 작으면 문맥 교환 오버 헤드가 작아지게 된다.
   ② 시간 할당량이 너무 작으면 문맥 교환이 자주 일어나게 된다.
   ③ 시간 할당량이 너무 크면 FIFO 기법과 거의 같은 형태가 된다.
   ④ 시간 할당량이 너무 작으면 시스템은 대부분의 시간을 프로세스의 스위칭에 소비하고 실제 사용자들의 연산은 거의 못하는 결과를 초래한다.

   해설 RR(Round Robin)
   시간 할당량이 큰 경우 : 비선점 FIFO 처럼 운영된다. 문맥 교환 오버헤드는 작다.
   시간 할당량이 작은 경우 : 선점의 의미로 작동되나 너무 작으면 문맥교환 오버헤드가 커지게 된다.

5. 서울에서 부산으로 가는 135호 열차의 5번 차량 45번 좌석의 표가 컴퓨터에 의해 중복 판매되었다면 이는 다음 중 무엇이 보장되지 못하였기 때문인가?
   ① 교착 상태   ② 시분할 처리
   ③ 국부(locality)의 원리   ④ 상호 배제

   해설 중복 판매의 의미는 판매 시점에 두 사람이 동시에 접근하였다는 의미이다. 어느 한사람이 예약을 하고 있을 경우 다른 사람이 예약을 하지 못하게 하는 방법인 상호배제를 보장하지 않았기 때문에 발생한 것이다.

6. 빈번한 페이지의 부재 발생으로 프로세스의 수행 소요시간보다 페이지 교환에 소요되는 시간이 더 큰 경우를 의미하는 것은?
   ① 스래싱(thrashing)   ② 세마포어(semaphore)
   ③ 페이징(paging)   ④ 오버레이(overlay)

   해설 페이지 부재가 자주 발생하면 페이지 교체가 자주 일어나게 되는데 이러한 현상을 스래싱이라고 한다.

7. 분산 시스템의 설계 목적으로 적합하지 않은 것은?
   ① 신뢰성   ② 자원 공유
   ③ 연산 속도 향상   ④ 보안성 향상

   해설 분산 시스템의 가장 취약점이 보안이다.

8. A,B,C,D 의 자료를 스택에 다음과 같은 순서로 동작을 했을 경우 출력되는 결과는?

| PUSH → PUSH → POP → PUSH → POP → PUSH → POP → POP |

① A B C D ② B C D A
③ A C D B ④ B A C D

해설

PUSH	→	PUSH	→	POP	→	PUSH	→	POP	→	PUSH	→	POP	→	POP
A		B		**B**		C		**C**		D		**D**		**A**

9. 다음 IP address 대한 표현으로서 IPv4 에서의 Class C 에 해당되는 주소는 어느 것인가?

① IP address 의 첫 번째 주소 부분이 80으로 시작되는 주소
② IP address 의 첫 번째 주소 부분이 135로 시작되는 주소
③ IP address 의 첫 번째 주소 부분이 171로 시작되는 주소
④ IP address 의 첫 번째 주소 부분이 201로 시작되는 주소

해설 class A : 0xxxxxxx = 00000000 ~ 01111111 = 0 ~ 127
class B : 10xxxxxx = 10000000 ~ 10111111 = 128 ~ 191
class C : 110xxxxx = 11000000 ~ 11011111 = **192 ~ 223**
class D : 1110xxxx = 11100000 ~ 11101111 = 224 ~ 239
class E : 1111xxxx = 11110000 ~ 11111111 = 240 ~ 255

10. 다음 중 인터넷상에서 가장 많이 사용되는 최상위 도메인 이름(Domain Name)의 의미가 잘못 설명된 것은?

① org : 상업적 영리 기관 ② edu : 교육기관
③ mil : 군사기관 ④ gov : 정부기관

해설 org : 비영리 기관
상업적 영리 기관은 com 이다.

11. 호스트 100대 정도를 운영하는 기관에 적당한 인터넷 주소는?

① 클래스 A ② 클래스 B
③ 클래스 C ④ 클래스 D

해설 class A 의 Host ID = 24 bit = 2^{24} = 1600만여 대
class B 의 Host ID = 16 bit = 2^{16} = 65536대
class C 의 Host ID = 8 bit = 2^{8} = 256대

[전자계산기 일반]

12. 기존 응용 프로그램의 오류 수정이나 성능 향상을 위해 프로그램의 일부 파일을 변경해 주는 프로그램을 무엇이라고 하는가?
    ① 링킹 프로그램(Linking Program)
    ② 패치 프로그램(Patch Program)
    ③ 응용 프로그램(Application Program)
    ④ 채팅 프로그램(Chatting Program)

    해설 프로그램의 일부 파일을 변경하는 의미가 패치(patch)를 의미한다.

13. 소프트웨어 개발사가 정식으로 프로그램을 공개하기 전에 테스트를 목적으로 일반에 공개하는 소프트웨어를 무엇이라 하는가?
    ① 알파 버전   ② 베타 버전
    ③ 데모 버전   ④ 평가 버전

    해설 정식으로 출시되기 전에 테스트 목적으로 배포하여 테스트 과정을 거치는 것을 베타 테스트라고 한다.

14. 다음 중 복잡한 명령어 집합 컴퓨터(CISC : Complex Instruction Set Computer)의 특징에 속하지 않는 것은?
    ① 많은 수의 명령어를 가지고 있다.
    ② 모든 동작은 CPU의 레지스터 안에서 수행된다.
    ③ 가변 길이 명령어 형식을 갖는다.
    ④ 몇몇 명령어는 특별한 동작을 수행하며 자주 사용되지 않는다.

    해설 CPU의 레지스터 안에서 모든 명령어의 자료 처리가 이루어지는 것은 RISC 구조 명령어이다.

15. 다음 중 인터넷 IPv4 주소 체계에 대한 설명으로 옳지 않은 것은?
    ① 8비트씩 4부분으로 구성되어 있다.
    ② A 클래스에서 C 클래스까지 3단계로 구성되어 있다.
    ③ 숫자로 되어 있다.
    ④ 국가나 대형 통신망에는 A 클래스가 사용된다.

    해설 A ~ E 까지의 5개 class로 구성되어 있다.

16. 다음은 무엇에 대하여 설명한 것인가?

   > 멀티미디어 데이터 파일의 크기 때문에 생겨난 기술로, 오디오 또는 비디오 데이터를 통신을 통해 조금씩 전송하여 재생시키는 기술이다.

   ① 압축기술   ② 양자화기술
   ③ 스트리밍 기술   ④ 변조기술

   해설 파일의 크기가 큰 경우 전체를 모두 download 하려면 시간이 많이 소요된다. download가 되면서 처리가 가능한 형태로 운영하는 것을 스트리밍이라고 한다.

17. 기능 및 사용기간 제한이 없는 공개용 프로그램으로 저작권자의 동의 없이 자유롭게 교환하거나 복사해서 사용할 수 있는 소프트웨어는?

   ① 프리웨어(Freeware)   ② 베타버전(Beta Version)
   ③ 쉐어웨어(Shareware)   ④ 데모버전(Demonstration Version)

   해설 Freeware : 무료로 이용할 수있는 software
   베타 버전 : 정식으로 출시되기 전에 테스트 목적으로 배포되어 사용되는 software
   Shareware : 일정 기간 사용해 본 후에 구매하는 software

18. 대부분의 현대 마이크로 컴퓨터는 큰 회로 기판인 마더보드(Motherboard)를 사용한다. 다음 중 마더보드 위에 입혀 놓은 여러 개의 병렬 금속 선(시스템 버스)의 형태와 거리가 먼 것은?

   ① 제어 버스   ② 데이터 버스
   ③ 인터페이스 버스   ④ 주소 버스

   해설 컴퓨터 시스템에서 사용되는 bus 의 종류는 자료가 전송되는데 사용되는 데이터 버스, 주소를 지정하기 위해 사용되는 주소 버스, 제어를 하기 위해 사용되는 제어 버스의 3가지가 있다.

19. 다음 중 인터넷 서비스에서 기본적으로 사용하는 포트 번호가 잘못된 것은?

   ① NEWS : 119   ② HTTP : 80
   ③ TELNET : 70   ④ FTP : 21

   해설 NEWS = NNTP : 119   HTTP : 80
   TELNET : 23   FTP : 21
   DNS : 53   POP3 : 110
   SMTP : 25

[전자계산기 일반]

20. 하나의 시스템을 여러 사용자가 공유하여 동시에 대화식으로 작업을 수행할 수 있으며, 시스템은 일정 시간 단위로 CPU 사용을 한 사용자에서 다음 사용자로 신속하게 전환함으로써, 각 사용자들은 실제로 자신만이 컴퓨터를 사용하고 있는 것처럼 보이는 처리 방식은?
   ① 오프라인 시스템(Off - Line System)
   ② 일괄 처리 시스템(Batch Processing System)
   ③ 시분할 시스템(Time Sharing System)
   ④ 분산 시스템(Distributed System)

   해설 시분할 방식은 시간을 작은 단위로 분할하여 대화식으로 처리하는 방식이다. 대표적으로 RR(ROUND ROBIN)이 있다.

정답
01 ③ 02 ① 03 ① 04 ① 05 ④ 06 ① 07 ④ 08 ② 09 ④ 10 ①
11 ③ 12 ② 13 ② 14 ② 15 ② 16 ③ 17 ① 18 ③ 19 ③ 20 ③

제 13 회 ▶ 전자 계산 일반 예상 문제

1. 컴퓨터 시스템의 보안 예방책을 침입하여 시스템에 무단 접근하기 위해 사용되는 일종의 비상구를 무엇이라고 하는가?
   ① 클리퍼 칩
   ② 백 도어
   ③ 부인봉쇄
   ④ 스트리핑

   해설 일종의 비상구 = back door(뒷 문)

2. 자주 사용하는 사이트의 자료를 하드디스크에 저장하고 있다가, 사용자가 다시 그 자료에 접근하면 네트워크를 통해서 다시 읽어 오지 않고 미리 저장한 하드디스크의 자료를 활용해서 다시 빠르게 보여주는 기능을 무엇이라 하는가?
   ① 쿠키(Cookie)
   ② 캐싱(Caching)
   ③ 필터링(Filtering)
   ④ 푸싱(Pushing)

   해설 캐싱 : 일종의 버퍼링 개념이다.

3. 주소가 순서대로 사용될 때 그때 사용된 주소의 수를 무엇이라 하는가?
   ① run-length
   ② bandwidth
   ③ address-length
   ④ instruction-length

   해설 run-length : 실행의 길이를 의미한다.
   bandwidth 는 대역폭으로 1초 동안의 전송 비트 수를 나타내는 성능 표현이다.

4. 프로토콜의 포트 번호가 잘못 연결된 것은?
   ① HTTP - 80
   ② Telnet - 23
   ③ FTP - 21
   ④ NNTP - 117

   해설 NNTP 는 119이다.

[전자계산기 일반]

5. IP 주소의 사용에 대한 설명으로 틀린 것은?
   ① 호스트 식별자가 모두 0이면 호스트자신을 의미한다.
   ② 호스트 식별자가 모두 1이면 전체 네트워크로의 방송을 의미한다.
   ③ 127.0.0.1은 loopback으로 자기 자신을 의미한다.
   ④ C등급의 IP 주소에 연결할 수 있는 실제 호스트의 수는 254개이다.

   해설 Host 번호가 0 인 경우는 해당 호스트 번호를 의미하는 것이 아니라 호스트를 설정하지 않는다는 의미로 네크워크 자신을 의미한다.

6. 객체들 간의 상호 작용을 표현하는 개념으로 객체를 활성화 하는 것은?
   ① 메시지   ② 속성
   ③ 인스턴스   ④ 메소드

   해설 객체가 활성화 되려면 객체 간의 자료 전달이 일어나야한다. 자료 전달의 기능이 메시지이다.

7. 객체 지향 언어가 지원하는 세 가지 기본 기능이 아닌 것은?
   ① 객체   ② 클래스
   ③ 프로토콜   ④ 상속

   해설 객체 지향 언어의 3가지 기본 기능
   1. 상속 = 재사용
   2. 객체의 캡슐화 = 정보 은닉
   3. 다형성 = Overloading , Overriding
   프로토콜은 규약을 의미하는 용어이다.

8. 정렬된 두 개 이상의 파일을 하나의 새로운 파일로 편성하는 작업을 무엇이라고 하는가?
   ① 파일 합병(File Merge)   ② 파일 정렬(File Sort)
   ③ 파일 생성(File Creation) ④ 파일 복사(File Copy)

   해설 Merge : 두 개 이상의 sort file을 하나의 sort file 를 만드는 작업
   Sort : 불규칙하게 나열된 많은 자료들을 규칙적인(오름차순 또는 내림차순) 자료 형태로 만드는 작업

9. 다음 중 RISC 마이크로프로세서의 특징으로 옳지 않은 것은?
   ① 중앙처리장치용 명령어 집합이 커서 많은 명령어들을 프로그래머에게 제공해 주므로 프로그래머의 작업을 쉽게 해준다.
   ② 전력소모가 적고 CISC 구조보다 처리속도가 빠르다.
   ③ 복잡한 연산을 수행하기 위해서는 RISC가 제공하는 명령어들을 반복 수행해야하므로 프로그램이 복잡해지는 단점이 있다.
   ④ 워크스테이션급 컴퓨터에 주로 사용되고 있다.

   [해설] ①항의 설명은 CISC(Complex Instruction Set Computing) 마이크로프로세서의 특징을 설명한 것이다.

10. 연상(Associative) 기억 장치의 특징이 아닌 것은?
    ① 기억된 정보의 일부분을 이용하여 원하는 정보가 기억된 위치를 알아낸 후 나머지 정보에 접근한다.
    ② 주소에 의해서만 접근이 가능한 기억장치 보다 정보 검색이 신속하다.
    ③ 하드웨어 비용이 절감 된다.
    ④ 병렬 판독 회로가 필요하다.

    [해설] 빠른 검색을 위하여 하드웨어적인 장치가 필요하다.

11. 10배속의 CD-ROM Drive의 전송속도는 다음 중 어떤 범위에 속하는가?
    ① 1MB 이하   ② 1MB~2MB
    ③ 2MB~3MB   ④ 3MB이상

    [해설] 1배속 = 150KB/초 이다. 그러므로 10배속은 150KB * 10 /초 = 1.5MB/초 가 된다.

12. 현재 사용되고있는 컴퓨터 모니터의 수평 해상도가 1024 픽셀이라고 한다면 수직 해상도는 얼마가 되는가?
    ① 480 픽셀   ② 576 픽셀
    ③ 768 픽셀   ④ 864 픽셀

    [해설] 일반 화질의 해상도는 가로 : 세로의 비율이 4 : 3 이다. 고화질의 해상도는 16 : 9 이다.
    4 : 3 = 1024 : x 의 식을 풀면 x = 3 * 1024 /4 = 768 이 된다.

전자계산기 일반

13. 레이스(Race) 현상을 방지하기 위하여 사용되는 플립 플롭(FF)은?
① JK
② RS
③ RST
④ Master-Slave

해설 동일한 플립 플롭을 2개 사용하여 앞쪽의 플립 플롭을 Master, 뒤쪽의 플립 플롭을 Slave 플립 플롭으로 사용하여 레이스 문제를 해결한다.

14. 다음 중 gTLD(Generic Top-Level Domain)에 속하지 않는 것은?
① com
② org
③ net
④ int

해설 gTLD : com(영리기관), org(비영리 기관), net(네트워크)
sTLD : edu(교육 기관), mil(군사), gov(정부)
iTLD : int(국제기구)
nTLD 또는 ccTLD : 각 나라 영문 2문자(244개국)

15. A + B * C / D − E 의 수식을 postfix로 표현하면?
① A B C D E * / + −
② A B C * D / + E −
③ − A / * B C D E
④ A B + C * D / E −

해설 postfix는 연산자가 뒤에 나타나는 표현이다. 연산이 되는 순서대로 괄호를 친다. ((A + ((B * C) / D)) − E) 이 된다. 가장 먼저 B*C 가 연산이 되어야하는데 이것을 postfix 형태로 변환하면 B C * 의 형태가 된다. 다음은 (B C *)/D 의 연산을 수행하는데 postfix 로 변환하면 B C * D / 가 된다. 다음 연산은 A + (B C * D /)이므로 이것을 postfix 형태로 변환하면 A B C * D / + 가 된다. 다음 연산은 (A B C * D / +) − E 의 연산인데 이것을 postfix로 변환하면 A B C * D / + E − 가 된다.

KEY POINT 가장 먼저 연산이 되는 식이 B * C 이므로 이것을 postfix 로 변환시킨 것이 B C * 인데 B C * 을 포함하고 있는 식을 찾으면 ②항의 보기 밖에 없다.

16. PCM 방식의 변조 순서로 옳은 것은?
① 신호 − 양자화 − 표본화 − 부호화
② 신호 − 표본화 − 양자화 − 부호화
③ 신호 − 부호화 − 표본화 − 양자화
④ 신호 − 표본화 − 부호화 − 양자화

해설 PCM : 아날로그 신호 → 디지털 신호 → 아날로그 신호
아날로그 → 디지털 신호로 변환되는 것이 변조이다. 디지털 → 아날로그 신호로 변환되는 것은 복조이다. 변조 시 아날로그 신호를 일정 간격으로 분리하는 것을 표본화라고 한다. 표본화에 의해서 생긴 신호의 값을 구하는 것을 양자화라고 한다. 이 양자화 값을 디지털 신호인 2진수로 바꾸는 것을 부호화라고 한다.

17. 다음의 인터럽트에 대한 설명으로 틀린 것은 어느 것인가?
    ① 프로세서가 서비스 루틴의 분기 번지를 선택하는 방법에 따라 벡터 인터럽트와 비 벡터 인터럽트로 나눌 수 있다.
    ② 벡터 인터럽트 방식은 인터럽트를 내는 소스가 프로세서에게 분기에 대한 정보를 제공하는 방식이다.
    ③ 비 벡터 인터럽트 방식은 분기 번지가 메모리의 고정 위치에 저장되어 있는 방식이다.
    ④ 하드웨어 우선 순위 인터럽트 장치 중 병렬로 연결하는 방법은 데이지 체인(daisy chain)이다.

    해설 데이지 체인은 병렬 연결 방법이 아니라 직렬 연결 방법이다.

18. 다음 중 배치(placement) 전략에 의해 20KB의 파일이 First fit, Best fit, Worst fit에 의해 배치되는 순서로 맞는 것은?

(가)	(나)	(다)	(라)
15KB	30KB	25KB	20KB

    ① (나), (다), (라)   ② (나), (라), (가)
    ③ (가), (라), (나)   ④ (나), (라), (나)

    해설 First fit : 20 KB가 처음으로 기억될 수 있는 공간 = (나)
    Best fit : 20 KB가 가장 잘 맞는 기억 공간 = (라)
    Worst fit : 20 KB가 기억될 수 있는 가장 큰 공간 = (나)

19. 다음 중 RISC 명령어의 특징을 설명한 것이 아닌 것은 어느 것인가?
    ① 상대적으로 적은 수의 명령어를 갖고 있다.
    ② 메모리 참조는 load와 store 명령에 의해서만 수행된다.
    ③ 마이크로 프로그램된 제어보다는 하드와이어드된 제어를 채택한다.
    ④ 명령어 형식은 가변길이 명령어 형식이다

    해설 명령어의 길이가 가변길이 명령어 형식은 CISC 명령어 이다. RISC 명령어는 단일 길이로 되어 있다.

[전자계산기 일반]

20. 컴퓨터의 업무처리의 신뢰도를 높여주기 위하여 두 개의 CPU가 같은 업무를 동시에 처리하여, 그 결과가 같은가 틀린가를 확인해 가면서 상호의 결점을 보완해 나가는 상호 조회 시스템은?
   ① 심플렉스(simplex) 시스템
   ② 듀얼(dual) 시스템
   ③ 듀플렉스(duplex) 시스템
   ④ 다중 처리기(multi processing) 시스템

   해설 두 개의 CPU 중 하나의 CPU에 처리되고 CPU 의 문제가 발생 시에 다른 CPU로 처리하기 위한 시스템은 Duplex system을 의미한다.

정답 01② 02② 03① 04④ 05① 06① 07③ 08① 09① 10③
      11② 12③ 13④ 14④ 15② 16② 17④ 18④ 19④ 20②

제 14 회 ▶ 전자 계산 일반 예상 문제

1. 다음 중 전자우편에서 쓰이는 용어로 가장 거리가 먼 것은?
   ① POP
   ② SMTP
   ③ MIME
   ④ HTTP

해설
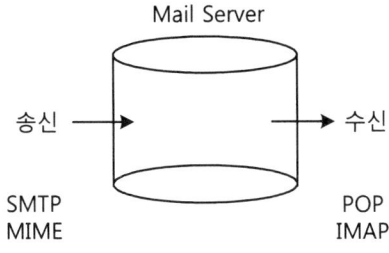

2. 별도의 동기신호 없이 매 문자마다 Stop/Start 비트를 부가하여 전송하는 방식은?
   ① 동기식 전송방식
   ② 직렬전송방식
   ③ 비동기 방식
   ④ 문자동기 방식

해설 문자 단위의 독립적인 방법으로 전송하는 방법은 비동기 방식이라고 한다. 문자들의 집합인 블록 단위로 전송되는 경우는 동기식 전송 방법이라고 한다. 문자 단위의 구분은 문자의 앞에 Start bit 와 문자의 끝에 Stop bit 를 이용하여 구분한다.

3. 네트워크 ID 210.182.73.0을 몇 개의 서브넷으로 나누려고 하며, 각 서브넷은 적어도 40개 이상의 Host ID를 필요로 한다. 이때 어떤 서브넷 마스크를 사용해야 하는가?
   ① 255.255.255.192
   ② 255.255.255.224
   ③ 255.255.255.240
   ④ 255.255.255.248

해설 40개 이상의 Host ID 를 부여하려면 Host ID 를 나타내기 위한 비트 수는 6 bit 이상이어야 한다. Host ID로서의 6 bit를 제외한 bit 들은 Netwowrk ID 를 나타내기 위해 사용되어져야 한다. 즉, Network ID 부분을 감지하기 위한 Subnet Mask 값이 26 bit가 1이어야 한다는 것이다.
11111111.11111111.11111111.11000000 = 255.255.255.192

[전자계산기 일반]

4. 다음 중에서 가장 큰 용량을 나타내는 것은?
   ① 4000 Tb
   ② 400Gb
   ③ 2 PB
   ④ 3000 TB

   해설 소문자 b 는 bit 의 약자이고, 대문자 B 는 Byte 의 약자이다.
   소문자 b 로 통일시키면(1 Byte = 8 bit)
   ① 4000 Tb
   ② 400Gb ≒ 0.4 Tb
   ③ 2 PB = 16 Pb ≒ 16000 Tb
   ④ 3000 TB = 24000 Tb
   Tb 로 통일 시켰으므로 가장 큰 숫자는 24000 이다.

5. 다음 표의 특성에 맞는 것으로 되어있는 것은?

구 분	(가)	(나)	(다)	(라)
집적도	높음	높음	낮음	아주높음
정보 유지를 위한 전원	불필요	필요	필요	불필요
읽기속도	초고속(3ns)	고속(60ns)	초고속(2ns)	고속(10ns)
쓰기속도	초고속(3ns)	고속(60ns)	초고속(2ns)	아주저속(0.2s)
기억특성	비휘발성	휘발성	휘발성	비휘발성
용도	주기억장치	주기억장치	캐시	입출력

   ① 가 : MRAM 나 : DRAM 다 : SRAM 라 : 플래시메모리
   ② 가 : 플래시 메모리 나 : DRAM 다 : SRAM 라 : 하드 디스크
   ③ 가 : MRAM 나 : SRAM 다 : DRAM 라 : 플래시메모리
   ④ 가 : 하드 디스크 나 : SRAM 다 : DRAM 라 : 플래시메모리

   해설 MRAM = SRAM + DRAM + 플래시 메모리

6. 소리(sound)에 대한 디지털화의 가장 기본적인 방법은 PCM 방식으로, 파(wave)의 높이를 매초 44,100회(44.1Khz) 측정하면서 그 수치를 16비트(0-65536)의 범위로 분해해서 기록해 간다. 그렇다면 CD 음질 수준의 스테레오 사운드를 10초간 저장하는데 필요한 최소한의 디스크 공간은 몇 메가바이트[MB]인가?
   ① 0.88[MB]
   ② 1.76[MB]
   ③ 3.52[MB]
   ④ 7.04[MB]

   해설 44100 * 16 비트 * 2(스테레오) * 10초 / 8 비트 = 1764000 바이트 = 1.76MByte

7. 하나의 컴퓨터에서 서버/클라이언트를 모두 수행시키기 위해 사용되는 IP 주소로서 맞는 것은?
   ① 0.0.0.0
   ② 1.0.0.0
   ③ 127.0.0.0
   ④ 127.0.0.1

   [해설] 127.0.0.1 의 주소는 loop back test를 위한 주소이다.

8. 다음과 같은 IP 주소에서의 Network ID 와 Host ID를 구분하면?

200.25.13.8

   ① Network ID : 200, Host ID : 25.13.8
   ② Network ID : 200.25, Host ID : 13.8
   ③ Network ID : 200.25.13, Host ID : 8
   ④ Network ID : 200.25.13.8, Host ID : 없음

   [해설] 200은 class C 의 주소를 의미하므로 Network ID는 앞의 3개의 주소이고 나머지 한 개의 주소는 Host ID이다.

9. 디지털 데이터를 디지털 신호로 전송하는 회로 장치는?
   ① CODEC
   ② MODEM
   ③ DSU
   ④ 전화

   [해설] CODEC : 아날로그 → 디지털 → 아날로그
   MODEM : 디지털 → 아날로그 → 디지털
   DSU : 디지털 → 디지털 → 디지털

10. 다음 중 한국에서의 2차 도메인 명칭에 대한 설명이 바르게 된 것을 찾으면?
    ① go : 교육법에 의한 전문대학 이상의 교육 기관
    ② co : 협동 조합
    ③ or : 비영리 단체 및 기관
    ④ ne : 개인

    [해설] go : 정부 co : 영리 단체 or : 비영리 단체 ne : network
    개인을 나타내는 도메인 명칭은 pe 이다.

전자계산기 일반

11. 다음의 설명이 의미하는 용어는?

> 기업의 모든 인적, 물적 자원을 효율적으로 관리하는 통합 정보 시스템으로 기업의 OS(운영체제)라고 불리운다.

① ERP ② VoIP
③ EPC ④ RFID

해설 전사적 자원관리(ERP : Enterprise Resource Planning)를 의미하는 설명이다.
  VoIP(Voice over Internet Protocol) : 인터넷 전화
  EPC(Electronic Product Code) : 전자 상품 코드
  RFID(Radio Frequency IDentification) : 전자 식별 명칭

12. 다음에 설명하는 내용에 대한 용어는?

> 분산 컴퓨팅 환경 구현 시 발생하는 문제점들을 해결하기 위한 소프트웨어이다.

① freeware ② shareware
③ middleware ④ groupware

해설 TCP/IP, DCOM(Distributed Component Object Model : 분산 컴포넌트 객체 기술), COBRA(Common Object Request Broker Architecture : 코바) 등의 분산 기술이 이에 해당된다.
  ① freeware : 무료로 사용되는 software
  ② shareware : 무료로 사용 후 필요 시 구매하여 사용하는 소프트웨어
  ③ middleware : 수많은 종류의 표준화되지 않은 하드웨어나 소프트웨어가 말썽없이 운영될 수 있도록 도와주는 중계 소프트웨어
  ④ groupware : 그룹 작업의 지원을 가능케하는 소프트웨어

13. 논리식 Y = A'·B + C·D 를 NAND 게이트만을 사용하여 표시할 때 몇 개의 NAND 게이트가 필요한가?

① 2 ② 3
③ 4 ④ 5

해설 Y = A'·B + C·D = (A'·B + C·D)'' = ((A'·B)'·(C·D)')'

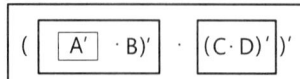

사각형 박스 1개 = 1개의 NAND gate로 총 4개의 NAND gate가 필요하다.

14. 다음 해밍 코드에서 data bit 가 10 비트이면 check bit의 수는 얼마인가?
   ① 1 bit　　　　　　　　② 3 bit
   ③ 4 bit　　　　　　　　④ 10 bit

   [해설] Hamming code

   역상의 위치는 check bit 의 위치이다. 자료가 10 bit이면 4개의 check bit 가 필요하다.

15. 8 입력 변수의 decoder는 몇 개의 출력을 갖는가?
   ① 3개　　　　　　　　② 8개
   ③ 16개　　　　　　　　④ 256개

   [해설] Decoder = $n \times 2^n$
   입력 변수 n 이 8 이므로 출력은 $2^8 = 256$ 개다.

16. 아래에 있는 연산 알고리즘이 설명하는 연산 방법은 무엇인가?

   ```
   [1] Q ← 0
   [2] X < Y 이면 [3]을 수행하고, X >= Y 이면 X ← X - Y 와 Q ← Q + 1 하고 [2]를 반복
   [3] R ← X. 끝.
   ```

   ① 덧셈　　　　　　　　② 뺄셈
   ③ 곱셈　　　　　　　　④ 나눗셈

   [해설] 반복적으로 뺄셈을 하는 것은 나눗셈의 의미이다. 이때 반복해서 뺀 회수는 몫(Q)의 의미가 되고 최종적은 남은 수는 나머지(R)가 된다.

17. 다음 조건에 대한 시프트 알고리즘으로 맞는 것은?

   정상적인 결과를 얻기 위하여 잃어버리는 bit가 0 이어야 하고 새로 들어오는 bit는 부호 bit여야 한다. Truncation이 생기는 경우의 증상은 잃어버리는 bit가 1 인 경우이며, 이때 양수, 음수 모두 0.5가 작아진다.

   ① 1의 보수에 의한 오른쪽 산술 쉬프트
   ② 2의 보수에 의한 오른쪽 산술 쉬프트
   ③ 1의 보수에 의한 왼쪽 산술 쉬프트

④ 2의 보수에 의한 왼쪽 산술 쉬프트

해설 Truncation 은 오른쪽 산술 쉬프트 시에 발생한다. 왼쪽 산술 쉬프트에 의해서는 Overflow 증상이 나타날 수 있다. 양수, 음수 모두 0.5가 작아지는 것은 대칭성으로 생각하고 2의 보수에 의한 알고리즘으로 생각하면 된다. 1의 보수에 의한 알고리즘은 비 대칭으로 생각하고 양수는 언제나 0.5가 작아지지만 음수에서는 0.5가 커진다.

18. 다음 중 시스템의 안정성을 고려하여 한쪽의 CPU가 가동 중일 때, 다른 한 CPU가 고장이 나면 즉시 대기 중인 CPU가 작동되도록 운영하는 방식은?
    ① 다중 처리 시스템
    ② 듀얼 시스템(Dual System)
    ③ 분산 처리 시스템
    ④ 듀플렉스 시스템(Duplex System)

해설 여분의 CPU 를 활용하는 방법은 Duplex System을 의미한다.

19. ASCII 코드를 비 동기식으로 전송하기 위하여 시작 비트(1비트), 정보비트(7비트), 검출비트(1비트), 정지비트(2비트)로 구성된다고 할 때 이 코드의 전송 코드 효율은 약 몇 % 인가?
    ① 92.5
    ② 87.5
    ③ 63.6
    ④ 12.5

해설 전송 코드 효율 = 7(정보비트) / 11(전체 비트 수) = 63.6 %

20. 다음 해밍 코드(Hamming code)에서의 check bit가 5bit인 경우 최대 data bit 수는 얼마인가?
    ① 20 bit
    ② 26 bit
    ③ 32 bit
    ④ 38 bit

해설 Check bit 수 = 5 bit 인 경우 전체 bit 수 = $2^5 - 1 = 31$bit 이다.
data bit 수 = 전체 bit 수 − check bit 수 = 31 − 5 = 26bit

정답
01 ④ 02 ③ 03 ① 04 ④ 05 ① 06 ② 07 ④ 08 ③ 09 ③ 10 ③
11 ① 12 ③ 13 ③ 14 ③ 15 ④ 16 ④ 17 ② 18 ④ 19 ③ 20 ②

제 15 회 전자 계산 일반 예상 문제

1. 인터넷 주소에 대한 설명으로 틀린 것은?
   ① TCP/IP를 사용하는 네트워크에서의 IP 주소는 유일하다.
   ② Network ID 와 Host ID 로 구성되어 있다.
   ③ 5개의 class로 구분되는데 가장 많은 호스트를 가지는 클래스는 클래스 A 이다.
   ④ 64비트로 구성되어 있으며 16비트씩 4 부분으로 구성되어 있다.

   【해설】 32 bit 로 구성 되어 있으며 8 bit 씩 4 부분으로 구성 되어있다.(IPv4 인 경우)

2. 인터넷 접속 시 자신의 정보가 상대방 서버로 전송될 수 있다. 이를 방지하기 위해 브라우저에서 점검해야할 항목은 어느 것인가?
   ① 쿠키(cookie) ② 프록시(proxy)
   ③ 푸시(push)   ④ 캐시(cache)

3. 메일 서버(mail server)의 전자 우편을 내려받기(download)위한 프로토콜은?
   ① MIME   ② SMTP
   ③ NNTP   ④ POP

   【해설】 메일 서버(Mail Server)
   1. 송신 프로토콜 : SMTP, MIME
   2. 수신 프로토콜 : POP, IMAP

4. 다음 중 저작권에 따른 소프트웨어의 분류에 대한 설명으로 틀린 것은?
   ① 애드웨어 : 광고를 보는 대가로 무료로 사용하는 소프트웨어이다.
   ② 셰어웨어 : 정식 버전이 출시되기 전에 프로그램에 대한 일반인의 평가를 수행하고자 제작된 소프트웨어이다.
   ③ 번들 : 특정한 하드웨어나 소프트웨어를 구매하였을 때 끼워주는 소프트웨어이다.
   ④ 프리웨어 : 개발자가 소스를 공개한 소프트웨어로 제한없이 사용할 수 있는 소프트웨어이다.

   【해설】 셰어웨어 : 일정 기간 사용해 본 후에 구매하는 software
   정식 버전이 출시 되기 전에 일반인의 평가를 수행하기 위한 버전은 베타 버전이라고 한다.

[전자계산기 일반]

5. 다음 중 IPv4 주소 체제에서 class C 에 대한 Network ID 와 Host ID가 실제로 차지하는 각 비트 수로서 맞는 것은?
   ① Network ID : 7bit, Host ID : 24bit
   ② Network ID : 21bit, Host ID : 9bit
   ③ Network ID : 21bit, Host ID : 8bit
   ④ Network ID : 24bit, Host ID : 8bit

   [해설] class A : Network ID = 7 bit, Host ID = 24 bit
   class B : Network ID = 14 bit, Host ID = 16 bit
   class C : Network ID = 21 bit, Host ID = 8 bit
   class D : Network ID = 28 bit , Host ID = 없음

6. 어떤 사용자의 정보를 수집하기 위해 비밀리에 컴퓨터에 바이러스 또는 새로운 프로그램 설치 시에 잠입하는 방법으로 사용되는 프로그램을 무엇이라 하는가?
   ① freeware
   ② shareware
   ③ spyware
   ④ cookie

7. 시스템 구성 편집기(sysedit)로 편집할 수 없는 파일은 다음 중 어느 것인가?
   ① admin.dll
   ② config.sys
   ③ win.ini
   ④ autoexec.bat

   [해설] 확장자가 dll 로 되어 있는 파일은 컴파일러에 의해 번역된 동적 실행 파일이다.

8. 다음 중 동영상을 위한 파일 형식이 아닌 것은?
   ① AVI
   ② MP3
   ③ MOV
   ④ ASF

   [해설] MP3 는 sound file 이다.

9. 정보 전송 방식중 반 이중 방식(Half-Duplex)에 해당하는 것은?
   ① 라디오
   ② TV
   ③ 전화
   ④ 무전기

해설 Radio/TV : 단 방향 방식
무전기 : 반이중 방식
전화 : 전이중 방식

10. 다음 중 가장 접근 속도가 빠른 기억장치는?
① SRAM ② ROM
③ Register ④ DRAM

해설 CPU에 가장 가까이에 있는 Register가 가장 빠르다.

11. 두장의 유리 기판 사이에 주입한 가스의 방전을 이용한 화상 표시 장치로 브라운관이나 액정 표시 장치로는 만들기 어려운 대형 화면을 얇은 두께로 만들 수 있어 벽걸이 TV 용 부품으로 이용되고 있는 장치는 무엇인가?
① LCD(Liquid Crystal Display)
② TFT-LCD(Thin Film Transistor Liquid Crystal Display)
③ PDP(Plasma Display Pannel)
④ FED(Field Emission Display)

해설 PDP : 2장의 유리 기판으로 구성
LCD : 4 장의 유리 기판으로 구성

12. 기존 전력선을 통신망으로 이용해 음성.데이터 등을 전송하는 첨단 기술로서 원격 검침, 홈 네트워킹 등에 다양하게 사용될 수 있는 기술을 무엇이라 하는가?
① ISS(Infrastructure Sharing)
② HFC(Hybrid Fiber Coaxial)
③ PLC(Power Line Communication)
④ VDI(Voice & Data Integration)

해설 전력선 통신을 의미하는 설명이다.(PLC : Power Line Communication)

[전자계산기 일반]

13. 불법적인 침입 및 악성 패킷에 대한 실시간 탐지와 차단, 웜·바이러스·트로이목마 공격 실시간 탐지 및 차단, 불필요한 트래픽이 발생하는 프로토콜 및 IP에 대한 서비스별 대역폭 조절 등의 기능을 제공하는 것은 무엇인가?

① IPS(Intrusion Prevention System)
② RFID(Radio Frequency Identification)
③ PoC(Push to talk over Cellular)
④ USN(Ubiquitous Sensor Network)

해설 IPS(Intrusion Prevention System) : 침입 방지 시스템
RFID(Radio Frequency Identification) : 전파 식별
PoC(Push to talk over Cellular) : 휴대폰 + 무전기
USN(Ubiquitous Sensor Network) : 센서 네트워크

14. "기업의 모든 인적, 물적 자원을 효율적으로 관리하는 통합 정보 시스템"을 의미하는 것은 무엇인가?

① IDC
② ERP
③ ASP
④ USN

해설 IDC(Internet Data Center) : 인터넷 데이터 센터
ERP(Enterprise Resource Planning) : 전사적 자원 관리
ASP(Application Service Provider) : 소프트웨어 온라인 임대 사업
USN(Ubiquitous Sensor Network) : 센서 네트워크

15. 휴대 인터넷을 의미하는 용어는 무엇인가?

① WiBro
② WIPI
③ AP
④ VoIP

해설 WiBro : Wireless Broadband(휴대 인터넷) = Mobile WiMax
WiPi : Wireless internet Platform for interoperability
AP : Access Point
VoIP : Voice over Internet Protocol

16. 컴퓨터의 운영체제는 크게 제어 프로그램과 처리 프로그램으로 나눌 수 있다. 다음 중 제어 프로그램과 가장 거리가 먼 것은?
    ① 감시 프로그램(Supervisor Program)
    ② 언어 번역 프로그램(Language Translator Program)
    ③ 작업 관리 프로그램(Job Management Program)
    ④ 데이터 관리 프로그램(Data Management Program)

    해설 운영체제
    제어 프로그램 : 감시 프로그램, job 관리 프로그램, data 관리 프로그램
    처리 프로그램 : 언어 번역 프로그램, 서비스 프로그램, 문제 프로그램

17. 고속으로 처리되는 중앙처리장치(CPU)와 상대적으로 저속인 주기억 장치 사이에서 명령의 처리 속도가 CPU의 속도와 비슷하도록 일시적으로 자료나 정보를 저장하는 고속기억장치를 무엇이라 하는가?
    ① ROM   ② DRAM
    ③ Mask ROM   ④ Cache Memory

18. 다음과 같이 3개의 프로세스가 있고 총 테이프 구동기 자원이 13개이며 현재 잔여량이 3개인 경우 교착 상태가 발생할 수 있는 불안전한 상태는 어느 것인가?

프로세스	현재 할당량	최대 요구량
프로세스-1	2	5
프로세스-2	4	6
프로세스-3	4	8

    ① 프로세스-1에게 잔여량 3개를 모두 할당한 경우
    ② 프로세스-3에게 잔여량 3개 중 1개를 할당한 경우
    ③ 프로세스-2에게 잔여량 3개 중 2개를 할당한 경우
    ④ 프로세스-3에게 잔여량 3개 중 2개를 할당한 경우

    해설 문제가 생길 수 있는 경우는 ④ 항의 현재 잔여량 3개 중 2개를 할당한다면 잔여량이 1개 남게 된다. 이때 프로세스-1은 3개를, 프로세스-2는 2개를, 프로세스-3은 2개를 더 요구할 수 있는데 잔여량이 1개여서 어떤 프로세스에게 준다하여도 문제가 발생할 수 있는 여지를 가지고 있다. 즉, 교착 상태가 발생할 수 있는 불안전한 상태가 된다는 것이다.

[전자계산기 일반]

19. 컴퓨터 주변 장치 중 출력 장치와 관련이 없는 것은?
    ① 스캐너   ② 모니터
    ③ 프린터   ④ 플로터
    해설 스캐너는 입력 장치이다.

20. 다음의 소프트웨어 중에서 성격이 전혀 다른 것은?
    ① UNIX   ② WINDOWS
    ③ COBOL   ④ Linux
    해설 COBOL은 문제를 해결하기 위해 사용되는 프로그래밍 언어이다.
    UNIX, WINDOWS, LINUX 는 운영체제이다.

정답	01 ④	02 ①	03 ④	04 ②	05 ③	06 ③	07 ①	08 ②	09 ④	10 ③
	11 ③	12 ③	13 ①	14 ②	15 ①	16 ②	17 ④	18 ④	19 ①	20 ③

제 16 회 ▶ 전자 계산 일반 예상 문제

1. 인터넷에서 제공 가능한 서비스가 아닌 것은?
   ① WWW
   ② E-mail
   ③ Gopher
   ④ Plug & Play

   해설 Plug & Play : 동적 연결 작동, 도중에 주변 장치들을 연결시켜도 인식되어 작동되는 원리이다. 운영체제와 관련이 있다.

2. 다음은 컴퓨터의 처리 시간을 나타낸 것이다. 빠른 순서대로 나열된 것은?

A. Pico Second	B. Nano Second
C. Milli Second	D. Micro Second

   ① A → B → C → D
   ② A → B → D → C
   ③ C → D → A → B
   ④ C → D → B → A

   해설 느린 시간에서 빠른 시간의 순서는 ms → μs → ns → ps

3. 인터넷 도메인 네임에서 기관의 종류를 나타내는 약어의 의미로 잘못 표기된 것은?
   ① AC(교육기관)
   ② RE(회사)
   ③ NET(네트워크)
   ④ GO(정부)

   해설 RE 는 연구소를 의미한다.
   회사는 CO로 표현한다.

4. 다음 중 최근에 참조하지 않은 페이지를 교체하기 전략으로서 참조 비트와 변형 비트를 이용한 교체 전략은?
   ① NUR(Not Used Recently)
   ② LRU(Least Recently used)
   ③ SCR(Second Chance Replacement)
   ④ LFU(Least Frequency Used)

[전자계산기 일반]

> 해설 NUR : 참조 비트와 변형 비트 이용
> LRU : Aging register 이용
> SCR : 참조 비트만 이용
> LFU : 참조 빈도수 이용

5. 다음 중 기억 장치 관리 기법 중 배치 전략에 해당하는 것은?
   ① 요구 반입
   ② NUR(Not Used Recently)
   ③ Worst fit
   ④ SJF(Shortest Job First)

> 해설 반입 전략 : 요구 반입, 예상 반입
> 배치 전략 : First fit, Best fit, Worst fit
> 교체 전략 : 최적화, FIFO, LRU, NUR, LFU, SCR, Working set
> 비선점 스케줄링 : FIFO, SJF, HRN
> 선점 스케줄링 : RR, SRT, MFQ

6. 다음 중 구역성과 관계없는 용어는?
   ① stack
   ② working set
   ③ loop
   ④ subroutine

> 해설 시간 구역성 : 반복(loop), 부프로그램(subroutine), 스택(stack), 계산에 사용되는 변수
> 공간 구역성 : 배열(array) 참조, 프로그램의 순차적 코드 수행, 관련 변수들의 선언
> working set은 교체(replacement) 알고리즘과 관계있는 용어이다.

7. 프로세스 생성 시에 만들어지는 PCB(Process Control Block)에 대하여 프로세스의 상태 변화가 생기면 PCB의 내용이 바뀌는데 이 PCB의 내용을 바꾸는 것은?
   ① process scheduler
   ② job scheduler
   ③ traffic controller
   ④ programmer

> 해설 traffic controller는 프로세스의 모든 상태(준비 상태, 실행 상태, 보류 상태, 대기 상태 등)를 추적 · 파악하여 관리하며 상태 변화에 대한 수행을 한다.

8. 다음 3 초과 수에 대한 10진수 표현은?

01000101

① 12 ② 45
③ 66 ④ 72

해설 3초과 수 = BCD 수 + 3 : BCD 수 = 3 초과 수 - 3

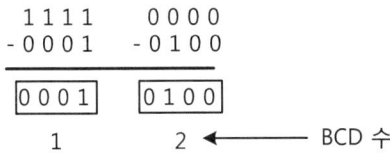

9. 컴퓨터가 이해할 수 있는 언어로 일의 처리방법과 순서를 지시하는 명령문의 집합은?
   ① 순서도 ② 컴파일러
   ③ 프로그램 ④ 알고리즘

해설 프로그램 : 일의 처리 순서를 지시하는 명령어들의 집합

10. 프로그램 중의 오류를 발견하여 수정하는 것은?
    ① 덤프(Dump) ② 리셋(Reset)
    ③ 단말장치(terminal) ④ 디버깅(Debugging)

해설 덤프(Dump) : 메모리의 내용을 그대로 출력하는 것
      디버깅 : 오류를 찾아 수정하는 작업

11. 개인용 컴퓨터에서 보조 기억 장치에 저장되어 있는 System File을 주기억 장치로 옮겨 놓을 때 쓰이는 용어는?
    ① 부팅(booting) ② 로드(load)
    ③ 세이브(save) ④ 전개(open)

해설 System file이 옮겨지는 것은 부팅이라고 하고 일반 파일이 옮겨질 경우는 load라고 한다.

[전자계산기
  일반]

12. 3개의 프로세스, 총 테이프 구동기 자원 12개인 경우 시스템이 불안전 상태인 것은 어느 것인가?

①
프로세스	현재 할당량	최대 요구량
프로세스-1	4	6
프로세스-2	2	5
프로세스-3	4	8

②
프로세스	현재 할당량	최대 요구량
프로세스-1	2	4
프로세스-2	3	5
프로세스-3	6	9

③
프로세스	현재 할당량	최대 요구량
프로세스-1	2	4
프로세스-2	3	7
프로세스-3	5	6

④
프로세스	현재 할당량	최대 요구량
프로세스-1	3	4
프로세스-2	4	9
프로세스-3	4	5

해설
①은 2개 잔여량으로 프로세스-1 이 요구해도 상관 없으므로 안전 상태
②는 1개의 잔여량으로 어느 프로세스에게도 요청을 들어 줄 수 없으므로 불안전 상태
③은 2개의 잔여량으로 프로세스-1 과 프로세스-3의 요청을 들어줘도 되므로 안전 상태
④는 1개의 잔여량으로 프로세스-1 과 프로세스-3의 요청을 들어줘도 되므로 안전 상태

13. 10진수 15를 4비트로 표현한 수에 대한 기수 패리티를 적용한 해밍 코드로서 맞는 것은?

① 0010111
② 0001111
③ 1010111
④ 1111111

해설 10진수 15 = 2진수 1 1 1 1

```
1 2 3 4 5 6 7
□ □ 1 □ 1 1 1
□     1   1 1  ← 기수 패리티 비트가 되기 위해 □는 0
    □ 1     1 1  ← 기수 패리티 비트가 되기 위해 □는 0
        □ 1 1 1  ← 기수 패리티 비트가 되기 위해 □는 0
```

14. 다음 중 하나의 드라이브에 기록되어 있는 모든 데이터를 다른 드라이브에 복사해 놓는 방법인 Mirroring을 의미하는 RAID 레벨은?
    ① RAID-0 ② RAID-1
    ③ RAID-5 ④ RAID-10

    해설 RAID(Redundant Array of Inexpensive(또는 Independant) Disk
    여러 드라이브의 집합을 하나의 드라이브처럼 사용하게 하며 장애가 발생하면 데이터복구가 가능하게 해준다.
    - RAID-0 : 데이터 Striping
    - RAID-1 : 데이터 Mirroring
    - RAID-5 : 패리티가 모든 드라이브에 분산 저장되어 병목 현상을 줄여 준다.
    - RAID-10 : RAID-0 과 RAID-1의 혼합 형태
    ▪ RAID-0

    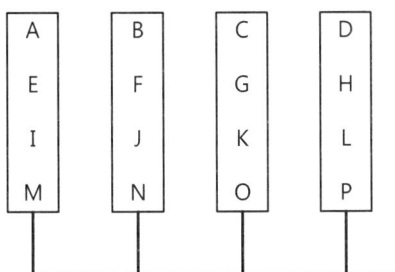

    ▪ RAID-1

    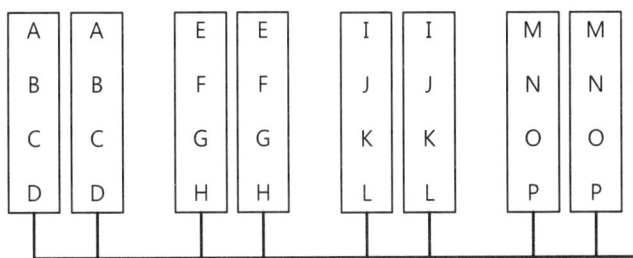

15. 다음은 페이지 크기에 관한 설명이다. 틀린 것은?
    ① 페이지 크기가 작을수록 테이블 단편화가 발생한다.
    ② 페이지 크기가 클수록 디스크로부터의 전송 시간이 감소된다.
    ③ 페이지 크기가 크면 페이지 부재(page fault)가 증가된다.
    ④ 페이지 크기가 작게되면 총 입출력 양은 감소된다.

    해설 페이지 크기가 크면 페이지 부재가 감소된다.

[전자계산기 일반]

16. 다음 중 휴대폰으로 일대 다자간의 통화를 할 수 있는 것을 의미하는 용어는?
   ① PoC
   ② VoIP
   ③ SoC
   ④ IPS

   해설 PoC : Push to talk over Cellular(휴대폰 + 무전기)
   VoIP : Voice over Internet Protocol(인터넷 전화)
   Soc : System on a Chip
   IPS : Intrusion Prevension System(침입 방지 시스템)

17. 다음 정보 표현의 단위가 작은 것으로부터 큰 것의 순서로 되어 있는 것은?

   | A. Nibble | B. Bit | C. Byte | D. Word |

   ① A → B → C → D
   ② B → A → C → D
   ③ A → B → D → C
   ④ B → C → A → D

   해설 Bit → 4 bit(Nibble) → 8 bit(Byte) → 8,16,32 bit(Word)

18. 가상 기억(virtual storage)장치에서 가지는 잇점은?
   ① Binding time을 늦추어서 프로그램의 relocation을 용이하게 한다.
   ② Overlay 문제 해결
   ③ 기억 용량의 한계 극복
   ④ 처리 속도 향상

   해설 가상 기억 장치의 근본적인 목적은 용량 극복이다.

19. 다음 컴퓨터의 성능을 나타내는 단위인 TFLOPS 의 공식으로 맞는 것은?

   ① $TFLOPS = \dfrac{\text{프로그램에서 실행된 고정 소수점 연산 개수}}{\text{실행시간} \times 10^9}$

   ② $TFLOPS = \dfrac{\text{프로그램에서 실행된 고정 소수점 연산 개수}}{\text{실행시간} \times 10^{12}}$

   ③ $TFLOPS = \dfrac{\text{프로그램에서 실행된 부동 소수점 연산 개수}}{\text{실행시간} \times 10^9}$

   ④ $TFLOPS = \dfrac{\text{프로그램에서 실행된 부동 소수점 연산 개수}}{\text{실행시간} \times 10^{12}}$

   해설 TFLOPS 는 Tera FLOPS 로 초당 1Tera(10^{12}) 개의 부동 소수점 수 연산 능력을 나타내는 단위이다.

20. 전자계산기가 실행 도중 특수한 상택 발생하면 제어 장치의 조정에 의해 특수한 상태를 처리한 후 먼저 수행하던 프로그램으로 되돌아가는 조작은?

① Interruption ② Controlling
③ Overlapping ④ Swapping

정답
01 ④ 02 ④ 03 ② 04 ① 05 ③ 06 ② 07 ③ 08 ① 09 ③ 10 ④
11 ① 12 ② 13 ① 14 ② 15 ③ 16 ① 17 ② 18 ③ 19 ④ 20 ①

[전자계산기 일반]

제17회 ▶ 전자 계산 일반 예상 문제

1. 서비스 프로그램의 마지막 명령이 return from interrupt이다. 이 명령이 수행될 때 다음 어느 것을 참조하게 되는가?
   ① 플립플롭(Flip-Flop)　　　　② 스택(Stack)
   ③ ROM(Read Only Memory)　　④ 큐(Queue)

   해설 서비스 프로그램의 수행 후에 가장 최근에 호출한 곳으로 되돌아가야하는데 되돌아 갈 번지는 스택에 저장하여 운영한다. 스택은 LIFO(Last In First Out) 구조이기 때문이다.

2. 다음 중 시간 할당량과 가장 관계 깊은 작업 스케줄링은?
   ① Round-Robin　　　　② SJF
   ③ FIFO　　　　　　　　④ HRN

   해설 Round-Robin : 시간할당에 의한 선점 방식
   SJF : job 의 실행 시간이 가장 짧은 것을 우선 적으로 처리하는 비선점 방식 스케줄링이다.
   HRN : 가변 우선 순위 스케줄링으로 실행 시간과 대기 시간에 의한 우선 순위를 결정한다.

3. 다음 중 하드 디스크의 기록 방식에 널리 사용되는 RLL 방식은 트랙당 몇 개의 섹터로 구성되는가? (단, MFM 방식일 때는 16개의 섹터로 구성된다.)
   ① 17섹터　　　　　　　② 24 섹터
   ③ 32 섹터　　　　　　　④ 64 섹터

   해설 하드 디스크 기록 방식
   ■ MFM(Modified Frequency Modulation)
   　주어진 정보를 한 번에 한 비트 씩 저장하는 방법
   ■ RLL(Run Length Limited)
   　데이터 비트를 코드처럼 저장하는 방법 이 방법은 MFM 방법보다 약 50% 이상의 용량을 더 저장할 수 있고 또한 안전하다. RLL 방법 = MFM 방법 * 150% = 16섹터 * 1.5 = 24 섹터

4. 다음 IPv6 의 주소 체제는 몇 바이트로 구성되어 있는가?
   ① 4 Byte　　　　　　　② 8 Byte

③ 16 Byte   ④ 128 Byte

해설 IPv4 = 4 Byte 주소 체제
IPv6 = 16 Byte 주소 체제

5. 30MHz ~ 300MHz 의 주파수를 나타내는 대역은?
① MF(Medium Frequency)   ② HF(High Frequency)
③ VHF(Very High Frequency)   ④ UHF(Ultra High Frequency)

해설 MF : 300K ~ 3M HF : 3M ~ 30M
VHF : 30M ~ 300M UHF : 300M ~ 3G

6. 다음 중 정보의 자유로운 이용을 의미하는 것은?
① CopyRight   ② Shareware
③ Spyware   ④ CopyLeft

7. 다음 중 캐시(cache) 기능과 방화벽(firewall) 기능을 가지고 있는 서버는?
① mail server   ② proxy server
③ web server   ④ DNS server

8. 다음 중 동영상 파일의 확장자가 아닌 것은?
① ASF   ② GIF
③ MOV   ④ MPG

해설 GIF 은 그림 파일에 대한 확장자이다.

9. 다음 중 부모 프로세스가 자식 프로세스보다 먼저 소멸되어 부모 프로세스의 소멸 후에도 자식 프로세스가 계속 생존하고 있는 경우 이 프로세스를 무엇이라 하는가?
① 고아 프로세스(Orphan process)   ② 좀비 프로세스(Zombie process)
③ 병행 프로세스(Concurrent process)   ④ 단일 프로세스

해설 부모를 잃어 버렸으므로 고아 프로세스를 의미한다.
좀비 프로세스 : 자식 프로세스(child process)가 종료하면 부모 프로세스(parent process)가 거둬들여야 하는데 거둬들이지 못한 프로세스 들을 의미한다.

[전자계산기 일반]

10. 다음 OSI 7 layer 의 1 계층에서 7 계층까지의 순서로서 맞는 것은?

| A. Application | B. Physical | C. Transfer | D. Presentation |
| E. Session | F. Data Link | G. Network | |

① A→B→C→D→E→F→G
② B→F→E→G→C→D→A
③ B→F→C→G→E→D→A
④ B→F→G→C→E→D→A

11. 비트 지향형 동기식 전송 방식에서 동기를 위해 데이터 묶음의 앞뒤에 플래그 문자를 사용하는데 이와 관련된 내용 중 잘못된 것은?
   ① 보낼 데이터가 없어도 항상 플래그를 보내 동기를 유지한다.
   ② 플래그 문자로는 보통 "01111110" 을 주로 사용한다.
   ③ 플래그와 같은 데이터 전송 시 비트 스터핑(bit stuffing) 기법을 쓴다.
   ④ 플래그 문자와 플래그 문자 사이에 약간의 휴지 기간의 필요하다.

   해설 비트 스터핑 : 프레임 내에서 1이 연속적으로 5개가 나타나면 뒤에 0을 첨가하여 플래그 값과 구별해 주는 방법이다.
   동기식 전송에서는 플래그 문자와 플래그 문자 사이에 휴지 간격이 없어야 한다.

12. 다음 중 RGB 의 값이 255,255,255 일 때의 색은 무슨 색인가?
   ① 흰색
   ② 검은색
   ③ 빨간색
   ④ 파란색

   해설 삼원색(RGB)을 모두 선택하면(255,255,255) 흰색이 된다. 선택하지 않으면(0,0,0) 검정색이 된다.

13. 다음 설명 중 잘못된 것은?
   ① ERP : 전사적 자원관리
   ② SCM : 공급망 관리
   ③ CRM : 고객 관계 관리
   ④ IPS : 지식 관리 시스템

   해설 IPS : 침입 방지 시스템(Intrusion Prevention System)

14. 다음 중 인터넷 도메인 이름을 IP 주소로 바꾸어 주는 명령어는?
   ① ping
   ② nslookup
   ③ netstat
   ④ ls

[해설] ping(Packet INternet Gopher) : 호스트 컴퓨터의 동작에 대한 여부 점검
nslookup : 도메인 이름에 대한 IP 주소 검색
netstat : 네트워크 상태
ls : 목록을 보기 위한 UNIX 명령

15. 다음 중 네트워크의 연결 상태를 알고자할 때 사용하는 명령어는?
   ① ping
   ② telnet
   ③ rm
   ④ nslookup

[해설] ping : 호스트 컴퓨터의 동작에 대한 여부 점검
nslookup : 도메인 이름에 대한 IP 주소 검색

16. 다음 중 인터넷에서 보안장치로서 미리 허가된 이용자만 액세스가 가능하도록 되어 있는 것은?
   ① Router
   ② DNS
   ③ Firewall
   ④ IDS

[해설] Router : 경로 설정
DNS(Domain Name System) : 도메인 명을 IP 주소로 변환
IDS(Intrusion Detection System) : 침입 검지 시스템

17. 정보 통신망의 한 종류로서 회선을 직접 보유하거나 통신 사업자의 회선을 임차하여 단순한 전송 기능 이상의 정보 축적, 가공, 변환처리 등의 부가가치를 부여한 음성·데이터 정보를 제공하여 주는 통신망은?
   ① LAN
   ② USB
   ③ WAN
   ④ VAN

[해설] VAN(Value Added Network) : 부가 가치 통신망

18. 다음 중 메모리의 용량을 나타내는 단위의 1GB 의 크기를 Byte의 크기로 나타낸 것 중 맞는 것은?
   ① 2의 20승
   ② 2의 30승
   ③ 10의 6승
   ④ 10의 9승

[해설] $KB = 2^{10}Byte$, $MB = 2^{20}Byte$, $GB = 2^{30}Byte$, $TB = 2^{40}Byte$

19. 다음 중 e-mail 서비스를 할 때 사용되지 않는 프로토콜은?
    ① SMTP
    ② 포트번호 110
    ③ IMAP
    ④ ASP

    해설 송신 프로토콜 : SMTP(포트 번호 = 25) , MIME
    수신 프로토콜 : POP(포트 번호 = 110) , IMAP
    ASP : Application Service Provider(응용 서비스 제공자)

20. 서비스 제공자가 각종 하드웨어, 소프트웨어, 통신 기술에 대하여 전문가적인 서비스와 지식을 제공함으로써 포괄적인 정보처리 해결 수단을 제공하는 서비스는?
    ① 정보 기술(IT)
    ② 시스템 통합(SI)
    ③ 벤처산업
    ④ 나노기술(NT)

정답
01 ② 02 ① 03 ② 04 ③ 05 ③ 06 ④ 07 ② 08 ② 09 ① 10 ④
11 ④ 12 ① 13 ④ 14 ② 15 ① 16 ③ 17 ④ 18 ② 19 ④ 20 ②

제 18 회 전자 계산 일반 예상 문제

1. 다음 C 언어에서의 x % y 와 동일한 기능을 갖는 식은 어느 것인가? (단, x 와 y 는 정수형 변수이다)
   ① x - x * y / y
   ② y - y * x / y
   ③ y - x * y / x
   ④ x - x / y * y

   해설   x % y 는 x의 값을 y의 값으로 나눈 나머지를 구하는 식이다.

   ```
         몫 ...... 나머지
      y | x
   ```

   위의 식의 관계를 써보면 x = 몫 * y + 나머지 의 관계이다. 이것을 나머지에 관한 식으로 변환하면 나머지 = x - 몫 * y 가 되는데 몫의 의미는 정수 값을 정수 값으로 나누면 몫의 결과를 얻는다. 그러므로 x 와 y 가 정수형 변수이면 x / y 의 결과가 몫이 되는 것이다. 그러므로 나머지에 대한 식은 x - x / y * y가 된다.

2. 다음 C 언어 프로그램 수행 후의 결과는 무엇인가?

   ```
   #include <stdio.h>
   void main()
   {
       printf("%d", 5 * -4 % -7) ;
   }
   ```

   ① -6
   ② 6
   ③ -20
   ④ 20

   해설
   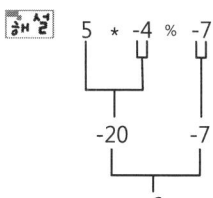

   나머지에 대한 부호는 피젯수의 부호와 동일하다.

전자계산기 일반

3. 다음 C 언어 프로그램을 실행했을 때 출력되는 결과로 옳은 것은?

```
#include <stdio.h>
void main()
{ int x , y , z ;
    x = y = z = 0 ; ++x || ++y && ++z ;
    printf("%5d %5d %5d", x , y , z) ;
}
```

① 1 1 0
② 1 0 0
③ 1 0 1
④ 1 1 1

해설 논리 연산자에 의한 식은 불필요한 연산은 하지 않는다. 즉, 연산의 결과(참 또는 거짓)를 결정 지울 수 있는 경우에는 연산을 하지 않는다는 것이다.

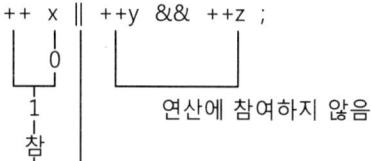

OR 연산 시 하나가 참이면 나머지 부분의 논리 값이 무엇이든 참이기 때문에 OR 연산 뒤의 연산은 수행하지 않는다. 그러므로 x 만 1 이 되고 변수 y 와 z 는 연산을 하지 않았기 때문에 원래의 값 (0)을 그대로 유지하고 있다.

4. 다음과 같이 C 언어에서의 while 문장을 for 문장으로 바꾸었을 때 올바른 것은?

```
i = 1 ;
while(i < 100)
{     .......
    i = i + 1 ;
}
```

① for(i++ ; i = 1 ; i < 100) { ... }
② for(i = 1 ; i < 100 ; i++) { ... }
③ for(i < 100 ; i = 1 ; i++) { ... }
④ for(i++ ; i < 100 ; i = 1) { ... }

[해설] i = 1 은 초기값을 의미한다.
while(i < 100) 은 반복을 위한 조건이다.
i = i + 1 은 반복을 조건이 거짓이 되게 만들기 위한 식이다.
for 문의 구조는 다음과 같다.
for(초기값 ; 조건 ; 증감값)
{   }

5. 다음과 같은 C 언어의 while 문장을 for 문장으로 올바르게 바꾼 것은?

```
s = 0 ; i = 1 ;
while(i < N) s += i++ ;
```

① for (i = 1 ; i < N ; ++i) { s = 0 ; s += i ; }
② for (i = 1 , s = 0 ; i < N ; ++i) s += i ;
③ for (i = 1 , i < N ; s = 0 , ++i) s += i ;
④ for (s = 0 ; i < N ; ++i) { i = 1 , s += i ; }

[해설]

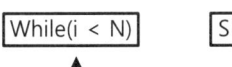

for문의 구조 : for(초기값 ; 조건 ; 증감값) { 실행문 }

6. 다음 중 C 언어에서 switch 문장의 수행 결과는?

```
c = 2 ;
switch(c)
{ case 1 : printf("A") ;
  case 2 : printf("B") ;
  case 3 : printf("C") ;
  default : printf("T") ;
}
```

① B
② BC
③ BCT
④ BT

[전자계산기 일반]

해설 switch 문의 조건에 따라 해당 case 문을 수행하는데 break 명령을 사용하지 않으면 해당 case 문을 수행하고 그 이후의 case 문도 모두 수행하게 된다. c가 2 이므로 case 2를 수행(B 출력)하고 break 명령이 없기 때문에 case 3(C 출력)과 default 문(T 출력)도 수행한다.

7. 다음과 같이 정의되어 있는 열거형 상수 C3의 값은 얼마인가?

```
enum {C1, C2 = -1, C3, C4} ;
```

① 0 　　　　　　　　　　　　　　② 1
③ 2 　　　　　　　　　　　　　　④ 3

해설 enum 은 열거형을 의미하는 예약어이다. 열거형은 열거되는 순서대로 0부터 1씩 증가하는 값을 갖는다. 초기값을 주면 초기값부터 1씩 증가하는 값을 갖게 된다. C1 은 0을 갖고 C2 는 초기화를 하지 않았다면 1의 값을 갖는데 여기서는 -1로 초기화를 하였으므로 -1의 값을 갖는다. 그래서 C3 는 C2 의 1증가된 값인 0을 갖게 되고 C4 는 1의 값을 갖게 되는 것이다.

8. 다음 C 프로그램의 수행 결과는?

```
#include <stdio.h>
int i = 2 ;
void x()
{ printf("%5d", i) ; }
void main()
{ int i = 5 ;
  printf("%5d", i) ;
  x() ;
}
```

① 2 2 　　　　　　　　　　　　② 2 5
③ 5 2 　　　　　　　　　　　　④ 5 5

해설 총괄 변수와 지역 변수에 대한 문제로서 x() 함수에서는 총괄 변수로서의 i가 main() 함수에서는 지역 변수로서의 i 가 사용된다. main() 함수에서의 i 값 출력은 지역변수로서의 i 값인 5가 출력된다. x() 함수 호출에 의해 출력되는 i 의 값은 총괄 변수로서의 i 값인 2 가 출력된다.

9. 다음 프로그램의 출력은 무엇인가?

```
#include <stdio.h>
void main()
{ long a[4][5] ;
  printf("%10ld" , sizeof (a)) ;
}
```

① 10　　　　　　　　　　　　② 20
③ 40　　　　　　　　　　　　④ 80

해설　long a[4][5] 의 2차원 배열에 대한 그림은 다음과 같다.

a	[0]	[1]	[2]	[3]	[4]
[0]					
[1]					
[2]					
[3]					

총 20개의 기억장소가 확보되는데 각 기억장소가 long 형이므로 4바이트의 크기를 갖는다.
sizeof(a) 의 의미는 배열 a의 총 크기를 의미하므로 20개 * 4 바이트 = 80 바이트이다.

10. 다음 C 언어 프로그램을 실행했을 경우의 출력 결과로서 옳은 것은?

```
#include <stdio.h>
void main()
{ int a = 1 , b = 3 , c = 5 , d = 100 , e = 200 , f = 50 , g = 30 ;
  if(b > c) if(d > e) if(f > g) a = 10 ;
  else a = 20 ; else a = 30 ;
  printf("%d" , a) ;
}
```

① 1　　　　　　　　　　　　② 10
③ 20　　　　　　　　　　　　④ 30

해설　if(b > c) if(d > e) if(f > g) a = 10 ;
　　　else a = 20 ; else a = 30 ;
위의 문장을 정리하면 다음과 같다. if 문은 3개인데 else 문은 2개이므로 안쪽 if 문부터 짝을 채운다.
이 if 문에 대한 else 는 없다.

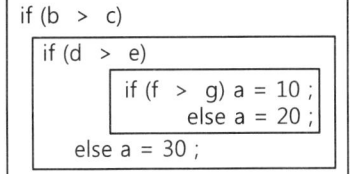

if(b > c) 문에서 b 의 값이 c 의 값보다 큰가의 물음에 의해 거짓이므로 수행할 else 문이 없다. 그러므로 a 값을 처음 초기화 한 1의 값을 출력하게 되는 것이다.

11. 다음 C 언어 프로그램을 실행했을 때의 출력 결과로서 옳은 것은?

```
#include <stdio.h>
void increment()
{ int x = 5 ;
  static int y = 5 ;
  printf("%5d %5d" , ++x , ++y) ;
}
void main()
{ increment() ; increment() ; }
```

① 6 6 6 6
② 6 6 7 6
③ 6 6 7 7
④ 6 6 6 7

해설 static을 붙여 정의한 변수는 compile 시에 기억 장소 확보와 함께 0으로 초기화를 시킨다. 그러나 static를 붙이지 않은 경우(auto 가 생략된 것이다.)는 프로그램 실행 시에 기억장소를 확보한다. 즉, 변수 x 는 increment() 함수를 호출할 때마다 새로이 잡히는 변수이다. 호출될 때마다 x 는 5 로 초기화되고 1 증가된 값이 6이 항상 출력되게 되는 것이다. 그러나 변수 y는 번역시에 5로 초기 화되고 호출될 때마다 1 증가 된 값이 출력되게 된다.

12. 다음 C 언어 프로그램의 main 함수에서 split(126)으로 호출하였을 때 출력되는 결과는 무엇인가?

```
void split(int num)
{ int i ;
  for(i = 2 ; ; i++)
  if(num % i) continue ; else break ;
  if(num - i) split(num / i) ;
  printf("%5d" , i) ;
}
```

① 2 3 3 7
② 7 3 3 2
③ 1 2 3 6 7 18 21 42 63 126
④ 126 63 42 21 18 7 6 3 2 1

해설 되부름을 이용한 소인수 분해의 결과를 얻기 위한 프로그램이다. 126 에 대한 소인수 분해는 2 3 3 7 인데 되부름 호출에 의해 되돌아가면서 출력하기 때문에 역순으로 출력하게 된다 즉, 7 3 3 2 로 출력되는 것이다. printf() 함수를 되부름 함수 앞에 오게하면 2 3 3 7 로 출력될 것이다.

13. 다음 C 언어에서 f(12,4)의 결과는?

```
int f(int a , int b)
{ return b ? f(b, a % b) : a ; }
```

① 12
② 8
③ 4
④ 3

해설 되부름을 이용한 최대 공약수를 구하는 프로그램이다. 즉, 12와 4에 대한 최대 공약수는 4이다.
b의 값이 참(0 아닌 수)이면 계속 되부름을 부른다. b 의 값이 거짓(0) 이면 a 의 값을 되돌린다. 이 a의 값이 최대 공약수이다.
처리순서 : f(12,4) → f(4,0) → 4

14. 다음과 같이 정의되어 있는 프로그램에서 *ptr + 2 와 *(ptr + 2)의 값으로 옳은 것은?

```
static int a[5] = {20, 30, 40, 50, 60} ;
int *ptr = a ;
```

① 22 와 32
② 22 와 40
③ 30 과 22
④ 40 과 22

해설 선언된 1차원 배열의 내용을 그림으로 그리면 다음과 같다.

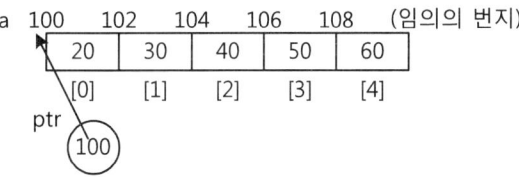

포인터 변수 ptr 에 100(번지)이 기억되어 있다.

*ptr + 2 의 의미는 ptr 이 가리키는(ptr 앞에 붙어있는 * 에 의한 해석) 자료에 2를 더한 결과는 22(ptr이 가리키고 있는 곳의 값 20 + 2)이다. *(ptr + 2) 의 의미는 ptr 이 가지고 있는 번지(100번지)에 2를 더하는 의미는 100번지로부터 오른쪽으로 2 블록 떨어진 곳의 번지를 의미한다. 그러므로 104 번지가 된다. 여기에 * 에 의해 104번지가 가리키는 곳의 내용이 된다. 104번지가 가리키는 곳의 내용은 40이다.

15. 다음 C 언어 프로그램의 실행 후의 결과로 옳은 것은?

```
#define MAX 5
int prin(int) ;
void main(void)
{ prin(MAX) ; }
int prin(int n)
{ if(n > 1) prin(n-1) ; printf("%5d" , n) ; }
```

① 1 1 1 1 1　　　　　　　　② 5 5 5 5 5
③ 1 2 3 4 5　　　　　　　　④ 5 4 3 2 1

해설 되부름 함수에 의한 결과를 출력하는 프로그램이다.

변수 n의 값이 1 보다 큰 동안 계속 되부른 후 n 의 값이 1이면 if 문의 조건이 거짓이므로 호출된 역순으로 되돌아가면서 n의 값을 출력하게 된다. 그러므로 1 2 3 4 5 가 출력 된다. 만일 printf() 함수가 if 문 앞에 나타나면 되부름을 호출하면서 출력하게 되므로 5 4 3 2 1 로 출력하게 될 것이다.

16. 다음 C 언어 프로그램을 실행한 후에 출력되는 결과로 옳은 것은?

```
#include <stdio.h>
void main()
{ long a[5] = {2, 4, 6, 8 ,10} , *ptr1 , *ptr2 ;
  ptr1 = a ; ptr2 = &a[4] ;
  printf("%d" , ptr2 - ptr1) ;
}
```

① 4　　　　　　　　　　　　② 16
③ error　　　　　　　　　　④ 알 수 없다.

해설 선언 부분 long a[5] = {2, 4, 6, 8 ,10} , *ptr1 , *ptr2 ; 에 대한 그림은 다음과 같다.

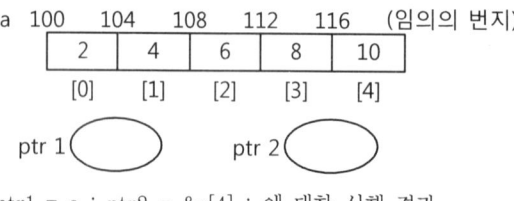

ptr1 = a ; ptr2 = &a[4] ; 에 대한 실행 결과

ptr 1　　　　　ptr 2
 100　　　　　 116

배열명은 배열의 시작번지와 같다.(symbol 주소) 그러므로 위의 경우는 배열명 a 는 100(번지)이다. ptr2 - ptr1 에 대한 연산은 ptr2 가 116(번지) 이고 ptr1 은 100(번지) 이므로 4 의 값이 결과이다. 번지에 대한 연산은 + 와 - 연산만이 가능한데 주소에 대한 연산은 산술 연산의 결과가 아니다. 116 번지와 100번지의 간격이 4 블록 떨어진 것을 의미하는 것이다.

17. 다음 C 언어 프로그램의 실행결과로 옳은 것은?

```
#include <stdio.h>
voi main()
{ static char *card[] = {"CLUB" , "DIAMOND" , "HEART" , "SPADE"};
  char **ptr = card ;
  printf("%s" , *++ptr+2) ;
}
```

① UB ② WB
③ AMOND ④ EART

해설 선언을 그림으로 그리면 다음과 같다.

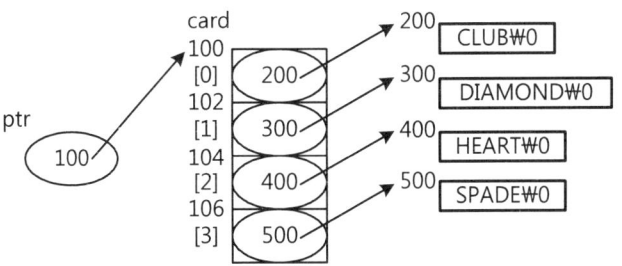

*++ptr+2 에 대한 연산은 다음과 같다.

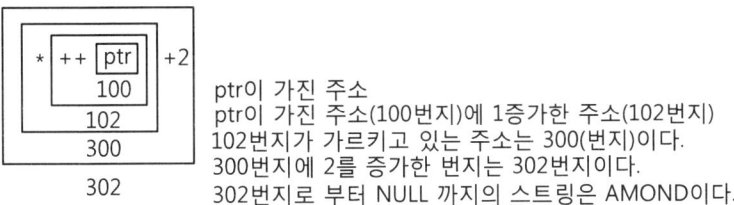

ptr이 가진 주소
ptr이 가진 주소(100번지)에 1증가한 주소(102번지)
102번지가 가르키고 있는 주소는 300(번지)이다.
300번지에 2를 증가한 번지는 302번지이다.
302번지로 부터 NULL 까지의 스트링은 AMOND이다.

스트링 출력(%s)은 출력하고자하는 스트링의 시작번지를 주어야한다. 그러면 그 주소로부터 NULL 을 만날 때까지의 스트링을 출력한다.

전자계산기 일반

18. 다음 C 언어 프로그램의 의미를 옳게 부여한 것은 어느 것인가?

```
#include <stdio.h>
void main()
{ char *ptr1 = "SEOUL" , *ptr2 = "INFORMATION" , *ptr3 ;
  for(ptr3 = ptr1 ; *ptr1 = *ptr2 ; ptr1++ , ptr2++) ;
}
```

① 스트링의 길이   ② 스트링의 복사
③ 스트링의 비교   ④ 스트링의 합성

해설   ptr3 = ptr1 은 시작번지를 복사한 의미
*ptr1 = *ptr2 는 ptr2가 가리키는 문자를 ptr1이 가리키는 곳에 저장하고 NULL 이 아닌 동안 반복
ptr1++ , ptr2++ 는 ptr1 과 ptr2 모두 다음 문자의 위치를 나타내기 위해 1씩 증가
전체적으로 ptr2가 가진 스트링을 ptr1의 위치에 복사하는 것으로 스트링 복사의 의미이다.

19. 다음 C 언어 프로그램의 의미를 맞게 부여한 것은 어느 것인가?

```
#include <stdio.h>
void main()
{ char *ptr1 = "SEOUL" , *ptr2 = "INFORMATION" , *ptr3 ;
  ptr3 = ptr1 ; while(*ptr1 != '\0') ptr1++ ;
  while(*ptr1++ = *ptr2++) ;
}
```

① 스트링의 길이   ② 스트링의 복사
③ 스트링의 비교   ④ 스트링의 합성

해설   ptr3 = ptr1 은 ptr1 의 시작 번지를 ptr3에 복사한다.
while(*ptr1 != '\0') ptr1++ ; 는 ptr1이 가리키고 있는 문자가 '\0' 이 아닌 동안 ptr1을 1씩 증가한다. 결국은 ptr1은 NULL 번지를 가리키게 된다.
while(*ptr1++ = *ptr2++) ; ptr2가 가리키는 문자를 ptr1 이 가리키는 곳에 복사하는데 ptr2가 가리키는 문자가 NULL이 아닌 동안 복사하게 된다. 마지막에 ptr2가 가리키는 문자 NULL을 ptr1 이 가리키는 곳에 저장하고 while 문을 빠져 나온다. 이것은 ptr1 의 스트링 뒤에 ptr2의 스트링을 붙이는 의미이다. 이것을 스트링 합성이라고 한다.

20. 다음 C 언어 프로그램의 실행결과는 무엇인가?

```c
#include <stdio.h>
#define SQUARE(x) x*x
void main()
{ int a = 9 ;
  printf("%d" , SQUARE(a+1)) ;
}
```

① 100
② 90
③ 81
④ 19

해설 매크로 정의에 대한 것으로 번역보다 앞서서 먼저 치환이 일어난다. 그러므로 SQUARE(a+1) 이 a + 1 * a + 1 로 치환이 된다. 이때 변수 a 값이 9 이므로 이식에 대입하면 9 + 1 * 9 + 1 의 결과인 19가 되는 것이다.

정답
01 ④ 02 ① 03 ② 04 ② 05 ② 06 ③ 07 ① 08 ③ 09 ④ 10 ①
11 ④ 12 ② 13 ③ 14 ② 15 ③ 16 ① 17 ③ 18 ② 19 ④ 20 ④

전자계산기 일반

제 19 회 ▶ 전자 계산 일반 예상 문제

1. 다음 C 언어 프로그램의 실행결과는 무엇인가?

   ```
   int x ;
   void sub(int x)
   { x = 5 ; x += 3 ; }
   void main()
   { x = 10 ;
     sub(x) ; printf("%5d" , x) ;
   }
   ```

   ① 8
   ② 10
   ③ 13
   ④ error

   해설 총괄 변수와 지역 변수에 대한 처리인데 변수 x 는 총괄 변수로 선언되었다. 그런데 이 총괄 변수 x 의 값을 인수에 의해 넘겨준 것은 가인수 x 는 그 함수에서만 적용되는 지역변수를 의미한다. sub() 함수 내에서 사용된 x 는 지역변수이다. sub() 함수 내에서 x 값을 5로 하고 3을 증가시켜 8로 되었다하더라도 main() 함수로 되돌아 와서의 x 값은 여전히 총괄 변수로서의 값인 10으로 출력하게 되는 것이다.

2. 구조체로 화면의 점을 나타낼 수 있는 자료형 point를 선언하려고 한다. typedef 문으로 바르게 선언한 것은? (단, 점은 2개의 정수형 자료가 필요하다)

   ① typedef point struct { int x ; int y ; } ;
   ② typedef struct { int x ; int y ; } point ;
   ③ typedef struct point { int x ; int y ; }
   ④ typedef point { int x ; int y ; } struct ;

   해설 typedef 형식

typedef	기정의 타입명	사용자 정의 타입명
typedef	struct { }	point

3. C 언어 연산자 중에서 a –〉b 의 표현과 같은 것은 어느 것인가?
   ① a.(*b)   ② *a.b
   ③ (*a).b   ④ *(a.b)

   해설 –〉 연산자가 만들어진 이유는 구조체 연산자 . 보다 포인터 연산자 * 가 연산의 우선 순위가 나중이기 때문에 먼저 수행하기 위해 인위적으로 ( )를 사용할 수밖에 없게 됨에 간결하게 표현하기 위한 것이다.

4. 다음 C 언어 프로그램의 수행 후의 결과는?

   ```
   a = 5 ; b = 7 ;
   a ^= b ; b ^= a ; a ^= b ;
   printf("%5d %5d", a , b) ;
   ```

   ① 5 7   ② 7 5
   ③ 2 5   ④ 7 2

   해설 a ^= b ; b ^= a ; a ^= b ; 의 식은 두 변수 a,b 의 값을 교환하는 식이다. ^ 는 Exclusive OR 연산으로 같은 값이면 0, 다른 값이면 1의 결과가 된다.

   ```
         a = 5 = 0000  0101
      ^  b = 7 = 0000  0111
      ^          0000  0010 = a = 2
                 0000  0101 = b = 5
                 0000  0111 = a = 7
   ```

5. 다음 C 언어 프로그램의 수행결과는?

   ```
   #include <stdio.h>
   void main()
   { int a = 8 , b ;
   b = a > 5 && a <= 10 ; printf("%d" , b) ;
   }
   ```

   ① -1   ② 0
   ③ 1   ④ Error

   해설 b = a > 5 && a <= 10   논리연산자보다 관계연산자가 우선 순위가 높다.
          8 > 5   8 <= 10
           참 &&   참
               참

[전자계산기 일반]

C 언어에서 참은 1로, 거짓은 0으로 기억된다. 참고로 Visual BASIC에서는 참인 경우는 -1로, 거짓인 경우는 0으로 기억된다.

6. 다음 프로그램의 실행결과는?

```
#include <stdio.h>
void main(void)
{ int loop1 , loop2 , temp ;
  static int a[] = {34, -33 , 0 ,1 , 3 , 7 , 9 , -34} ;
  for(loop1 = 0 ; loop1 < 7 ; loop1++)
  for(loop2 = 0 ; loop2 < 7 - loop1 ; loop2++)
  if(a[loop2] > a[loop2+1])
{ temp = a[loop2] ;
  a[loop2] = a[loop2 + 1] ;
  a[loop2 + 1] = temp ;
}
  for(loop1 = 0 ; loop1 <= 7 ; loop1++)
  printf("%4d", a[loop1]) ;
}
```

① -34 -33 0 1 3 7 9 34
② 34 9 7 3 1 0 -33 -34
③ 0 1 3 7 9 -33 -34 34
④ 34 -34 -33 9 7 3 1 0

해설 배열의 내용을 버블 정렬에 의한 오름차순으로 정렬하여 출력하는 프로그램이다.

7. 다음 C 언어 프로그램의 출력되는 결과에 대한 설명이 바른 것은?

```
#include <stdio.h>
void main()
{ static int i , a , b ;
  for(i = 1 ; i <= 10 ; i++)
      { a += i ; i++ ; b += i ; }
  printf("%8d %8d", a,b) ;
}
```

① for 문안에서 제어 변수 i에 대한 변경으로 compile error이다.
② 변수 a와 b에 대하여 초기화를 하지 않았기 때문에 결과값을 알 수 없다.
③ 변수 a의 결과는 1~10까지에 대한 홀수의 합이고 b의 결과는 짝수의 합이다.
④ static을 붙이지 않아도 동일한 결과를 얻는 프로그램이다.

[해설] for(i = 1 ; i <= 10 ; i++) 의 조건식에서 변수 i 의 초기값은 1 로서 홀수이다.
a += i 의 식에서 변수 a 에 누적되는 값은 i 의 값인데 홀수들의 합이 되고 이어서 나타난 i++ 의 식에 의해 짝수가 되어 b += i 의 식에서는 변수 b 에 누적되는 값이 짝수들의 합이 되게 된다. 다시 for 문 조건의 i++ 를 만남으로서 홀수가 되어 계속적인 홀수와 짝수의 반복으로 나타난다.

8. 다음 C 언어 프로그램에서의 구조체 선언으로 링크드 리스트(Linked list) 형태로 운영하고자 할 때 빈칸에 알맞은 선언은?

```
struct rec { int no ; char name[30] ;
            int kor, eng, mat, total ;
            float mean ;
            [ ] ptr ;
} ptr ;
```

① rec ② rec *
③ struct rec ④ struct rec *

[해설] 자신의 형태(struct rec)를 호출하는 포인터(*) 변수이어야 한다.

9. 다음 C 언어 프로그램을 수행한 후의 출력결과는?

```
#include <stdio.h>
void main()
{ static int a[3][4]={{10,11,12}, {13,14,15}, {16,17,18}} ;
  printf("%d", a[1][3]) ;
}
```

① 0 ② 12
③ 17 ④ garbage

[해설] 배열에 기억되는 형태는 다음과 같다.

a	[0]	[1]	[2]	[3]
[0]	10	11	12	0
[1]	13	14	15	**0**
[2]	16	17	18	0

static으로 선언되었기 때문에 초기 값을 주지 않은 곳은 0으로 초기화된다. static을 붙이지 않은 경우는 동적 할당의 의미로서 초기화하지 않은 곳은 0으로 초기화 해 주지 않기 때문에 garbage가 기억되어 있게 된다.

10. 다음 C언어 프로그램으로 1～100 사이의 숫자들 중에 짝수의 합을 구하려고 할 때 [ ] 안에 들어갈 if 의 조건식으로 옳은 것은?

```
#include <stdio.h>
void main()
{ static int cnt, sum ;
  for(cnt = 1 ; cnt <= 100 ; cnt++)
  if([ ]) sum += cnt ;
  printf("%5d", sum) ;
}
```

① cnt % 2
② cnt / 2
③ (cnt-1) % 2
④ (cnt-1) / 2

해설 cnt % 2 의 값이 0 이면 짝수 조건인데 0의 의미가 거짓이므로 sum += cnt 문장을 수행하지 않는다. cnt % 2 의 값이 1 이면 홀수 조건인데 1의 의미가 참이므로 sum += cnt 문장을 수행하게 된다. 결국은 홀수의 합을 구하게 된다. 짝수의 합을 구해야하므로 조건식을 !(cnt % 2) 로 사용하여도 되고 (cnt-1) % 2를 사용하여도 된다.

11. 다음 C언어 프로그램의 수행결과로 옳은 것은?

```
#include <stdio.h>
void main()
{ char *str = "Wally" , *ptr ;
  ptr = str ; while(*ptr != '|0') ptr++ ;
  printf("%d", ptr − str) ;
}
```

① 5
② 6
③ 7
④ 8

해설 스트링의 길이를 구하기 위한 프로그램이다. 스트링의 끝인 '\0' 인 번지로부터 스트링의 시작 번지를 빼면 스트링의 길이가 된다.

12. 다음과 같이 C 언어 프로그램에서의 선언 시 *ptr - 2 의 값과 ptr[-2]의 값으로 옳은 것은?

```
static int a[5] = {5, 10, 15, 20, 25} ;
int *ptr = a + 3 ;
```

① 18 10
② 3 18
③ 13 3
④ 음수 첨자를 사용했기 때문에 error

해설

a	100	102	104	106	108
	5	10	15	20	25
	[0]	[1]	[2]	[3]	[4]

ptr 이 기억하고 있는 주소는 a + 3 이므로 106을 기억하고 있다. *ptr - 2 는 ptr 이 가리키고 있는 내용에서 2를 뺀 값이므로 106번지가 가리키는 값 20에서 2를 빼면 18의 결과를 갖는다. ptr[-2] 의 의미는 ptr 번지(106 번지)로부터 2블럭 전의 번지는 102 번지가 된다. 이 102 번지가 가리키는 내용인 10을 의미하는 것이다. 즉 ptr[-2] 는 *(ptr - 2) = *(106 - 2) = *102 = 10 의 의미이다.

13. 다음 C 언어 프로그램 수행 후의 출력되는 결과가 맞는 것은?

```
#include <stdio.h>
void main(void)
{ char *ptr1 = "SEOUL", *ptr2 = "INFORMATION" , *ptr3 ;
  for(ptr3 = ptr1 ; *ptr1 = *ptr2 ; ptr1++, ptr2++) ;
  printf("%s", ptr3) ;
}
```

① SEOUL   ② INFORMATION
③ SEOULINFORMATION   ④ O

해설 스트링 복사의 의미를 가지는 프로그램이다. 복사가 되는 의미의 식은 *ptr1 = *ptr2 의 식에서 ptr2가 가리키는 문자가 ptr1이 가리키는 곳에 할당한 후 할당된 내용이 참인 동안 반복하고 거짓이면 반복을 빠져나간다. 거짓인 경우는 ptr2가 가리키는 내용이 NULL 인 경우이다.

전자계산기 일반

14. 다음 C 언어로 작성한 프로그램에 대한 설명으로 바른 것은?

```c
#include <stdio.h>
void main(void)
{ int x, y, z ;
  int data[10] = {32,65,47,86,71,30,92,33,25,58} ;
  for(x = 0 ; x < 9 ; x++)
  for(y = 0 ; y < 9 - x ; y++)
  if(data[y] > data[y+1])
  { z = data[y] ; data[y] = data[y+1] ;
    data[y+1] = z ; }
  for(x = 0 ; x < 10 ; x++) printf("%5d", data[x]) ;
}
```

① selection sort에 의한 오름차순 정렬이다.
② selection sort에 의한 내림차순 정렬이다.
③ bubble sort에 의한 오름차순 정렬이다.
④ bubble sort에 의한 내림차순 정렬이다.

해설 if(data[y] > data[y+1]) 식에서의 부등호가 > 이므로 오름차순이고 data[y] 와 data[y+1] 의 의미가 이웃하는 자료끼리의 비교이므로 bubble sort 가 된다.

15. C 언어 프로그램에서 다음과 같이 정의되어 있을 때 *(*(a + 2) + 1) 의 값으로 옳은 것은?

```
static int a[4][4] = { {1,2,3,4},{5,6,7}, {8,9} } ;
```

① 0　　　　　　　　　　　　② 7
③ 8　　　　　　　　　　　　④ 9

해설 4행 4열의 배열에 기억되는 값은 다음과 같다. 빈자리는 0 으로 기억된다.(static으로 선언했기 때문)

a	0	1	2	3
0	1	2	3	4
1	5	6	7	0
2	8	9	0	0
3	0	0	0	0

((a + 2) + 1) 는 a[2][1] 의 의미이다. 그러므로 9 가 출력된다.

만일 static int a[4][4] = {1,2,3,4,5,6,7,8,9} ;와 같이 선언했다면 배열에 기억되는 형태는 다음과 같다.

a	0	1	2	3
0	1	2	3	4
1	5	6	7	8
2	9	0	0	0
3	0	0	0	0

16. 다음 C 언어 프로그램의 실행 후의 출력되는 결과로 옳은 것은?

```
#define SQUARE(x) x + 2 * x + 3
void main()
{ int p = 3 ;
  printf("%d" , SQUARE(p+1) ) ;
}
```

① 14 ② 15
③ 30 ④ 42

해설 define 의 의미는 치환의 의미를 갖고 있다. p+1 은 x 로, x 의 자리에 p+1 의 식을 그대로 넣어서 치환한다. p + 1 + 2 * p + 1 + 3 의 식이 되므로 p 값에 3을 대입하여 계산하면 3 + 1 + 2 * 3 + 1 + 3 = 4 + 6 + 4 = 14 가 된다.

17. 다음 C 언어 프로그램의 수행 후의 출력되는 결과로 옳은 것은?

```
#include <stdio.h>
int x = 5 ;
void increment()
{ int y = 5 ; static int z = 5 ;
  printf("%5d %5d %5d" , ++x, ++y, ++z ) ;
}
void main()
{ increment() ; increment() ; }
```

① 6 6 6 7 7 7 ② 6 6 6 6 6 7
③ 6 6 6 6 7 7 ④ 6 6 6 7 6 7

해설 x와 z는 정적변수이고 y는 동적변수이다. 정적변수는 번역시에 기억장소 확보와 함께 초기화되기 때문에 실행할 때 마다 1씩 증가하는 값을 계속 유지하고 있다. 동적 변수는 실행 시에 할당되고 초기화되기 때문에 매 실행시마다 5의 값으로 초기화 하면서 1 증가한 값인 6의 값을 항상 갖게 된다.

전자계산기
일반

18. 다음 C 언어에서의 -5 % 2 의 결과는?
   ① -1
   ② 1
   ③ -2
   ④ 2

   해설 % 는 나머지 구하는 연산자이며 나머지 연산의 결과에 대한 부호는 피젯수의 부호가 되어야한다. 그러므로 -1이 된다. 5 % 2 는 1 , 5 % -2 도 1, -5 % 2 는 -1, -5 % -2 도 -1이 된다.

19. 다음 C 언어 프로그램을 수행한 후의 출력되는 결과는?

   ```
   #define MAX 5
   int prin(int) ;
   void main()
   { prin(MAX) ; }
   int prin(int n)
   { printf("%5d", n) ;
       if(n > 1) prin(n-1) ;
   }
   ```

   ① 1 1 1 1 1
   ② 5 5 5 5 5
   ③ 1 2 3 4 5
   ④ 5 4 3 2 1

   해설 되부름을 호출하면서 출력하므로 5 4 3 2 1 의 결과가 된다.

20. 다음은 C 언어에서 두 수의 값을 교환하기 위한 swap( ) 함수이다. 두 수의 값이 교환되도록 ( ) 안에 알맞은 문장을 넣으면?

   ```
   void swap(int *x , int *y)
   { int temp ;
       temp = *y ; ( ) *x = temp ;
   }
   ```

   ① *x = *y ;
   ② *y = *x ;
   ③ temp = *x ;
   ④ *y = temp ;

   해설 교환식이 되려면 대각선으로 변수끼리 같으면 된다.

정답
01 ②　02 ②　03 ③　04 ②　05 ③　06 ①　07 ③　08 ④　09 ①　10 ③
11 ①　12 ②　13 ②　14 ③　15 ④　16 ①　17 ④　18 ①　19 ④　20 ②

객관식 예상 문제

제 20 회 ▶ 전자 계산 일반 예상 문제

1. 다음 C 언어 프로그램의 수행 후의 출력되는 결과는 무엇인가? (단, Little Endian 으로 적용)

   ```
   #include <stdio.h>
   void main()
   { long no = 0x41004243 ;
     printf("%s" , &no) ;
   }
   ```

   ① A   ② CB
   ③ A BC   ④ CB A

   [해설] 역순으로 출력되는데 00 의 의미는 NULL 의 의미로서 스트링의 끝을 의미한다.

2. 다음 C 언어 프로그램의 수행 후의 출력되는 결과로서 옳은 것은?

   ```
   int a , b ;
   a = 2 ; b = 3 ; printf("%8d" , a << 3 + b) ;
   ```

   ① 11   ② 19
   ③ 64   ④ 128

   [해설] << 연산자보다 + 연산자의 우선 순위가 더 높다.
       a << 3 + b
       2 << 3 + 3
           6
       2 * 2의 6승 = 2 * 64 = 128

3. 다음 C 언어 프로그램의 수행 후의 출력되는 결과로서 옳은 것은?

   ```
   printf("%8d", sizeof(long) + sizeof( "KOREA이재환" )) ;
   ```

   ① 12   ② 15

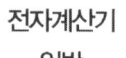

③ 16 ④ 17

해설 sizeof(long) + sizeof(" KOREA 이재환")
         4   +   12   = 16

한글 1자는 2byte를 차지하며 스트링의 끝을 나타내는 NULL 값이 기억되는 1byte의 크기를 차지한다.

4. 다음 C 언어 프로그램을 수행한 후에 출력되는 결과로 옳은 것은?

```
float a[5][4] ;
printf("%8d", sizeof(a) + sizeof(a[2]) + sizeof(a[3][1])) ;
```

① 12   ② 25
③ 90   ④ 100

해설 sizeof(a) + sizeof(a[2]) + sizeof(a[3] [1])
        80   +   16   +   4   = 100

배열명 a 의 크기는 배열 전체의 크기이므로 4(float의 크기) * 20개(4행 5열이므로) = 80 이 된다. a[2] 의 크기는 배열의 2행 전체의 크기이므로 4(float의 크기 * 4개(각 행의 열의 개수) = 16 이 된다. a[3][1] 의 크기는 하나의 기억장소의 크기이므로 4 byte 크기이다.

5. 다음 C 언어 프로그램의 수행 후의 출력되는 결과로서 옳은 것은?

```
printf("%d",sizeof('A')+sizeof(123L)+sizeof(123.5)+sizeof("KOREA ")) ;
```

① 8   ② 9
③ 14   ④ 19

해설 sizeof('A') + sizeof(123L) + sizeof(123.5) + sizeof("KOREA")
         1   +   4   +   8   +   6   = 19

문자 = 1 byte , Long = 4 byte , 실수값 = 8 byte(실수의 기본은 double이다.)
스트링 = NULL 까지 포함한 길이

6. 다음 C언어 프로그램을 수행한 후에 출력되는 결과는?

```
#include <stdio.h>
void main()
{ int a = 1 ;
   (a += 8) *= 2 ; printf("%d" , a) ;
}
```

① Error(L-value required) ② 16
③ 18   ④ 1

해설 (a += 8) *= 2 ;

a는 9를 기억하고 있다. *= 2 의 연산에 의해 변수 a의 값을 2배하여 저장한다. 그러므로 18의 값을 기억하게 된다. 괄호가 없으면 ①항의 결과가 나타난다.

7. C 언어 프로그램에서 다음과 같이 정의하였을 때 틀린 설명은?

```
typedef struct abc { int no ; char name[30] , tel[20] ;
                    struct abc *ptr ; } node ;
```

① 구조체 type에 대한 type 명을 재정의하는 문장이다.
② 링크드 리스트 형태로 사용하기 위한 구조이다.
③ name 에 기억될 수 있는 문자는 최대 29문자까지이다.
④ node 는 구조체 변수명이다.

해설 typedef 없이 선언했다면 node 가 구조체 변수명이지만 typedef에 의해 type 명을 재정의 한 것이므로 구조체 타입명이 된다.

[전자계산기 일반]

8. C 언어 프로그램에서 다음과 같이 정의하였을 때 허용되지 않는 항으로 맞는 것은?

```
#include <stdio.h>
#include <alloc.h>
void main( )
{ void *a , *c , *d ; int *b , *e ;
   a = malloc(100) ; ................ (가)
   b = (int *)malloc(200) ; .......... (나)
   c = 2000 ; .................... (다)
   d = (void *)3000 ; ................ (라)
   e = (int *)4000 ; ................ (마)
}
```

① (다) ② (다), (라)
③ (가), (다) ④ (가), (다), (라)

해설 포인터 변수에 직접 정수 값을 할당할 수 없다.

9. 다음은 C 언어로 작성한 선언 부분이다. 설명 중 틀린 것은?

```
#define MAX 100
int a , *b , c[10] ;
```

① MAX 는 자료 상수이다. ② a 는 자료 변수이다.
③ b 는 포인터 변수이다. ④ c 는 포인터 변수이다.

해설 배열명은 포인터 변수가 아니라 포인터 상수(주소 상수)이다.

10. 다음 C 언어 프로그램의 수행 후 출력되는 결과로서 옳은 것은?

```
char *p = "findwally" , *str ;
str = p + 4 ;
printf("%c %c" , *str , *str + 3) ;
```

① wally ly ② w l
③ w z ④ d g

해설
100	101	102	103	104	105	106	107	108	109
f	i	n	d	w	a	l	l	y	\0
[0]	[1]	[2]	[3]	[4]	[5]	[6]	[7]	[8]	[9]

└─ str(104) : str = p + 4 에 의해 str 은 104 가 된다.

*str : str(104) 이 가리키는 곳의 내용은 'w' 이다.

*str + 3 : str(104) 이 가리는 곳의 내용('w') 에 3을 더한 내용은 'z' 가 된다. 즉 'w' + 3 = 'z' 이다.

11. 다음 중 C 언어에서 2차원 배열이 아래와 같이 선언되었을 경우 p[4] + data [1][1] 는?

```
int data[2][3] = {1,2,3,4,5,6} , *p ;
p = (int *)data ;
```

① 6
② 7
③ 10
④ 11

해설

1	2	3	4	5	6
data[0][0]	data[0][1]	data[0][2]	data[1][0]	data[1][1]	data[1][2]
p[0]	p[1]	p[2]	p[3]	p[4]	p[5]

12. C 언어에서 다음 명령문이 실행될 경우, 실행 후의 i 의 값은?

```
int a[2][2] = {{120,220},{320,420}} ;
int *p , i ;
p = &a[0][0] ; i = *(p + 1) ;
```

① 120
② 220
③ 320
④ 420

해설

120	220	320	420
a[0][0]	a[0][1]	a[1][0]	a[1][1]
p[0]	p[1]	p[2]	p[3]

*(p + 1) 은 p[1] 의 의미와 같다.

13. 다음 C 언어 코드에서 변수 sum의 값은?

```
#define add(x,y) x + y
sum = add(2,3) * add(4,5) ;
```

① 14
② 15
③ 19
④ 45

해설 sum = add (2, 3) * add(4, 5)

2 + 3 * 4 + 5 = 2 + 12 + 5 = 19

14. 다음 C 언어 프로그램에서의 출력되는 결과는?

```
#include <stdio.h>
void main()
{ char *c[3] = {"PASCAL", "BASIC", "FORTRAN"}, **p ;
  p = c ; printf("%c\n", *(*p + 4)) ;
}
```

① C
② SCAL
③ A
④ L

[해설] *(*p + 4) 의 의미는 p[0][4] 와 같다. p[0][4] 는 c[0][4] 와 같은 의미이다. c[0] 에는 "PASCAL" 을 가지고 있는데 c[0][4] 는 "PASCAL" 스트링의 시작위치로부터 4번째 첨자 위치의 문자를 의미하므로 'A' 가되는 것이다.

15. 다음 C 언어에서 L-Value가 될 수 없는 것은 어느 것인가?

① (int x[10]으로 선언) x[5]
② (int *p 로 선언) p
③ (float y[5][6]으로 선언) y
④ (char u 로 선언) u

[해설] L-value 는 변수 이어야한다. 자료 변수 또는 포인터 변수이어야 한다. 상수가 올 수 없다. 배열명은 주소 상수를 의미하므로 L-value 가 될 수 없다.

16. 다음 C 언어에서 출력의 결과가 104가 되기 위한 ☐ 칸에 알맞는 식은?

```
#include <stdio.h>
void main()
{ void *a ;
  a = (void *)100 ;
  a = ;  ☐  printf("%u", a) ;
}
```

① (long)a + 1
② (long *)a + 1
③ (long *)a + 4
④ a + 4

[해설] 포인터 변수에 임의의 주소를 넣으려면 반드시 캐스팅을 해야한다. 100번지로부터 104번지가 되려면 4만큼 증가되어야 하므로 4 만큼의 크기를 갖는 type으로 캐스팅(casting)하면 된다. ①의 식은 error이고, ②의 식은 104가 되고, ③의 식은 116 이 되고, ④의 식은 error이다.

17. 다음 C 언어 프로그램의 [____] 칸에 올 수 있는 식은 어느 것인가?

```
#include <stdio.h>
void main()
{ int a[10] = {1,2,3,4,5,6,7,8,9,10}, i ; void *ptr = a ;
    [____] ; printf("%d", i) ;
}
```

① i = *ptr
② i = *(ptr + 5)
③ i = *((int *)ptr + 5)
④ i = *(int *)(ptr + 5)

해설 void type 의 주소들은 시작 주소만 알려준 것이고 길이는 알려주지 않은 것이므로 반드시 캐스팅이 필요하다. 프로그램의 출력되는 결과는 ③항의 식(i = a[5]의 의미)인 경우는 6의 결과가 된다.

18. 다음 C 언어 프로그램 수행 후의 출력되는 결과가 맞는 것은?

```
#include <stdio.h>
void main()
{ int a = 2 , b = 2 , c = 2 ;
    a <<= b *= c += 1 ; printf("%d %d %d", a , b, c) ;
}
```

① 64 6 3
② 128 6 3
③ 32 4 3
④ 8 4 3

해설
a <<= b *= c += 1
c = c + 1 : 2 + 1 → 3
b = b * c : 2 * 3 → 6
a = a << b : 2 * 2의 6승 = 2 * 64 → 128

19. 다음 C 언어에서 출력의 결과가 맞게 된 것은?

```
#include <stdio.h>
void a() ;
void b() ;
void main()
{ void (*ptr)() ;
  ptr = a ; ptr() ; ptr = b ; ptr() ;
}
void a() { printf("이재환 ") ; }
void b() { printf("이정식 ") ; }
```

① 이재환이재환
② 이재환이정식
③ 이정식이재환
④ 이정식이정식

해설 배열명이 그 배열의 시작 주소를 의미하는 심볼 주소(Symbol address)이듯이 함수명도 그 함수의 시작을 의미하는 심볼 주소이다. void (*ptr)() ; 선언은 함수에 대한 선언이다. 명칭 뒤에 ()에 의해 함수임을 알 수 있다.
ptr = a ; ptr() ; 은 a 함수의 주소를 ptr 에 기억시키고 ptr()에 의해 a 함수를 호출한 것과 같다.
ptr = b ; ptr() ; 은 b 함수의 주소를 ptr 에 기억시키고 ptr()에 의해 b 함수를 호출한 것과 같다.

20. 다음 C 언어 프로그램에서 [ ] 안에 올 수 없는 것은?

```
#include <stdio.h>
void main()
{ char [ ] = {"KOREA", "USA", "JAPAN", "CHINA"} ; }
```

① a[2][4][10]
② a[4][10]
③ *a[4]
④ **a

해설 **a 는 하나의 주소를 기억시키기 위한 포인터 변수이므로 4개의 스트링에 대한 주소를 기억시킬 수 없다.

정답
01 ② 02 ④ 03 ③ 04 ④ 05 ④ 06 ③ 07 ④ 08 ① 09 ④ 10 ③
11 ③ 12 ② 13 ③ 14 ③ 15 ③ 16 ② 17 ③ 18 ② 19 ② 20 ④

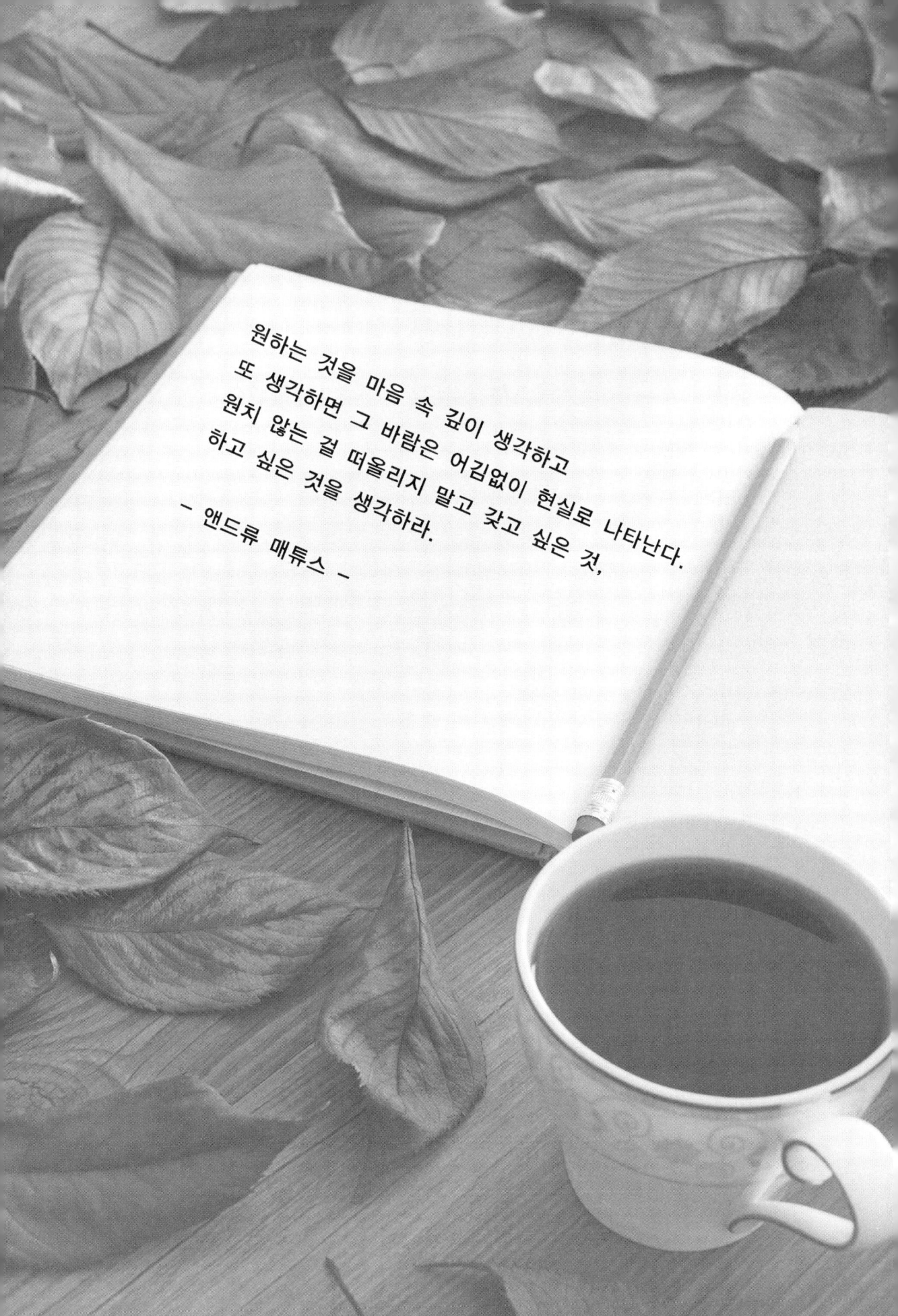

Introduction to Computer science

www.ucampus.ac

Chapter 6

2010년도 기출문제

2010년도 기출문제

1. 상대 주소 지정(relative addressing)에서 사용하는 레지스터는 무엇인가?
   - 가. 일반 레지스터(general register)
   - 나. 색인 레지스터(index register)
   - 다. 프로그램 계수기(program counter)
   - 라. 메모리 주소 레지스터(memory address register)

2. 프로그램 카운터와 명령의 주소 부분을 더해 유효 주소로 결정하는 주소 지정 방식은?
   - 가. Base Addressing
   - 나. Index Addressing
   - 다. Immediate Addressing
   - 라. Relative Addressing

3. 교무실에서 1학년 1반 학생들의 학적부가 있다. 이 안에는 학생별 신상 기록카드가 있으며, 신상 기록 카드에는 학생 이름, 주소, 부모의 인적 사항을 적도록 되어 있다. 여기에서 정보의 단위 중 레코드에 해당하는 무엇인가?
   - 가. 학적부
   - 나. 신상 기록 카드
   - 다. 학생 이름
   - 라. 부모의 인적 사항

4. 프로그램에서 함수들을 호출하였을 때 복귀 주소(return address)들을 보관하는데 사용하는 자료 구조는 어느 것인가?
   - 가. 스택(stack)
   - 나. 큐(queue)
   - 다. 트리(tree)
   - 라. 그래프(graph)

5. 다음 지문의 내용에 해당하는 프로세스 스케줄링 기법은?

> 실행중인 프로세서로부터 프로세서를 선점할 수 있게 하는 선점 스케줄링 기법 중에 하나이다.
> 각각의 프로세서에게 시간 할당을 신중히 해야 하며, 시스템 성능이 많이 달라 질 수 있으며,
> 대화형 시스템이나 시분할 시스템에 적합하다. 만약 할당된 시간 내에 작업을 처리하지 못하면
> 준비 큐의 맨 뒤로 가게 되고 준비 중인 다음 프로세서에게 프로세서를 할당하는 기법이다.

가. HRN(High Response ratio Next Scheduling)
나. SRT(Shortest Remaining Time Scheduling)
다. SPN(Shortest Process Scheduling)
라. RR(Round Robin Scheduling)

6. 다음 지문의 괄호 안에 들어갈 용어를 올바르게 나열하고 있는 것은?

> 소프트웨어는 (1)와/과 (2)으로 나누어 볼 수 있으며, (1)에는 (3)와/과
> 운영체제가 있고, (2)에는 (4)와/과 주문형 소프트웨어가 있다.

가. 1. 응용 소프트웨어　　　2. 시스템 소프트웨어
　　3. 유틸리티　　　　　　4. 패키지
나. 1. 시스템 소프트웨어　　2. 응용 소프트웨어
　　3. 유틸리티　　　　　　4. 패키지
다. 1. 시스템 소프트웨어　　2. 유틸리티
　　3. 응용 소프트웨어　　　4. 패키지
라. 1. 응용 소프트웨어　　　2. 시스템 소프트웨어
　　3. 패키지　　　　　　　4. 유틸리티

7. 0-주소 명령어(Zero-address instruction)에서 사용하는 특정한 기억장치 조직은 무엇인가?
가. 그래프(Graph)　　　　나. 스택(Stack)
다. 큐(Queue)　　　　　　라. 트리(Tree)

8. 동적 램(Dynamic RAM)의 특징이 아닌 것은?
가. 전하의 양을 측정하여 저장 논리 값을 판단한다.
나. 전하의 방전 때문에 주기적으로 재충전해야 한다.
다. 1비트를 구성하는 소자가 적어서 단위 면적에 많은 저장 장소를 만들 수 있다.
라. 1비트를 구성하는 소자가 적어서 메모리 액세스 속도가 정적 RAM보다 빠르다.

9. 다음 산술 식에 대하여 후위 순회(postorder traversal)를 한 결과는 어느 것인가?

> 산술 식 : A + B * C * D / E

가. +**/ABCDE
나. +A/**BCDE
다. ABC*D*E/+
라. ABCDE**/+

10. 다음의 트리에 대하여 잘못된 것은 어느 것인가?

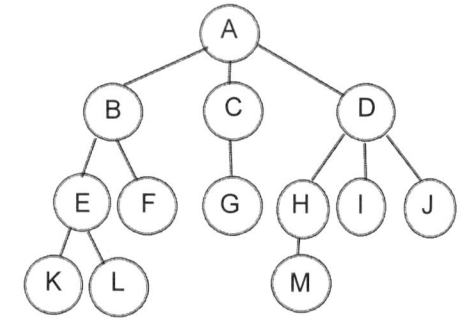

가. 트리의 단말노드 집합=K,L,F,G,M,I,J
나. 노드 B의 차수(degree)는 2이다.
다. 트리의 차수(degree)는 4이다.
라. 노드 H,I,J는 형제(sibling)이다.

11. 다음 중 큐(Queue)의 구조에 해당하지 않는 것은 무엇인가?
    가. 줄서기에 의한 화장실 사용 순서
    나. 자동 판매기의 종이컵의 배출 순서
    다. 은행에서의 대기 순서표 뽑기 및 이용 순서
    라. 주방에서의 씻어 놓은 접시 사용하는 순서

12. 다음 보기에 해당하는 디스크 스케줄링 기법은?

> 어떠한 디스크 요청을 처리하기 위해 헤드가 먼 곳까지 이동하기 전에 헤드 위치에 가까운 모든 요구를 먼저 처리한다.

가. 선입 선처리 스케줄링(First Come First Served)
나. 최소 탐색 우선 스케줄링(Shortest Seek Time First)
다. 주사(Scan) 스케줄링
라. 순환 주사(Circular Scan) 스케줄링

13. 마이크로 프로세서의 구성 요소 중의 하나로, CPU와 각 장치들 간에 정보를 교환하기 위해 전송로로서 사용되는 이것을 부르는 용어는?
    가. 회로 나. 전송선
    다. 전선 라. 버스

14. 32비트의 데이터에서 단일 비트 오류를 정정하려고 한다. 해밍 오류 정정코드(Hamming error correction code)를 사용한다면 몇 개의 검사 비트들이 필요한가?
    가. 4비트 나. 5비트
    다. 6비트 라. 7비트

15. 다음 10진수 코드 중 자체 보수화(Self complementing)가 가능한 코드가 아닌 것은 어느 것인가?
    가. 2421 코드 나. 8421 코드
    다. 842-1 코드 라. Excess-3 코드

16. 운영체제에서 폴더와 파일들은 어떤 구조로 구성되는가?
    가. 트리(Tree) 나. 큐(Queue)
    다. 스택(Stack) 라. 배열(Array)

17. 자외선을 이용하여 지울 수 있는 메모리는 어느 것인가?
    가. PROM(Programmable ROM) 나. EPROM(Erasable PROM)
    다. EEPROM(Electrically EPROM) 라. 플래쉬 메모리

18. CPU가 대량의 자료 전송을 위하여 DMA에서 전송 요청할 때 전달하는 정보가 아닌 것은?
    가. 전송할 워드(word) 수 나. 주 기억 장치의 시작 주소
    다. I/O 장치의 주소 라. 버스의 전송 속도

19. 8 진수 1234 는 십진수로 얼마인가?
    가. 278 나. 565
    다. 668 라. 1234

20. 정보의 표현 단위 중 문자를 표현하기 위한 것은 무엇인가?
    가. 비트(bit) 나. 바이트(byte)
    다. 워드(word) 라. 레코드(record)

[전자계산기 일반]

21. 순차 탐색(sequential search)에서 n개의 자료에 대해 평균 키 비교 횟수는 얼마인가?
    가. n/2
    나. n
    다. (n+1)/2
    라. n+1

22. 다음 빈칸에 알맞은 것을 고르시오?

    > 소프트웨어는 프로그래밍 언어를 통해 개발되는데, 여기에는 소스 코드를 모두 기계어로 번역하고, 하나의 실행 파일을 만들어 목적코드를 출력하는 (a)와/과 한 번에 한라인 씩 그 프로그램의 각 라인을 번역하고 나서 실행하는 (b)이/가 있다.

    가. a 컴파일러 b 인터프리터
    나. a 인터프리터 b 컴파일러
    다. a 어셈블리어 b 컴파일러
    라. a 인터프리터 b 어셈블리어

23. 컴퓨터에 글이나 그림을 그리는 작업을 위해 사용되는 소프트웨어를 무엇이라 하는가?
    가. 운영체제
    나. 유틸리티
    다. 응용소프트웨어
    라. 시스템 소프트웨어

24. 시스템 내에 여러 프로세서를 통해 처리 작업을 분담하여 동시에 처리할 수 있다. 따라서 많은 양의 데이터를 처리하고, 빠르게 작업을 완료할 수 있으며, 많은 입출력 장치의 요구를 수용할 수 있다. 이와 같은 시스템은?
    가. 다중 처리 시스템
    나. 혼합 시스템
    다. 병렬 인터페이스
    라. 직렬 시스템

25. 다음 중 명령어 집합이 비교적 적은 컴퓨터 시스템에 사용할 기술은?
    가. 병렬 처리
    나. CISC
    다. RISC
    라. 캐쉬

26. CPU가 어떤 프로그램을 순차적으로 수행하는 도중에 외부로부터 인터럽트 요구가 들어오면 원래의 프로그램을 중단하고, 인터럽트를 위한 프로그램을 먼저 수행하게 되는데 이와 같은 프로그램을 무엇이라 하는가?
    가. 명령 실행 사이클
    나. 인터럽트 서비스 루틴
    다. 인터럽트 사이클
    라. 인터럽트 플래그

27. I/O 모듈의 주요 기능 또는 요구 사항 들 중 관계가 가장 없는 것은 무엇인가?
    가. 데이터 압축
    나. 프로세서와의 통신
    다. 제어와 타이밍(timing)
    라. 오류 검출

28. 다음은 프로그램에 대한 설명이다. 틀린 것은?
    가. Supervisor Program : 처리 프로그램의 중추적인 역할로, 제어 프로그램의 실행과정과 시스템 전체의 동작 상태를 감시하는 역할을 한다.
    나. Job Management Program : 작업의 연속적인 진행을 위한 준비와 처리 기능을 수행한다.
    다. Data Management Program : 시스템에서 취급하는 가종 file과 data를 처리한다.
    라. Problem Processing Program : 사용자가 업무적인 필요에 의해서 작성한다.

29. 다음 설명에 해당하는 것은 무엇인가?
    "네트워크로 연결된 컴퓨터에 의해 작업과 자원을 나누어 처리하는 방식으로 자원 공유, 신속한 처리, 높은 신뢰성을 제공한다."
    가. 분산처리 시스템
    나. 병렬처리 시스템
    다. 다중처리 시스템
    라. 듀플렉스 시스템

30. 마이크로 프로세서와 함께 구성되는 메모리의 구조 명령어 메모리와 데이터 메모리가 물리적으로 분리되어 있는 구조를 무엇이라 하는가?
    가. Von Neumann 구조
    나. Harvard 구조
    다. Cascade 구조
    라. Princeton 구조

31. 다음 중 운영체제에 대한 설명으로 틀린 것은?
    가. 컴퓨터 시스템 장치를 효율적으로 관리
    나. 컴퓨터를 사용자가 편리하게 이용 가능
    다. 업무를 처리하기 위해 사용자가 개발한 소프트웨어
    라. 사용자와 하드웨어 사이 interface

32. 인터럽트가 발생하였을 때 수행되는 프로그램(코드)을 무엇이라 하는가?
    가. ISR
    나. IVT
    다. IRQ
    라. PCI

33. 현재 임베디드 시스템에서 주로 사용되는 마이크로 프로세서가 채택하는 구조로서 명령어의 세트와 구조가 단순화된 형태를 일컫는 말은 무엇인가?
    가. RAID
    나. RISC
    다. CISC
    라. FIFO

34. 다음 펌웨어에 대한 설명 중 옳은 것은?
    가. 하드웨어와 소프트웨어의 중간적 성격을 가진다.
    나. 하드웨어의 교체 없이 소프트웨어 업그레이드만으로는 시스템 성능을 개선할 수 없다.
    다. RAM에 저장되는 마이크로 컴퓨터 프로그램이다.
    라. 시스템 소프트웨어로서 응용 소프트웨어를 관리하는 것이다.

35. 인터럽트의 발생 원인이 아닌 것은?
    가. 전원 이상
    나. 오퍼레이터 조작 또는 타이머
    다. 서브프로그램 호출
    라. 제어 감시(SVS)

36. 다음 중 이미 완제품으로 출시된 프로그램 중에 존재하는 오류 또는 버그를 수정하기 위하여 일부 파일을 변경해 주는 프로그램을 무엇이라 하는가?
    가. Bundle
    나. Freeware
    다. Shareware
    라. Patch

37. 프로세서의 제어장치에 관한 설명 중 틀린 것은?
    가. 순서 논리 회로에 의한 고정 배선 방식과 마이크로 프로그램 방식이 있다.
    나. 마이크로 프로그램 방식이 고정 배선 방식보다 빠르다.
    다. 고정 배선 방식은 부품의 수가 최대화 된다.
    라. 마이크로 프로그램 방식에서는 제어 메모리가 필요하다.

38. 그림과 같은 방식으로 CRT 화면에 문자를 표시하기 위하여 사용되는 ROM의 역활로 맞는 것은?

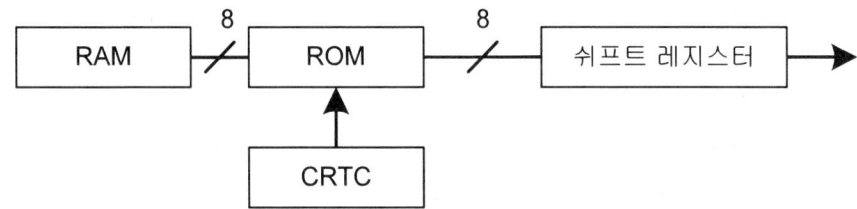

   가. 문자 패턴을 기억한다.   나. 제어 프로그램을 기억한다.
   다. 화면의 커서 위치를 기억한다.   라. ASCII 코드를 기억한다.

39. 논리 연산 동작을 수행 한 후 결과를 축적하는 레지스터는?
   가. 어큐뮬레이터(Accumulator)   나. 인덱스 레지스터(Index Register)
   다. 플래그 레지스터(Flag Register)   라. 시프트 레지스터(Shift Register)

40. 전자계산기 명령의 주소 지정 방식 중 간접 주소 지정 방식에 대한 설명 중 틀린 것은?
   가. 명령의 오퍼랜드가 지정하는 부분에 실제 데이터가 저장된 부분의 주소를 기록하고 있는 주소 지정 방식
   나. 기억 장치에 최소 2번 접근하여 오퍼랜드 얻을 수 있는 주소 지정 방식
   다. 처리 속도는 느리지만 짧은 길이의 오퍼랜드로 긴 주소에 접근할 수 있는 주소 지정 방식
   라. 오퍼랜드의 길이가 길어 소용량 기억 장치의 주소를 나타내는데 적합한 주소 지정 방식

41. 페이지 Map table의 존재 비트로 해당 페이지가 주 기억 장치에 있는 경우가 맞는 것은?
   가. 0   나. 1
   다. 2   라. 3

42. 운영체제의 목적에 해당되지 않는 것은?
   가. 이용 기능의 확대   나. 처리 능력의 확대
   다. 신뢰도 향상   라. 파일 관리 증대

43. 운영체제의 목적이 아닌 것은?
    가. 처리 능력의 향상　　　　　　　나. 처리 시간의 단축
    다. 컴퓨터 모델의 다양화　　　　　라. 사용 가용도의 향상

44. 다음 중 운영체제의 기능에 대한 설명이 아닌 것은?
    가. 사용자와 컴퓨터 간의 인터페이스 기능을 제공한다.
    나. 소프트웨어의 오류를 처리한다.
    다. 사용자간의 자원 사용을 관리한다.
    라. 입출력을 지원한다.

45. 다음 중 원시 언어로 작성한 프로그램을 컴퓨터가 실행 할 수 있는 기계어 프로그램으로 바꾸어 주는 언어 번역 프로그램이 아닌 것은?
    가. 어셈블러　　　　　　　　　　　나. 컴파일러
    다. 매크로 처리기　　　　　　　　라. 인터프리터

46. 소프트웨어 제품의 성능 평가 기준이 아닌 것은?
    가. 프로그램의 크기　　　　　　　나. 처리량
    다. 응답시간　　　　　　　　　　　라. 인터프리터

47. 마이크로 프로세서 및 하드웨어의 자원을 관리하고 사용자의 입력을 받거나 결과를 출력하는 일을 담당하는 것을 무엇이라 하는가?
    가. 운영체제　　　　　　　　　　　나. MMU
    다. 컴파일러　　　　　　　　　　　라. BIOS

48. 마이크로 프로세서가 이해할 수 있는 프로그램 언어를 무엇이라 하는가?
    가. 기계어　　　　　　　　　　　　나. 어셈블리어
    다. C 언어　　　　　　　　　　　　라. Verilog hdl

49. 프로그램에서 하나의 값을 저장할 수 있는 기억 장소의 이름은?
    가. 함수　　　　　　　　　　　　　나. 주석
    다. 변수　　　　　　　　　　　　　라. 레이블

50. 16bit micro processor의 내부 신호 중 버스 중재(arbitration) 제어 신호에 해당되지 않는 신호 명은?
   가. 버스 에러(Bus Error)
   나. 버스 리퀘스트(Bus Request)
   다. 버스 그랜트(Bus Grant)
   라. 버스 그랜트 ACK(Bus Grant Acknowledge)

51. 다음 중 Self Complement 코드에 해당하는 것은?
   가. 8421 코드   나. Excess-3 코드
   다. Gray 코드   라. 5421 코드

52. 프로그래머에 의한 명령 수행 순서의 변경 또는 프로그램의 수행 순서를 익스트럭션들이 배열된 순서와 다르게 수행할 수 있도록 하는 기능은?
   가. 함수 연산 기능   나. 전달 기능
   다. 제어 기능   라. 입출력 기능

53. 다음 2의 보수 표현으로 된 수의 계산 결과가 옳은 것은?

   | 000111 - 111001 |

   가. 111001   나. 011110
   다. 001110   라. 010110

54. 사용자가 실제 기억장치보다 큰 기억 장치를 사용할 수 있는 메모리 이용 기법은?
   가. 직접 메모리 액세스   나. 가상 기억 장치
   다. 캐시 기억 장치   라. 연관 기억 장치

55. 연산장치(ALU)를 크게 2 부분으로 분류하면?
   가. 산술연산장치와 기억장치   나. 제어장치와 산술연산장치
   다. 산술연산장치와 논리연산장치   라. 논리연산장치와 기억장치

56. 출력되는 불 함수의 값이 입력 값에 의해서만 정해지고 내부에 기억 능력이 없는 논리 회로는?
   가. 조합회로   나. 순차회로
   다. 직접회로   라. 혼합회로

57. 자기 디스크에서 사용하는 CAV 방식의 단점으로 옳은 것은?
    가. 접근 속도의 저하   나. 구동 장치의 복잡화
    다. 디스크의 무게 증가   라. 저장 공간의 낭비

58. 다음 명령어와 관계 있는 것은?
    가. 0-주소 명령어   나. 1-주소 명령어
    다. 2-주소 명령어   라. 3-주소 명령어

59. 프로그램을 작성할 때 프로그램의 내용과 과정을 이해하기 위하여 삽입하는 것으로 기계어로 번역되지 않는 부분은?
    가. 변수   나. 함수
    다. 예약어   라. 주석문

60. 운영체제 분류상 처리 프로그램에 해당되지 않는 것은?
    가. 파일 관리 프로그램   나. 언어 번역 프로그램
    다. 응용 프로그램   라. 서비스 프로그램

61. 부동 소수점 표현 시 수들 사이의 곱셈 알고리즘 과정에 포함되지 않은 것은?
    가. 0(zero)인지 여부를 조사한다.   나. 가수의 위치를 조정한다.
    다. 가수를 곱한다.   라. 결과를 정규화 한다.

62. 컴퓨터의 운영체제에서 로더(loder) 란 실행 프로그램 혹은 데이터를 주기억 장치 내의 일정한 번지에 저장하는 작업을 말하는 것으로, 다음 중 로더의 주요 기능이 아닌 것은?
    가. 프로그램과 프로그램 간의 연결(linking)을 수행한다.
    나. 출력 데이터에 대해 일시 정지(spooling) 기능을 수행한다.
    다. 프로그램이 실행 될 수 있도록 번지수를 재배치(relocation)한다.
    라. 프로그램 또는 데이터가 저장될 번지수를 계산하고 할당(allocation)한다.

63. 플래그 레지스터 중 8(16)비트 연산에서 하위 4(8)비트로부터 상위 4비트로 자리올림 또는 빌림이 발생할 경우 1로 리셋되는 것은?
    가. PF(Parity Flag)   나. ZF(Zero Flag)
    다. AF(Auxiliary Flag)   라. SF(Sign Flag)

64. 기계어에 대한 설명으로 틀린 것은?
   가. 숙달된 사용자가 아니면 프로그램 하기가 어렵다.
   나. 명령이나 수식에 연산하기 쉬운 기호를 사용하므로 기호언어라고도 한다.
   다. 기종마다 서로 다른 고유의 명령 코드를 사용한다.
   라. 프로그램의 추가, 변경, 수정이 불편하다.

65. 마이크로 오퍼레이션 중 가장 긴 것의 시간을 해당 마이크로 사이클 타임으로 정의하는 방식은?
   가. Fetch Status
   나. 동기 고정식
   다. 동기 가변식
   라. Interrupt Status

66. $(-9)_{10}$를 부호화된 2의 보수(signed 2's complement)로 표시한 것은?
   가. 10001001
   나. 11001001
   다. 11110111
   라. 11110110

67. 순차적으로만 사용할 수 있는 공유자원이나 공유자원 그룹을 할당하는데 사용되는 데이터 및 프로시저 포함하는 병행성 구조(concurrent construct)는?
   가. 채널
   나. 세마포어
   다. 버퍼
   라. 모니터

68. 그레이 코드 10110110을 2진수로 바꾼 것으로 맞는 것은?
   가. 11011011
   나. 10101101
   다. 01001100
   라. 01101011

69. 2진수 0111을 그레이 코드(Gray Code)로 변환하면?
   가. 1010
   나. 0100
   다. 0000
   라. 1111

70. 컴퓨터에서 사용되는 버스(bus)의 종류가 아닌 것은?
   가. 주소 버스(Address Bus)
   나. 데이터 버스(Data Bus)
   다. 제어 버스(Control Bus)
   라. 입력 버스(Input Bus)

전자계산기 일반

71. 다음은 입출력 포트 중 고립형 I/O(Isolated I/O)에 대한 설명이다. 옳지 않은 것은?
　가. 고립형 I/O는 I/O Mapped I/O 라고 불리운다.
　나. 고립형 I/O는 기억장치의 주소공간과 전혀 다른 입출력 포트를 갖는 형식이다.
　다. 하나의 읽기, 쓰기 신호만 필요하다.
　라. 각 명령은 인터페이스 레지스터의 주소를 가지고 있으며 뚜렷한 입출력 명령을 가지고 있다.

72. CISC의 특징 중 잘못된 것은?
　가. 주소 지정 방식이 다양하다.
　나. 명령어의 길이가 가변적이다.
　다. 명령어의 수가 많다.
　라. 제어장치가 고정 배선제어(PLS)이다.

73. 순서도를 작성하는 목적이 아닌 것은?
　가. 코딩(coding)의 기초 자료가 된다.
　나. 프로그램의 개요를 타인이 쉽게 이해할 수 있다.
　다. 에러의 수정이나 프로그램의 수정을 자동으로 할 수 있다.
　라. 전체적인 흐름을 쉽게 파악할 수 있다.

74. DMA(Direct Memory Access)에 관한 설명 중 틀린 것은?
　가. 주변장치와 기억장치 등의 대용량 데이터 전송에 적합하다.
　나. 프로그램 방식보다 시스템의 효율이 좋다.
　다. 프로그램 방식보다 데이터의 전송속도가 느리다.
　라. CPU를 경유하지 않고 메모리와 입출력 주변장치 사이에 직접 데이터 전송을 한다.

75. 부동 소수점 수의 표현 구조로 적합한 것은?
　가. 부호 + 지수 + 소수점　　　나. 부호 + 가수 + 소수점
　다. 부호 + 지수 + 가수　　　　라. 부호 + 지수 + 소수점 + 가수

76. 다음 중 ASCII 코드에 대한 설명으로 틀린 것은?
　가. 미국 표준 협회에서 만든 미국 표준 코드 임
　나. 7 비트의 데이터 비트에 패리티 비트 1 비트를 추가함
　다. 7 비트의 데이터 비트 중 앞의 7,6,5,4 비트는 존 비트로 사용됨
　라. 데이터 통신용 문자 코드로 많이 사용되고 128문자를 표시함

77. 캐시 메모리의 매핑(mapping) 방법이 아닌 것은?
    가. Direct mapping   나. Indirect mapping
    다. Associative mapping   라. Set-Associative mapping

78. 보조 기억 장치의 특징을 열거한 것 중 틀린 것은?
    가. 자기 테이프는 주소 개념이 거의 사용되지 않는 보조기억 장치로서 순서에 의해서만 접근하는 기억 장치이다.
    나. 자기 테이프는 여러 개의 파일을 저장 시킬 수 있는데 이들 파일은 여러 개의 레코드로 구성되어 있다. 이 레코드의 공백을 IRG라고 한다.
    다. 자기 디스크는 주소에 의하여 지정할 수 있는 정보의 단위가 주기억장치보다 정밀하지 못하나 주소에 의하여 임의의 곳에 직접 접근이 가능하다.
    라. 가변 헤드 디스크에서 헤드에 의해 그릴 수 있는 동심원으로 구성된 기억 공간을 트랙이라 하며 고정 헤드 디스크에서는 이것을 실린더라고 한다.

79. 오퍼랜드가 존재하는 기억 장치 주소를 내용으로 가지고 있는 기억 장소의 주소를 명령 속에 포함시켜 지정하는 방식은?
    가. Relative Addressing Mode   나. Indirect Addressing Mode
    다. Page Addressing Mode   라. Index Addressing Mode

80. 다음 진리표를 가지는 게이트 명칭은? (단, A,B는 입력, X는 출력이다.)

A	B	F
0	0	1
0	1	0
1	0	0
1	1	1

    가. NAND   나. XOR
    다. XNOR   라. NOR

전자계산기 일반

81. 다음 각 ( ) 안에 알맞은 것은?

(ㄱ)은 데이터 수신 시 데이터 중에서 발생한 1 비트의 오류를 검출하고 교정까지 가능한 코드로서, 1 비트의 오류를 교정하기 위하여 여분으로 BCD 코드에 (ㄴ)비트를 추가해야하며, 2 비트 이상의 오류를 교정하기 위해 더 많은 여분의 비트를 추가해야 한다.

가. (ㄱ) : 3초과 코드 , (ㄴ) : 2
나. (ㄱ) : 그레이 코드 , (ㄴ) : 3
다. (ㄱ) : 해밍 코드 , (ㄴ) : 3
라. (ㄱ) : 패리티 체크 코드 , (ㄴ) : 2

82. UNIX에서 시스템과 사용자 간의 인터페이스를 담당하며 사용자의 명령을 받아 명령을 수행하는 명령어 해석기는?
가. i-node
나. console
다. kernel
라. shell

83. 도형이나 사진 및 그 외의 자료로부터 이미지를 읽어 들이는 장치는?
가. 키보드
나. 스캐너
다. 마우스
라. 광학문자 판독기(OCR)

84. ROM에 대한 설명 중 잘못된 것은?
가. 내용을 읽어내는 것만 가능하다.
나. 기억된 내용을 임의로 변경 시킬 수 없다.
다. 주로 마이크로 프로그램과 같은 제어 프로그램을 기억시키는데 사용한다.
라. 사용자가 작성한 프로그램이나 데이터를 기억시켜 처리하기 위해 사용하는 메모리이다.

85. 컴퓨터 제어 방식 중에서 하드와이어드 방식이 마이크로 프로그래밍 방식보다 좋은 점은?
가. 구조화된 제어구조를 제공한다.
나. 인스트럭션 세트 변경이 용이하다.
다. 컴퓨터의 속도가 빠르다.
라. 비교적 복잡한 명령 세트를 가진 시스템에 적당하다.

86. 순서도를 작성하는 이유로 부적합한 것은?
   가. 다른 사람에게 프로그램을 쉽게 전달할 수 있다.
   나. 프로그램의 수정이 용이하다.
   다. 처리 순서를 기호로 표현하므로 프로그램의 흐름을 쉽게 파악할 수 있다.
   라. 프로그램 번역을 위해 필수적으로 작성하여야 한다.

87. 다음과 같은 카르노 맵(Karnaugh map)이 있을 때 이를 간략화하여 얻은 논리식으로 옳은 것은?

A \ BC	00	01	11	10
0	1	0	0	1
1	1	1	X	1

   X : 무관조건(don't care condition)

   가. Y = A
   나. Y = BC + AC
   다. Y = $\overline{C}$ + A
   라. Y = $\overline{C}$ + AB

88. 컴퓨터가 프로그램을 수행하고 있는 동안 컴퓨터의 내부나 외부에서 응급사태가 발생하여 현재 수행 중인 프로그램을 일시적으로 중지하고 응급상태를 처리하는 기법은?
   가. DMA
   나. Time Sharing
   다. Subroutine
   라. Interrupt

89. 순차 액세스(Sequential Access)만 가능한 보조 기억 장치는?
   가. CD-ROM
   나. 자기 디스크
   다. 자기 드럼
   라. 자기 테이프

90. 기계어에 대한 설명으로 적합하지 않은 것은?
   가. 계산 속도가 느리다.
   나. 작성된 프로그램은 판독이 어렵다.
   다. 하나의 명령으로 한가지 처리만 된다.
   라. 컴퓨터 기종마다 명령어 체계가 다르다.

전자계산기 일반

91. 반도체 기억소자와 관련이 없는 것은?
  가. 자기 코어
  나. 플립플롭
  다. EPROM
  라. RAM

92. 디지타이저의 설명으로 적합한 것은?
  가. CAD 프로그램에 의한 작업 결과를 출력하기 위한 장치이다.
  나. 도형 등을 X-Y 좌표방식으로 입력시키는 장치이다.
  다. 도면이나 그림 등을 처리하는 입출력 공용의 장치이다.
  라. X-Y 플로터의 일종이다.

93. 명령 수행 시 memory로 부터 명령을 fetch하고 그것의 주소 부분으로부터 다시 유효 주소를 memory에서 가져와 동작하는 방식은?
  가. 상대 주소 지정 방식(Relative Addressing Mode)
  나. 절대 주소 지정 방식(Absolute Addressing Mode)
  다. 간접 주소 지정 방식(Indirect Addressing Mode)
  라. 직접 주소 지정 방식(Direct Addressing Mode)

94. 8 비트에 BCD 코드 2개의 숫자를 표현하는 방법으로 기억장치 공간 이용도를 높일 수 있어 주로 10진수 연산에 사용되는 것은?
  가. 부동 소수점 형식
  나. 팩 10진수 형식
  다. 언팩 10진수 형식
  라. 8진 데이터 형식

95. 10진수 -543을 다음과 같이 표현하는 수치 자료의 표현 방법은?

0101	0100	0011	1101
5	4	3	D

  가. 고정 소수점 표현
  나. 부동 소수점 표현
  다. 팩(packed)형 10진 표현법
  라. 언팩(unpacked)형 10진 표현법

96. 다음 진리표를 가지는 게이트 명칭은? (단, X 는 출력임)

A	B	X
0	0	0
0	1	1
1	0	1
1	1	0

　가. NAND　　　　　　　　　나. XOR
　다. XNOR　　　　　　　　　라. NOR

97. 프로그램 개발 과정에서 논리적 오류를 발견하고 수정하는 작업은?
　가. 링킹(Linking)　　　　　　나. 코딩(Coding)
　다. 로딩(Loading)　　　　　　라. 디버깅(Debugging)

98. 다음 중 이항 연산이 아닌 것은?
　가. OR　　　　　　　　　　나. AND
　다. Complement　　　　　　라. 산술연산

99. 표(Table) 및 배열(Array) 구조의 데이터를 처리하고자 할 경우 명령어들의 유용한 주소지정 방식은?
　가. 간접 주소 지정　　　　　나. 메모리 참조 주소 지정
　다. 인덱스 주소 지정　　　　라. 직접 주소 지정

100. 인터럽트를 발생시키는 장치들을 직렬로 연결시키는 하드웨어적인 우선 순위 제어 방식은?
　가. Hand shaking　　　　　　나. Daisy chain
　다. Spooling　　　　　　　　라. Polling

101. JK 플립플롭에서 J=0, K=1로 입력 될 때 플립플롭은?
　가. 먼저 내용에 대한 complement로 된다.
　나. 먼저 내용이 그대로 남는다.
　다. 0 으로 변한다.
　라. 1로 변한다.

102. 기억 장치의 접근 속도가 0.5[μ s]이고, 데이터 워드가 32비트일 때 대역폭은?
    가. 8M[bit/sec]　　　　　　　　　　나. 16M[bit/sec]
    다. 32M[bit/sec]　　　　　　　　　라. 64M[bit/sec]

103. 다음 중 instruction cycle에 해당되지 않은 것은?
    가. Fetch cycle　　　　　　　　　　나. Direct cycle
    다. Indirect sycle　　　　　　　　　라. Execute cycle

104. 컴퓨터에서 보수(complement)를 사용하는 이유로 가장 타당한 것은?
    가. 가산의 결과를 정확하게 얻기 위해
    나. 감산을 가산의 방법으로 처리하기 위해
    다. 승산의 연산 과정을 간단히 하기 위해
    라. 제산의 불필요한 과정을 생략하기 위해

105. 일련의 프로그램들이 차지하는 주소 공간의 영역을 정의하는 주소의 목록 또는 기호화된 표현은?
    가. Memory dump　　　　　　　　　나. Memory map
    다. Memory page　　　　　　　　　라. Memory module

106. 컴퓨터 시스템의 성능을 측정하는 척도에 대한 설명으로 알맞지 않은 것은?
    가. 처리량(throughput)은 보통 안정된 상태에서 측정되며 하루에 처리되는 작업의 개수 또는 시간당 처리되는 온라인 처리의 개수 등으로 측정된다.
    나. 병목(bottleneck) 현상은 시스템 자원이 용량(capacity) 또는 처리량에 있어서 최대 한계에 도달할 때 발생될 수 있다.
    다. 응답 시간(response time)은 주어진 작업의 수행을 위해 시스템에 도착한 시점부터 완료되어 그 작업의 출력이 사용자에게 제출되는 시점까지의 시간으로 정의된다.
    라. 자원 이용도(utilization)는 일반적으로 전체 시간에 대해 주어진 자원이 실제로 사용되는 시간의 백분율로 나타낸다.

107. 화소(pixel)당 24비트 컬러를 사용하고 해상도가 352×240 화소인 TV영상프레임(frame)을 초당 30개 전송할 때 필요한 통신 대역폭으로 가장 가까운 것은?
    가. 약 10Mbps　　　　　　　　　　나. 약 20Mbps
    다. 약 30Mbps　　　　　　　　　　라. 약 60Mbps

108. 다음에서 ㉠과 ㉡에 들어갈 내용이 올바르게 짝지어진 것은?

> 명령어를 주기억장치에서 중앙처리장치의 명령레지스터로 가져와 해독하는 것을 (㉠)단계라 하고, 이 단계는 마이크로 연산(operation) (㉡)로 시작한다.

	㉠	㉡
가.	인출	MAR ← PC
나.	인출	MAR ← MBR(AD)
다.	실행	MAR ← PC
라.	실행	MAR ← MBR(AD)

109. 회사에서 211.168.83.0(클래스 C)의 네트워크를 사용하고 있다. 내부적으로 5개의 서브넷을 사용하기 위해 서브넷 마스크를 255.255.255.224로 설정하였다. 이때 211.168.83.34가 속한 서브넷의 브로드캐스트주소는 어느 것인가?

    가. 211.168.83.15   나. 211.168.83.47
    다. 211.168.83.63   라. 211.168.83.255

110. 운영체제는 일괄처리(batch), 대화식(interactive), 실시간(real-time)시스템 그리고 일괄처리와 대화식이 결합된 혼합(hybrid) 시스템 등으로 분류될 수 있다. 이와 같은 분류 근거로 가장 알맞은 것은?

    가. 고급 프로그래밍 언어의 사용 여부   나. 응답 시간과 데이터 입력 방식
    다. 버퍼링(buffering) 기능 수행 여부   라. 데이터 보호의 필요성 여부

111. 마이크로 연산(operation)에 대한 설명으로 옳지 않은 것은?
    가. 한 개의 클럭 펄스 동안 실행되는 기본 동작이다.
    나. 한 개의 마이크로 연산 수행시간을 마이크로 사이클 타임이라 부르며 CPU 속도를 나타내는 척도로 사용된다.
    다. 하나의 명령어는 항상 하나의 마이크로 연산이 동작되어 실행된다.
    라. 시프트(shift), 로드(load) 등이 있다.

전자계산기 일반

112. 해시(hash) 탐색에서 제산법(division)은 키(key) 값을 배열(array)의 크기로 나누어 그 나머지 값을 해시 값으로 사용하는 방법이다. 다음 데이터의 해시 값을 제산법으로 구하여 11개의 원소를 갖는 배열에 저장하려고 한다. 해시 값의 충돌(collision)이 발생하는 데이터를 열거해 놓은 것은?

> 111, 112, 113, 220, 221, 222

가. 111, 112
나. 112, 222
다. 113, 221
라. 220, 222

113. 후위(postfix) 형식으로 표기된 다음 수식을 스택(stack)으로 처리하는 경우에, 스택의 탑(TOP) 원소의 값을 올바르게 나열한 것은? 단, 연산자(operator)는 한 자리의 숫자로 구성되는 두 개의 피연산자(operand)를 필요로 하는 이진(binary) 연산자이다.

> 4 5 + 2 3 * −

가. 4, 5, 2, 3, 6, −1, 3
나. 4, 5, 9, 2, 3, 6, −3
다. 4, 5, 9, 2, 18, 3, 16
라. 4, 5, 9, 2, 3, 6, 3

114. 〈보기〉는 자료의 표현과 관련된 설명이다. 옳은 것을 모두 고른 것은?

〈보기〉
ㄱ. 2진수 0001101의 2의 보수(complement)는 11100110이다.
ㄴ. 부호화 2의 보수 표현방법은 영(0)이 하나만 존재한다.
ㄷ. 패리티(parity) 비트로 오류를 수정할 수 있다.
ㄹ. 해밍(Hamming) 코드로 오류를 검출할 수 있다.

가. ㄱ, ㄹ
나. ㄴ, ㄷ
다. ㄱ, ㄴ, ㄷ
라. ㄱ, ㄴ, ㄹ

115. 다음의 Java 프로그램에서 사용되지 않은 기법은?

```
class Adder {
 public int add(int a, int b) { return a+b;}
 public double add(double a, double b) { return a+b;}
}
class Computer extends Adder {
 private int x;
 public int calc(int a, int b, int c) { if (a == 1) return add(b, c);
else return x;}
 Computer() { x = 0;}
}

public class Adder_Main {
 public static void main(String args[]) {
 Computer c = new Computer();
 System.out.println("100 + 200 = " + c.calc(1, 100, 200));
 System.out.println("5.7 + 9.8 = " + c.add(5.7, 9.8));
 }
}
```

가. 캡슐화(Encapsulation) 나. 상속(Inheritance)
다. 오버라이딩(Overriding) 라. 오버로딩(Overloading)

116. 주기억장치에서 사용가능한 부분은 다음과 같다. M1은 16KB (kilobyte), M2는 14KB, M3는 5KB, M4는 30KB이며 주기억장치의 시작 부분부터 M1, M2, M3, M4 순서가 유지되고 있다. 이때 13KB를 요구하는 작업이 최초적합(First Fit) 방법, 최적적합(Best Fit) 방법, 최악적합(Worst Fit) 방법으로 주기억장치에 각각 배치될 때 결과로 옳은 것은? 단, 배열순서는 왼쪽에서 첫 번째가 최초적합 결과이며 두 번째가 최적적합 결과 그리고 세 번째가 최악적합 결과를 의미한다.

가. M1, M2, M3 나. M1, M2, M4
다. M2, M1, M4 라. M4, M2, M3

2010년도 기출문제 정답

1	2	3	4	5	6	7	8	9	10
다	라	나	가	라	나	나	라	다	다
11	12	13	14	15	16	17	18	19	20
라	나	라	다	나	가	나	라	다	나
21	22	23	24	25	26	27	28	29	30
다	가	다	가	다	나	가	가	가	나
31	32	33	34	35	36	37	38	39	40
다	가	나	가	다	라	나	가	가	라
41	42	43	44	45	46	47	48	49	50
나	라	다	나	다	가	가	가	다	가
51	52	53	54	55	56	57	58	59	60
나	다	다	나	다	가	라	다	라	가
61	62	63	64	65	66	67	68	69	70
나	나	다	나	나	다	라	가	나	라
71	72	73	74	75	76	77	78	79	80
다	라	다	다	다	다	나	라	나	나
81	82	83	84	85	86	87	88	89	90
다	라	나	라	다	라	다	라	라	가
91	92	93	94	95	96	97	98	99	100
가	나	다	나	다	다	라	다	다	나
101	102	103	104	105	106	107	108	109	110
다	라	나	나	나	다	라	가	다	나
111	112	113	114	115	116				
다	나	라	라	다	나				

2010년도 기출문제 해설

[01] 상대 주소 = 명령어의 주소(Program Counter) + D(Displacement : 변위)

[03] 학생 신상 기록 카드(레코드)

이름	주소	부모의 인적 사항
필드(Field)	필드	필드

이름	주소	부모의 인적 사항
이름	주소	부모의 인적 사항
이름	주소	부모의 인적 사항
이름	주소	부모의 인적 사항

파일(File) : 레코드의 모임

[04] 가장 나중에 호출한 함수가 가장 먼저 되돌아가야하므로(복귀 주소) LIFO(Last In First Out) 구조인 스택을 이용한다.

[05] RR은 FIFO를 선점방식으로 처리하는 스케줄링이다. 일정 시간씩 할당받아 처리하는 시분할 처리 방식이다. HRN은 많이 기다린 프로그램에 우선 순위를 높여주는 가변 우선 순위 비선점 스케줄링이다.

SRT는 남아 있는 시간이 적은 프로그램이 선점할 수 있는 스케줄링 기법이다.

[06] 컴퓨터 소프트웨어

  1. System software

  (1) Operating system : 모든 프로그램의 관리와 실행에 대한 제어

  (2) Diagnostic program : 컴퓨터의 유지 및 관리

  (3) Loader program

  (4) Utility program : 컴퓨터 요소들 간, 컴퓨터와 사용자 간의 통신을 용이하게 해주는 유용한 프로그램

  (5) Library program : 응용 프로그램들을 위한 표준 루틴 제공

(6) Language processor : 언어 번역

2. Application software

사용자들의 특정 문제를 해결하기 위해 작성한 프로그램

[07] 0 - 주소 명령어 : 스택 이용

1 - 주소 명령어 : 누산기(Accumulator) 이용

[08] 속도는 정적 RAM 이 빠르고, 용량은 DRAM이 크다.

[09] 후위식은 반드시 왼쪽에는 operand가 오른쪽에는 연산자가 나타나야한다. 가항과 나항은 전위식 형태이다. 가장먼저 연산이 되는 식이 B * C 이므로 이것을 후위식 형태로 표현하면 B C * 이 된다. 이것을 포함하고 있는 식은 다항이다.

[10] 이 트리의 차수는 3이다. 트리에서 형제가 가장 많은 경우가 차수가 된다.

[11] 쌓아놓은 접시의 사용 순서는 스택의 구조이다.

[12] FCFS : 먼저 요청한 것을 먼저 처리하는 스케줄링

SSTF : 현재 위치에서 가까운 곳을 먼저 처리하는 스케줄링

SCAN : 진행 중인 방향으로 가까운 곳을 먼저 처리하는 엘리베이터 Algorithm 스케줄링

C-SCAN : 한쪽 방향으로만 가까운 곳을 먼저 처리하는 스케줄링

[13] BUS : 공유의 의미로 사용되는 선으로 Data bus, Address bus, Control bus의 3종류가 있다.

[14] Data bit = 1 bit → Check bit = 2 bit

Data bit = 2 ~ 4 bit → Check bit = 3 bit

Data bit = 5 ~ 11 bit → Check bit = 4 bit

Data bit = 12 ~ 26 bit → Check bit = 5 bit

Data bit = 27 ~ 57 bit → Check bit = 6 bit

[15] 자기 보수 코드 : 2421 코드 , 8421 코드 , Excess-3 코드

Weighted 코드 : 2421 코드 , 8421 코드 , 8421 코드

[17] EEPROM과 플래쉬 메모리는 전기적으로 지웠다 썼다하는 메모리이다.

[19] $1234_8 = 1 * 8^3 + 2 * 8^2 + 3 * 8^1 + 4 * 8^0 = 512 + 128 + 24 + 4 = 668$

[20] 비트(bit) : 정보의 최소 단위

니블(nibble) : 16진수 표현 단위

바이트(Byte) : 절대 주소 및 문자의 표현 단위

워드(Word) : CPU 의 처리 단위

레코드(record) : 한 사람 개인의 자료 단위

[21] 평균 = (최선의 경우 + 최악의 경우) / 2 = (1 + n) / 2

[24] 여러 프로세서에 의한 처리 = 다중 처리 시템

[25] CISC(Complex Instruction Set Computer) : 복잡한(다양한) 명령어 집합 컴퓨터

RISC(Reduced Instruction Set Computer) : 단순한(줄어든) 명령어 집합 컴퓨터

[26] 인터럽트 체제 구성 요소
  1. 인터럽트 요청 신호
  2. 인터럽트 처리 루틴
  3. 인터럽트 서비스 루틴

[28] Supervisor program은 제어 프로그램의 중추적인 역할로 처리 프로그램의 실행 과정과 시스템 전체의 동작 상태를 감시하는 역할을 한다.

[32] ISR : Interrupt Service Routine

IVT : Interrupt Vector Table

IRQ : Interrupt ReQuest

PCI : Peripheral Component Interconnect

[34] 마이크로 프로그램은 펌웨어로서 보통 ROM에 저장한다.

[35] 서브프로그램 호출은 예기치 못한 일에 대한 호출이 아니라 일이 진행되는 순서에 의한 호출이다.

[37] 순서 논리 회로에 의한 고정 배선 방식은 하드웨어적인 방법을 의미한다. 마이크로 프로그램 방식은 펌웨어 방법을 의미한다. 펌웨어 방법보다 하드웨어 방법이 빠르다.

[38] 화면에 보여줄 문자의 패턴을 기억하고 있어야 한다.

[39] 누산기(Accumulator) : 연산 시 피가수 및 연산의 결과를 일시적으로 저장하는 레지스터이다.

[전자계산기 일반]

[40] 간접 주소 : read address of operand , 2번의 접근에 의해 operand를 얻는 주소 지정 방식, 가장 짧은 형태의 주소 지정 방식

[41] 0 : 존재하지 않은 경우
   1 : 존재하는 경우

[42] 운영체제의 목적
   1. 처리 능력 향상 2. 응답시간 단축 3. 사용 가능도 4. 신뢰도

[45] 매크로 처리기는 매크로를 처리해주는 도구이다.
   언어 번역 프로그램 : 프리 프로세서(전 처리기), 컴파일러, 인터프리터, 어셈블러

[46] 프로그램 크기와 성능과는 아무런 관계가 없다.

[51] 자기 보수 코드(Self complement) : Excess-3 코드
   weighted code : 8421 코드, 5421 코드

[52] 함수 연산 기능 : 자료 처리 기능
   전달 기능, 입출력 기능 : 전송 기능
   제어 기능 : 일의 진행 순서를 변경하는 기능

[53]
```
  000111              000111
           2의 보수
 -111001             +111001
 --------            --------
                      001110
```

[54] 직접 메모리 액세스 : DMA 로서 CPU 를 경유하지 않고 I/O
   가상 기억 장치 : 용량 증대
   캐시 기억 장치 : 속도 향상
   연관 기억 장치 : 내용에 의한 검색(속도 향상)

[55] ALU : Arithmetic(산술 연산) and Logical(논리 연산) Unit(장치)

[56] 조합 회로 : 기능만 있는 회로
   순차 회로 : 조합 회로 + 기억 장치

[57] CAV : 등각 속도로서 Hard Disk 와 같은 경우에 사용되는데 안쪽 섹터와 바깥쪽의 섹터에 똑같은 크기의 자료가 기억된다. 그러므로 바깥쪽의 섹터에

대한 저장 공간의 낭비가 심하다.

CLV : 등선 속도로 CD 나 DVD 등의 저장 방법이다. 저장 공간의 낭비는 없다.

[58] 0-주소 명령어 : 스택을 이용하는 명령어

1-주소 명령어 : 누산기를 이용하는 명령어

2-주소 명령어 : 일반 명령어(범용 레지스터를 이용)

3-주소 명령어 : 원본을 보존하기 위한 명령어

[60] 운영체제

1. 제어 프로그램 : 감시 프로그램, job 관리 프로그램, Data 관리 프로그램

2. 처리 프로그램 : 언어 번역 프로그램, 서비스 프로그램, 문제 프로그램

[61] 가수의 위치를 조정하는 경우는 덧셈 및 뺄셈 시에 필요한 과정이다.

[62] 로더의 기능 : 할당, 연결, 재배치, 적재

[63] 보조 플래그를 의미한다.

PF : 1의 개수가 짝수개 또는 홀수개가 되게하는 플래그

ZF : 결과 값이 0 인 경우로 1로 set 되는 플래그

SF : 부호 플래그로서 결과 값이 음수이면 1로 set 되는 플래그

[64] 기호언어(Mnemonic)는 어셈블리 언어를 의미한다.

[65] 동기 고정식 : 가장 긴 시간을 기준

동기 가변식 : 유사한 시간끼리 묶어서 그룹화하여 시간을 정의

비동기식 : 각각의 마이크로 오퍼레이션의 사이클 타임으로 정의

[66] 9 = 00001001

−9 = 11110111

2의 보수 취하는 방법 (1) 1의 보수 + 1

(2) 가장 우측부터 시작해서 처음으로 1이 나올 때까지는 그대로 쓰고 그 다음부터 1은 0으로 0은 1로 바꾼다.

[67] 세마포어는 상호 배제를 지키기 위한 통제 변수

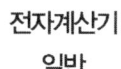

[68]

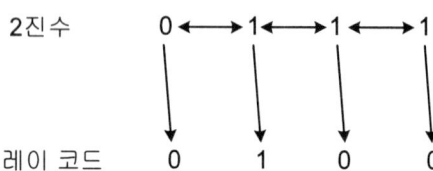

[69]

그레이 코드

가장 좌측의 것은 그대로 내려쓰고 그 다음부터 이웃하는 자료끼리 비교하여 같으면 0, 다르면 1로 한다.

[70] 버스의 종류 3가지

　　1. Data Bus　2. Address Bus　3. Control Bus

[71] I/O 방법

　　1. Memory Map I/O

　　2. I/O Map I/O(격리 형 I/O)

[72] 고정 배선 제어는 RISC 구조이다.

[73] 프로그램의 수정을 자동으로 할 수는 없다.

[74] 프로그램 방식은 CPU 를 경유하여 전송하는 방법이기 때문에 느리다.

[75]

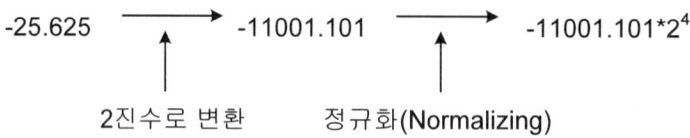

정규화 과정을 거친 후 부호, 지수 와 가수를 메모리에 기억시키면 된다.

[76] ASCII 코드의 Zone bit 는 7,6,5의 3 비트이다.

[77] 매핑 방법

　　1. Direct Mapping : 주소에 의한 매핑

　　2. Associative Mapping : 내용에 의한 매핑

　　3. Set-Associative Mapping : Direct Mapping + Associative Mapping

[78] 가변 헤드 디스크에서 헤드에 의해 그릴 수 있는 동심원으로 구성된 기억 공간을 실린더라 하며 고정 헤드 디스크에서는 이것을 트랙이라고 한다.

[79] 간접 주소 : Read address of operand

　　　Relative Addressing Mode : PC + D

　　　Index Addressing Mode : BR + XR + D

　　　(BR : Base Register , XR : Index Register)

[80] 같으면 0, 다르면 1의 결과를 얻는 논리회로서 Exclusive OR 회로(XOR)라고 한다.

[81] 해밍 코드 : 1 비트의 잘못을 찾아 정정까지 가능한 코드

　　　BCD 코드는 4비트 체제이므로 데이터 비트가 4비트이면 체크 비트는 3비트가 필요하다.

[82] Shell : 명령어 해석기

　　　Kernel : 운영체제의 핵심 부분

[84] 사용자가 작성한 프로그램이나 데이터는 RAM에 기억시킨다.

[85] 하드와이어드 방식은 하드웨어 방식이고 마이크로 프로그램 방식은 펌웨어 방식이다. 하드웨어 방식이 수행 속도가 빠르다.

[86] 프로그램 번역과는 아무런 관계가 없다. 순서도는 프로그램 코딩의 직전 단계이다.

[87]

A＼BC	00	01	11	10
0	1	0	0	1
1	1	1	X	1

↑
$A + \overline{C}$

[90] 계산 속도는 가장 빠르다.

[93] 간접 주소 : read address of operand

[94] 2345 언팩(Unpack = Zone) 형식

2		3		4		5	
1111	0010	1111	0011	1111	0100	1111	0101

↓ 팩(Pack) 형식 (Zone 부분을 없앤다)

2	3	4	5	부호
0010	0011	0100	0101	1100

[95] 10진수 1자리마다 4비트로 변환한 표현법은 팩형 10진 표현법이다. 가장 우측 4비트는 부호 비트로서 양수인 경우는 C(2진수 1100), 음수인 경우는 D(2진수 1101)로 기억된다.

[96] 두 입력의 값이 같으면 0, 다르면 1이 나오는 논리회로는
Exclusive NOR(XNOR) 회로이다.

[98] 단항 연산 : operand가 1개 필요한 연산(Complement, Shift, Rotate)
이항 연산 : operand가 2개 필요한 연산(+, -, *, /, AND, OR)

[99] BR + XR + D 구조의 주소

BR : Base Register 로서 프로그램의 시작 주소를 기억한다.

D : 프로그램의 시작번지로부터 일정한 거리를 나타내기 위한
  값(Displacement)

XR : BR + D 의 주소로부터 배열의 자료를 규칙적으로 처리하기 위해
  Index Register(XR)를 이용

[101] J = 0 , K = 0 ⟶ 불변

J = 0 , K = 1 ⟶ 무조건 0 으로 변한다.

J = 1 , K = 0 ⟶ 무조건 1 로 변한다.

J = 1 , K = 1 ⟶ 이전의 내용이 반전된다.

[102] 대역폭 : 1초 동안 전송되는 비트 수

속도 = $0.5[\mu s]$ = 2M 대역폭 = 2M * 32bit / sec = 64Mbit / sec

[103] Instruction cycle
   1. Fetch cycle : read instruction
   2. Indirect cycle : read address of operand
   3. Execute cycle : read operand
   4. Interrupt cycle

[107] 352 X 240 X 24 bit X 30개 /sec = 60825600 bit/sec ≒ 60 Mbps

[108] 인출 주기(Fetch cycle) : read instruction
   1. MAR ← PC
   2. MBR ← M(MAR) , PC ← PC + 1
   3. IR ← MBR

[109] 211.168.83.34 의 Host ID 가 34 이므로 Host ID 를 나타내기 위한 주소는 6비트 이어야한다.

   Host ID 를 나타내기 위한 6bit 의 값이 0 인 것은 Host 를 선택하지 않은 의미이고 1 ~ 62 까지의 숫자는 해당 Host ID를 선택하는 의미이다. 그리고 6bit 가 모두 1인 값인 63인 경우는 모든 Host 를 선택하는 브로드 캐스트(방송) 주소를 의미한다.

[111] 하나의 명령어는 여러 개의 마이크로 연산 동작으로 이루어진다.

[112] 11개의 원소를 갖는 배열이므로 11로 나눈 나머지의 위치에 보관하는 것이다.

   111을 11로 나눈 나머지 ⟶ 1
   112를 11로 나눈 나머지 ⟶ 2
   113을 11로 나눈 나머지 ⟶ 3
   220을 11로 나눈 나머지 ⟶ 0
   221을 11로 나눈 나머지 ⟶ 1
   222를 11로 나눈 나머지 ⟶ 2

   나머지가 같은 것끼리 충돌이 일어나므로 111 과 221, 112와 222가 충돌이 일어난다.

전자계산기 일반

[113]

```
4 5 + 2 3 * -
  ↑       ↑ ↑
  9       6 3
```

[114] 부호 절대치와 부호화 1의 보수는 영(0)이 두 개 존재한다.

　　　패리티 비트는 오류를 검출할 뿐 수정할 수는 없다.

　　　해밍 코드는 오류를 검출하여 수정까지 할 수 있다.

[115]　private int x;　　　　　　　　캡슐화 부분

　　　class Computer extends Adder　　상속 부분

　　　public int add(int a, int b)

　　　public double add(double a, double b)　　　⎬ 오버 로딩 부분

[116]

M1	16KByte
M2	14KByte
M3	5KByte
M4	30KByte

　　　13 KByte가 들어가는 최초 적합은 M1 (처음으로 맞는 곳)

　　　13 KByte가 들어가는 최적 적합은 M2 (가장 잘 맞는 곳)

　　　13 KByte가 들어가는 최악 적합은 M4 (가장 넓은 곳)

매사에는 양면이 있다.
가장 좋고 유리한 것도 그 칼날 쪽을 붙들면
고통이 되고, 반대로 불리한 것이라도 그 손잡이를
잡으면 방패가 된다. 매사를 불리하다 생각하며
근심하지 말고 유리한 쪽을 바라보라.

- 그라시안 -

Introduction to Computer science

www.ucampus.ac

Chapter 7

2011년도 기출문제

[전자계산기 일반]

2011년도 기출문제

1. 마이크로프로세서로 구성된 중앙처리장치는 명령어의 구성방식에 따라 2가지로 나누어 볼 수 있는데 이 중 연산 속도를 높이기 위해 처리할 수 있는 명령어의 수를 줄였으며, 단순화된 명령구조로 속도를 최대 한 높일 수 있도록 한 것은?
   - 가. SCSI
   - 나. MISC
   - 다. CISC
   - 라. RISC

2. 화소(Pixel)의 색상을 나타내기 위하여 RGB(Red,Green,Blue)로 표현하고 있다. 한 화소의 색상을 각 색상(R,G, B)마다 256가지로 분류를 한다면 한 화소에 대한 저장 장소는 얼마가 필요하며 나타낼 수 있는 색상은 몇 가지인가?
   - 가. 저장장소 : 8비트, 색상 수 : 28
   - 나. 저장장소 : 16비트, 색상 수 : 2^{16}
   - 다. 저장장소 : 24비트, 색상 수 : 2^{24}
   - 라. 저장장소 : 32비트, 색상 수 : 2^{32}

3. 다중프로그래밍(multi programming)을 위하여 시스템이 갖추어야 할 것 중 관계가 가장 적은 것은?
   - 가. 인터럽트(interrupt)
   - 나. 가상메모리(virtual memory)
   - 다. 시분할(time slicing)
   - 라. 스풀링(spooling)

4. 다음 지문에 들어갈 내용으로 알맞은 용어끼리 짝지어진 것을 고르시오?

   > 마이크로 컴퓨터는 연산 및 처리기능을 갖는 (㉠)부분과 연산 처리의 대상이 되며, 목적 기능을 갖는 (㉡)부분으로 나누어 볼 수 있다. (㉠)의 운영을 위해서는 반드시 (㉡)의 지원이 필요하다.

   - 가. ㉠ 하드웨어, ㉡ 소프트웨어
   - 나. ㉠ CPU, ㉡ Memory
   - 다. ㉠ ALU, ㉡ DATA
   - 라. ㉠ CPU, ㉡ 소프트웨어

5. 다음 지문에서 설명하고 있는 소프트웨어의 종류는?

> 컴퓨터의 작업처리 과정 동안에 동적으로 변경이 불가능한 기억장치에 적재된 프로그램 또는 자료를 말하며, 이를 사용자가 변경할 수 없다. 이러한 프로그램 또는 자료를 소프트웨어로 분류하고, 프로그램 또는 자료가 들어 있는 전기 회로를 하드웨어로 분류한다.

가. 펌웨어
나. 시스템 소프트웨어
다. 응용 소프트웨어
라. 디바이스 드라이버

6. 다음 지문에 해당하는 것은?

> 이것은 연산과 제어 기능을 갖고 있으며, 소형 컴퓨터나 전자제품 등에 활용된다. 또한 중앙장치의 한 개의 칩으로 구현하였고, 내부에 소형 기억장치를 포함하고 있다.

가. 마이크로프로세서
나. 마이크로컴퓨터
다. 연산장치
라. 마더보드

7. 자원을 효율적으로 관리하기 위한 운영체제의 추가관리기능들로 올바르게 나열 된 것은?

가. 프로세스관리기능-명령해석기시스템-보호시스템
나. 명령해석기시스템-보호시스템-네트워킹
다. 주기억장치관리-네트워킹-명령해석기시스템
라. 주변장치관리기능-보호시스템-네트워킹

8. 마이크로프로세서를 구성하는 요소 장치로 데이터 처리과정에서 필수적으로 요구되는 것끼리 올바르게 짝지어진 것은?

가. 제어장치, 저장장치
나. 연산장치, 제어장치
다. 저장장치, 산술장치
라. 논리장치, 산술장치

[전자계산기 일반]

9. 다음의 그림은 CPU의 기능 블록도를 나타낸 것이다. 빈칸에 들어갈 용어는?

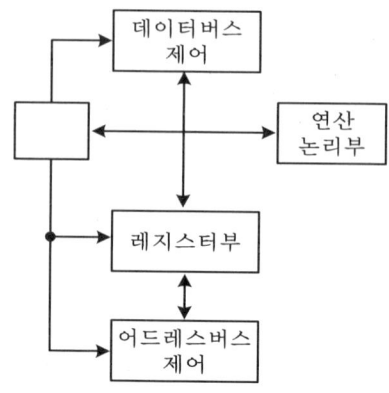

    가. 제어부   나. 프로그램 카운터
    다. 메모리 주소부   라. 명령어 해석부

10. 이진수를 1의 보수로 표현하는 컴퓨터가 있다. 연산 중 negate(피연산자의 부호변경) 연산과 같은 것은 무엇인가?
    가. NOT 연산   나. SKIP 연산
    다. SHIFT 연산   라. ROTATE 연산

11. 주소영역(address space)이 1[GB]인 컴퓨터가 있다. 이 컴퓨터의 MAR(memory address register)의 크기는 얼마인가?
    가. 30비트   나. 30바이트
    다. 32비트   라. 32바이트

12. 운영체제가 추구하는 목적의 짝이 제대로 지어진 것은?
    가. 사용자의 독점성과 자원의 효율적 이용
    나. 사용자의 편리성과 자원의 독점적 이용
    다. 사용자의 독점성과 자원의 독점적 이용
    라. 사용자의 편리성과 자원의 효율적 이용

13. 다음 출력 장치들 중 인쇄활자를 이용하는 것은 무엇인가?
    가. 라인 프린터(line printer)
    나. 도트 매트릭스 프린터(dot matrix printer)
    다. 레이저 프린터(laser printer)
    라. 잉크젯 프린터(inkjet printer)

14. 제어장치(control unit)를 마이크로프로그래밍(microprogramming)으로 구현 하였을 때 하드와이어(hardwired) 제어장치보다 장점이 아닌 것은?
    가. 제어 속도가 빠르다.
    나. 제어 장치의 설계를 단순화할 수 있다.
    다. 오류 발생률이 낮다.
    라. 구현 비용이 적게 든다.

15. 인터럽트 수행과정 중, CPU 내부에 있는 특수 목적용 레지스터들 가운데 하나로, 원래의 프로세스가 수행될 수 있도록 프로그램 카운터의 주소를 임시로 저장하는 레지스터를 무엇이라 하는가?
    가. 명령 레지스터
    나. 기억장치 주소레지스터
    다. 기억장치 버퍼 레지스터
    라. 스택 포인터

16. 다음 마이크로프로세서의 명령인출 과정을 올바르게 나열한 것은?

㉠ 기억장치 버퍼 레지스터(MBR)	㉡ 기억장치 주소 레지스터(MAR)
㉢ 프로그램 카운터(PC)	㉣ 명령 레지스터(IR)

    가. IR→MBR→MAR→PC
    나. PC→MBR→MAR→IR
    다. PC→MAR→MBR→IR
    라. IR→MAR→MBR→PC

17. 다음 지문은 운영체제의 4가지 목적 중 한 가지를 설명한 것이다. 어떠한 것에 대한 설명인가?

    > 컴퓨터 시스템 사용 시 어느 정도로 빨리 이용할 수 있는지를 나타내는 것으로서, 시스템 자체에 이상이 생겼을 경우, 즉시 회복하여 사용할 수 있는지를 알 수 있다.

    가. 응답시간의 단축
    나. 처리 능력 향상
    다. 사용 가능성
    라. 자원 스케줄링 기능

18. 가상기억장치 구현방법의 한 가지로, 기억 장치를 동일한 크기의 페이지 단위로 나누고 페이지 단위로 주소 변환 및 대체를 하는 방식은?
    가. 논리 메모리 분할 기법
    나. 페이징 기법
    다. 스케줄링 기법
    라. 세그먼테이션 기법

19. 대기 중인 프로세서가 요청한 자원들이 다른 대기 중인 프로세스에 의해서 점유되어 다시 프로세스 상태를 변경시킬 수 없는 경우가 발생하게 되는데 이러한 상황을 무엇이라고 하는가?
    가. 한계 버퍼문제
    나. 교착상태
    다. 페이지 부재상태
    라. 스래싱(Thrashing)

20. 다음 보기의 기억장치들을 속도가 가장 빠른 것에서 느린 순서대로 나열하고 있는 것은?

    (1)캐쉬 (2)보조기억장치 (3)주기억장치 (4)레지스터 (5)디스크 캐쉬

    가. (4)-(3)-(1)-(5)-(2)
    나. (4)-(5)-(3)-(1)-(2)
    다. (4)-(1)-(3)-(5)-(2)
    라. (4)-(5)-(1)-(3)-(2)

21. 16진수의 값 "12345678"을 기억장치에 저장하려고 한다. Little Endian 방식으로 저장된 것은 어느 것인가?

    가.
주소	0	1	2	3
내용	12	34	56	78

    나.
주소	0	1	2	3
내용	21	34	65	78

    다.
주소	0	1	2	3
내용	78	56	34	12

    라.
주소	0	1	2	3
내용	87	65	43	21

22. DMA가 CPU에게 버스 사용권을 열어 한 개의 워드를 전송하는 것을 무엇이라 하는가?
   가. 핸드셰이킹(handshaking) 나. 데이지 체인(daisy chin)
   다. 버스 중재(bus arbitration) 라. 사이클 스틸링(cycle stealing)

23. 두 개의 레지스터에 십진수의 1과 -1에 해당하는 이진수가 저장되어 있다. 이 두 레지스터에 덧셈 연산을 수행한 결과는 다음의 어느 것인가?
   가. 결과 값은 0이고, 캐리(carry)가 발생하지 않는다.
   나. 결과 값은 0이고, 캐리가 발생한다.
   다. 오버플로우(overflow)와 캐리가 발생한다.
   라. 오버플로우는 발생하나 캐리는 발생하지 않는다.

24. 시프트 레지스터(shift register)의 내용을 오른쪽으로 2비트 이동시키면 원래 저장되었던 값은 어떻게 변화되는가?
   가. 원래 값의 2배 나. 원래 값의 4배
   다. 원래 값의 1/2배 라. 원래 값의 1/4배

25. 두 이진수 01101101 과 11100110 을 연산하여 결과가 10011011 이 나왔다. 다음의 어떤 연산을 한 것인가?
   가. AND 연산 나. OR 연산
   다. XOR 연산 라. NAND 연산

26. 다음 지문에서 설명하고 있는 운영체제의 종류는?

   > 서버 급 운영체제이면서도 무료 버전이며, 소스가 공개되어 있어 사용자들이 원하는 기능을 추가하거나 변경할 수 있다. 또한 서버용 프로그램들을 기본으로 갖고 있으며, 임베디드에도 널리 응용되고 있다.

   가. 유닉스(Unix) 나. 리눅스(Linux)
   다. 윈도우즈(Windows) 라. 맥(Mac) O/S

전자계산기 일반

27. 다음 지문에서 설명하는 운영체제의 유형은?

> 부분적으로 일어나는 장애를 시스템이 즉시 찾아내어 순간적으로 복구함으로써 시스템의 처리 중단이나 데이터의 유실과 훼손을 막을 수 있는 시스템방식이다. 특히 자원의 중복성에도 불구하고, 특별한 관리가 필요한 정보처리에 매우 유용하다.

가. 시분할 시스템(Time-sharing system)
나. 다중 처리(Multi-processing)
다. 다중 프로그래밍(Multi-programming)
라. 결함 허용 시스템(Fault-tolerant system)

28. 다음 지문이 의미하는 소프트웨어는 무엇인가?

> 상하 관계나 동종 관계로 구분할 수 있는 프로그램들 사이에서 매개역할을 하거나 프레임워크 역할을 하는 일련의 중간 계층 프로그램을 말하며, 일반적으로 응용 프로그램과 운영 체제의 중간에 위치하여 사용자에게 시스템 하부에 존재하는 하드웨어, 운영 체제, 네트워크에 상관없이 서비스를 제공한다.

가. 유틸리티
나. 디바이스 드라이버
다. 응용소프트웨어
라. 미들웨어

29. 마이크로프로세서의 시스템 버스에 해당하는 것끼리 올바르게 짝 지어진 것은?

가. 주소, 데이터, 메모리
나. 제어, 데이터, 명령
다. 데이터, 메모리, 제어
라. 주소, 제어, 데이터

30. 주소 지정방식 중 명령어 내에 오퍼랜드 필드의 내용이 데이터의 유효주소가 되는 주소지정방식은?

가. 직접 주소지정 방식
나. 간접 주소지정 방식
다. 레지스터 주소지정 방식
라. 레지스터 간접 주소지정 방식

31. 하나의 명령 사이클을 실행하는데 2개의 머신 사이클이 필요하다고 했을 때 CPU 클록 주파수를 10MHz로 동작시켰다. 이 때 1개의 명령 사이클을 실행하는데 걸리는 시간은? (단, 각각의 머신 사이클은 5개의 머신 스테이트로 구성 되어 있다)

가. $1[\mu s]$
나. $2[\mu s]$
다. $10[\mu s]$
라. $20[\mu s]$

32. 다음 중 Floating Point 표현 수들 사이의 곱셈 알고리즘 과정에 해당되지 않는 것은?
   가. 가수를 곱한다.   나. 결과를 정규화 시킨다.
   다. 가수의 위치를 조정한다   라. 0(zero) 인지의 여부를 조사한다.

33. 짝수 패리티를 이용한 8421 BCD 코드를 해밍코드로 변환하면 다음 표와 같다. 빈 칸에 들어갈 것은?

10진수/비트의 위치	1	2	3	4	5	6	7
	P1	P2	d4	P4	d3	d2	d1
4			0		1	0	0
5			0		1	0	1

   가. 4:000, 5:111   나. 4:110, 5:001
   다. 4:101, 5:010   라. 4:100, 5:101

34. 중앙처리장치의 메이저 스테이션 중 기억장치로부터 주소를 읽은 후 그것이 직접주소인지 간접주소인지를 시험하고 그에 따른 적절한 동작을 하는 스테이션은?
   가. FETCH 스테이션   나. EXECUTE 스테이션
   다. INDIRECT 스테이션   라. INTERRUPT 스테이션

35. 인터럽트의 발생 요인이 아닌 것은?
   가. 오류(error)   나. 서브루틴 호출
   다. 입출력 처리요구   라. 정전

36. 기억장치 사상 I/O(memory-mapped I/O) 방식에 대한 설명으로 적합하지 않은 것은?
   가. I/O 제어기 내의 레지스터들을 기억장치 내의 기억 장소들과 동일하게 취급한다.
   나. 레지스터들의 주소도 기억장치 주소영역의 일부분을 할당한다.
   다. 기억장치와 I/O 레지스터들을 액세스할 때 동일한 기계 명령어들을 사용할 수 있다.
   라. 이 방식을 사용하여도 기억장치 주소 공간은 줄어들지 않는다.

[전자계산기 일반]

37. 컴퓨터 메모리에 저장된 바이트들의 순서를 설명하는 용어로 바이트 열에서 가장 큰 값이 먼저 저장되는 것은?
    가. large-endian
    나. small-endian
    다. big-endian
    라. little-endian

38. 선점 스케줄링에 대한 설명으로 옳은 것은?
    가. 한 프로세스가 실행되면 완료될 때까지 프로세서를 차지한다.
    나. 작업시간이 짧은 작업이 긴 작업을 기다리는 경우가 발생할 수도 있다.
    다. 프로세스의 종료시간에 대해 예측이 가능하다.
    라. 빠른 응답시간을 요구하는 시분할 시스템, 실시간 시스템에 적합하다.

39. 컴퓨터에 여러 개의 채널 제어기가 존재할 때, 이들을 구별하기 위한 것은?
    가. 채널 프로그램의 주소
    나. 입출력 장치 부호
    다. 채널 주소 부분
    라. 연산자 부분

40. 마이크로프로세서에 대한 설명 중 올바른 것은?
    가. CPU를 집적화시킨 것이다.
    나. intel 80386 DX는 4bit 마이크로프로세서이다.
    다. 대형, 중량, 고가격이다.
    라. 초창기의 마이크로프로세서는 한번에 8bit를 처리 할 수 있었다.

41. 다음 중 가중치 코드(Weighted Code)가 아닌 것은?
    가. 8421코드
    나. 2421코드
    다. 5421코드
    라. Excess-3코드

42. CPU 레지스터, 캐시기억장치, 주기억장치, 보조기억장치로 기억장치의 계층구조 요소를 구성하고 있다. 이들 중에서 처리속도가 가장 빠른 것과 가장 느린 것을 순서대로 옳게 나열한 것은?
    가. 캐시기억장치, 주기억장치
    나. CPU레지스터, 캐시기억장치
    다. 주기억장치, 보조기억장치
    라. CPU레지스터, 보조기억장치

43. 시스템 동작 개시 후 최초로 주·기억장치에 프로그램을 load하는 것은?
    가. operating system　　　　　　나. bootstrap loader
    다. mapping operator　　　　　　라. editor

44. Address Bus선(Line)이 16선으로 되어 있다. 이 때 지정할 수 있는 최대 번지수는?
    가. 8192　　　　　　나. 16384
    다. 32767　　　　　라. 65535

45. 어떤 명령(instruction)을 수행하기 위해 가장 우선적으로 이루어져야 하는 마이크로 오퍼레이션은?
    가. PC → MBR　　　　　나. PC → MAR
    다. PC+1 → PC　　　　라. MBR → IR

46. 구글이 클라우드 시대를 겨냥해서 만든 차세대 태블릿 PC용 OS는?
    가. 크롬 OS　　　　나. 사파리
    다. 비스타　　　　라. 안드로이드

47. Spooling을 설명한 것으로 가장 타당한 것은?
    가. 자료를 발생 즉시 처리하는 방식이다.
    나. 느린 장치로 출력할 때 디스크 등의 보조기억장치에 저장하고 그 장치를 출에 연결하는 방식이다.
    다. 자료를 일정기간 모아서 한 번에 처리하는 방식이다.
    라. 여러 개의 처리기를 이용하여 여러 가지 작업을 동시에 처리하는 방식이다.

48. 여러 명의 사용자가 사용하는 시스템에서 컴퓨터가 사용자들의 프로그램을 번갈아 가면서 처리해 줌으로써 각 사용자가 각자 독립된 컴퓨터를 사용하는 느낌을 주는 시스템과 가장 관계 깊은 것은?
    가. on-line system
    나. batch file system
    다. dual system
    라. time sharing system

[전자계산기 일반]

49. 다음 중 IEEE 754에 대한 설명으로 옳은 것은?
    가. 고정소수점 표현에 대한 국제 표준이다.
    나. 가수는 부호 비트와 함께 부호화-크기로 표현된다.
    다. $O.M \times 2^E$의 형태를 취한다. (단, M:가수, E:지수)
    라. 64비트 복수-정밀도 형식의 경우 지수는 10비트이다.

50. 자기디스크에서 사용하는 CAV방식의 단점으로 옳은 것은?
    가. 접근 속도의 저하   나. 구동장치의 복잡화
    다. 디스크의 무게 증가   라. 저장 공간의 낭비

51. 파이프라인에 의한 이론적 최대 속도 증가율을 내지 못하는 주된 이유가 아닌 것은?
    가. 병목현상   나. 자원회피
    다. 데이터 의존성   라. 분기 곤란

52. Micro processor에서 다음 실행할 번지가 저장되는 곳은?
    가. Buffer register   나. Program counter
    다. Accumulator   라. Instruction register

53. 고급 언어(high-level language) 에 대한 특징으로 가장 옳은 것은?
    가. computer 하드웨어와 compiler에 종속적이다.
    나. computer 하드웨어에 종속적이고, compiler에 독립적이다.
    다. computer 하드웨어와 compiler에 독립적이다.
    라. computer 하드웨어에 독립적이고, compiler에 종속적이다

54. 2진수 1001에 대한 해밍 코드로 옳은 것은? (단, 짝수 패리티 체크를 사용한다.)
    가. 0011001   나. 1000011
    다. 0100101   라. 0110010

55. 부동소수점 표현시 수들 사이의 곱셈 알고리즘 과정에 포함되지 않은 것은?
   가. 0(zero)인지 여부를 조사한다.
   나. 가수의 위치를 조정한다.
   다. 가수를 곱한다.
   라. 결과를 정규화 한다.

56. 10진수 47.625를 2진수로 변환한 것으로 옳은 것은?
   가. 101111.111   나. 101111.010
   다. 101111.001   라. 101111.101

57. ASCII 코드의 존 비트와 디지트 비트의 구성으로 옳게 표시한 것은?
   가. 존 비트 : 4, 디지트 비트 : 3   나. 존 비트 : 3, 디지트 비 : 4
   다. 존 비트 : 4, 디지트 비트 : 4   라. 존 비트 : 3, 디지트 트 : 3

58. 누산기(Accumulator)의 역할은?
   가. 연산 명령의 해독 장치   나. 연산 명령의 기억 장치
   다. 연산 결과의 일시 기억 장치   라. 연산 명령 순서의 기억 장치

59. 자바언어에 대한 설명 중 틀린 것은?
   가. 분산 환경을 지원하는 차세대 객체지향 언어이다.
   나. 다중 스레드(thread)를 지원하는 언어이다.
   다. 프로그래밍 언어이다.
   라. 메모리를 겹쳐쓰기(overwrite)할 수 있다.

60. 다음 프로그램 중 제어프로그램이 아닌 것은?
   가. 자료, 파일 관리프로그램   나. 작업관리 프로그램
   다. 언어 번역 프로그램   라. 기억 영역 관리 프로그램

61. 메모리 장치와 주변 장치 사이에서 데이터의 입출력 전송이 직접 이루어지는 것은?
   가. MIMD   나. UART
   다. MIPS   라. DMA

[전자계산기 일반]

62. 고급 언어로 작성된 프로그램을 컴퓨터가 이해할 수 있는 기계어로 번역해 주는 프로그램은?
    가. 컴파일러(Compiler)   나. 어셈블러(Assembler)
    다. 유틸리티(Utility)   라. 연계 편집 프로그램

63. 메모리로부터 읽혀진 명령어의 오퍼레이션 코드(OP-code)는 CPU의 어느 레지스터에 들어가는가?
    가. 누산기   나. 임시레지스터
    다. 논리연산장치   라. 인스트럭션 레지스터

64. 논리회로를 설계하는 과정에서 최적화를 위한 고려 대상이 아닌 것은?
    가. 게이트 종류의 다양화   나. 전파 지연 시간의 최소화
    다. 사용 게이트 수의 최소화   라. 게이트 간의 상호 변수의 최소화

65. 다음 플립플롭의 진리표로 옳은 것은?
    가. (ㄱ) = 0, (ㄴ) = 0   나. (ㄱ) = 1, (ㄴ) = 0
    다. (ㄱ) = 0, (ㄴ) = 1   라. (ㄱ) = 1, (ㄴ) = 1

66. 프로그램이 수행되는 도중에 인터럽트가 발생되면 현 사이클의 일을 끝내고 프로그램이 수행될 수 있도록 현주소를 지시하는 것은?
    가. 상태 레지스터   나. 프로그램 레지스터
    다. 스택 포인터   라. 인덱스 레지스터

67. 어떤 디스크의 탐색시간이 20[ms], 데이터 전송시간이 0.5[ms], 회전지연시간이 8.3[ms] 이라고 할 때 데이터를 읽거나 쓰는데 걸리는 평균 액세스는 얼마인가?
    가. 9.65 [ms]   나. 11.2 [ms]
    다. 28.8 [ms]   라. 30.8 [ms]

68. 메모리 인터리빙(memory interleaving)의 사용 목적은?
   가. memory의 저장 공간을 높이기 위해서
   나. CPU의 idle time 을 없애기 위해서
   다. memory의 access 회수를 줄이기 위해서
   라. 명령들의 memory access 충돌을 막기 위해서

69. CPU가 명령어를 실행할 때의 메이저 상태에 대한 설명으로 옳은 것은?
   가. 실행 사이클은 간접주소 방식의 경우에만 수행된다.
   나. 명령어의 종류를 판별하는 것을 간접 사이클이라 한다.
   다. 기억장치내의 명령어를 CPU로 가져오는 것을 인출 사이클이라 한다.
   라. 인터럽트 사이클 동안 데이터를 기억장치에서 읽어낸다.

70. 자료구조에 대한 설명으로 틀린 것은?
   가. 배열(array)은 원하는 자료를 즉시 읽어낼 수 있다.
   나. 연결 리스트(linked list)는 원하는 자료를 읽어내기 위해 리스트를 탐색하여야 한다.
   다. 연결 리스트는 자료의 추가나 삭제가 배열보다 어렵다.
   라. 배열은 기억장치 내에 연속된 기억공간을 필요로 한다.

71. 시프트 레지스터로 이용할 수 있는 기능이 아닌 것은?
   가. 나눗셈   나. 곱셈
   다. 직렬전송   라. 병렬전송

72. 외부하드디스크 드라이브, CD-ROM 드라이브, 스캐너 테이프 백업 장치 등을 연결할 수 있는 장치는?
   가. RS-232C 포트   나. 병렬 포트
   다. SCSI   라. 비디오 어댑터 포트

73. two address machine에서 기억 용량이 2^{16}워드이고 워드 길이가 40[bit]라면 이 명령형에 대한 명령은 몇 [bit]로 구성되는가?
   가. 8   나. 7
   다. 6   라. 5

전자계산기 일반

74. 다음 중 C 언어가 높은 호환성을 갖는 이유가 아닌 것은?
   가. 프로그램간의 인터페이스가 함수로 통일
   나. 높은 이식성
   다. 자료 형 변환이 자유
   라. 포인터 사용이 가능

75. 양수 A와 B가 있다. 2의 보수 표현 방식을 사용하여 A-B 를 수행하였을 때 최상위 비트에서 캐리(carry)가 발생 하였다. 이 결과로부터 A와 B에 대한 설명으로 가장 적절한 것은?
   가. 캐리가 발생한 것으로 보아 A는 B보다 작은 수이다.
   나. B-A를 수행하면 최상위비트에서 캐리가 발생하지 않는다.
   다. A+B를 수행하면 최상위비트에서 캐리가 발생한다.
   라. A-B의 결과에 캐리를 제거하고 1을 더해주면 올바른 결과를 얻을 수 있다.

76. 서브루틴 레지스터(SBR)에 사용하지 않는 마이크로프로세서 연산은?
   가. 복귀(RET)   나. 점프(JUMP)
   다. 호출(CALL)   라. 조건부 호출(conditional CALL)

77. 웹 페이지에서 문서 사이에 링크(LINK)가 가능하게 한 표준 언어는?
   가. HTML   나. HTTP
   다. FTP   라. BROWSER

78. 일반적으로 마이크로컴퓨터의 시스템 보드(System Board)상에 직접 연결되어 있는 장치가 아닌 것은?
   가. 마이크로프로세서(Micro Processor)   나. ROM(Read Only Memory)
   다. RAM(Random Access Memory)   라. 하드 디스크(Hard Disk)

79. 컴퓨터 시스템의 신뢰도 향상을 위하여 가장 중요 시 되는 것은?
   가. 가상기억장치   나. 결함 허용 시스템
   다. 실시간 처리   라. 부동 소수점 연산

80. 전기신호에 의하여 자료를 기록하고, 삭제할 수 있는 ROM은?
    가. MASK ROM   나. PROM
    다. EEPROM   라. EPROM

81. 프로그램에 대한 성능을 평가하고 분석하는 것을 무엇이라 하는가?
    가. bench mark program   나. system program
    다. control program   라. scheduler

82. 부동소수점 표현 수들 사이의 곱셈 알고리즘 과정에 해당되지 않는 것은?
    가. 0(zero)인지 여부를 조사한다.   나. 가수의 위치를 조정한다.
    다. 가수를 곱한다.   라. 결과를 정규화 한다.

83. 16진수 CAF.28을 8진수로 고치면?
    가. 6255.62   나. 6255.52
    다. 6257.32   라. 6257.12

84. Associative 메모리와 관련이 없는 것은?
    가. CAM(Content Addressable Memory)
    나. 고속의 Access
    다. Key 레지스터
    라. MAR(Memory Address Register)

85. Channel과 DMA에 관한 설명 중 옳지 않은 것은?
    가. DMA는 하나의 인스트럭션으로 여러 블록을 입출력할 수 있다.
    나. DMA방식은 CPU의 간섭없이 일련의 데이터를 기억장치와 직접 입출력할 수 있는 방식이다.
    다. Block multiplexer channel은 여러 개의 고속의 장치를 동시에 동작시킬 수 있다.
    라. Channel은 처리 속도가 빠른 CPU와 처리속도가 늦은 입출력 장치 사이에 발생되는 작업상의 낭비를 줄여준다.

86. 다음 연산의 결과로 옳은 것은?

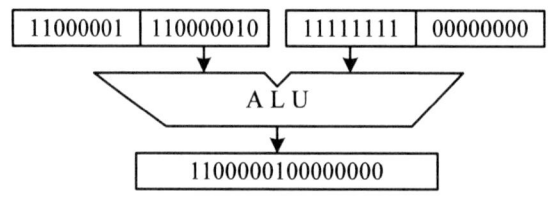

　　가. MOVE 연산　　　　　　나. Complement 연산
　　다. AND 연산　　　　　　　라. OR 연산

87. 명령 인출 사이클(fetch cycle)에 대한 설명으로 옳지 않은 것은?
　　가. machine cycle에 속한다.
　　나. 명령어를 해독하는 과정이 포함된다.
　　다. 반드시 execution cycle에서만 발생한다.
　　라. program counter에서 주소가 MAR로 전달된다.

88. 프로세서는 입출력 모듈로 외부장치의 주소와 입출력명령을 보낸다. 입출력 명령의 종류가 아닌 것은?
　　가. 제어(control)　　　　　　나. 검사(test)
　　다. 읽기(read)　　　　　　　라. 수정(modify)

89. ALU의 기능이 아닌 것은?
　　가. 가산을 한다.
　　나. AND 동작을 한다.
　　다. complement 동작을 한다.
　　라. PC(프로그램카운트)를 1만큼 증가시킨다.

90. 마이크로소프트사에서 Driver개발을 표준화시키고 호환성을 가지게 하기 위해 만든 드라이버 모델은?
　　가. ISA　　　　　　　　　　나. PCI
　　다. OSC　　　　　　　　　　라. WDM

91. CPU 클록이 100[MHz]일 때 인출 사이클(fetch cycle)에 소요되는 시간은?
    가. 12[ns]　　　　　　　　　　나. 24[ns]
    다. 30[ns]　　　　　　　　　　라. 36[ns]

92. memory-mapped I/O 방식의 사용상 특징은?
    가. 메모리와 입출력 번지 사이의 구별이 없다.
    나. 입출력 전용 번지가 할당되기 때문에 프로그램의 이해 및 작성이 쉽다.
    다. 기억장치의 이용효율이 높다.
    라. 하드웨어가 복잡하다.

93. 컴퓨터에서 물리적인 메모리 주소에 가상 메모리 주소를 배정하는 기법을 무엇이라 하는가?
    가. interrupt　　　　　　　　　나. mapping
    다. merging　　　　　　　　　 라. overlapping

94. 그 자체로 특수한 곱셈과 나눗셈을 수행하거나 혹은 곱셈과 나눗셈에 보조적으로 이용되는 연산은?
    가. 논리적 MOVE　　　　　　　나. 산술적 Shift
    다. Rotate　　　　　　　　　　라. ADD

95. 컴퓨터의 특징이라고 볼 수 없는 것은?
    가. 범용성이 우수하다.
    나. 창의성, 응용성이 있다.
    다. 데이터 처리를 신속, 정확하게 할 수 있다.
    라. 대용량의 데이터를 기억, 저장, 처리 할 수 있다.

96. 주소지정 방식 중 최소한 두 번 이상 주기억장치를 접근해야 유효주소를 찾을 수 있는 것은?
    가. 즉시 주소지정 방식　　　　　나. 직접 주소지정 방식
    다. 간접 주소지정 방식　　　　　라. 상대 주소지정 방식

전자계산기 일반

97. 확장 보드나 소프트웨어가 입출력하는 버스의 점유권을 쥐고 버스를 직접 제어하는 것은?

　가. bus master　　　　　　　나. bus slave
　다. bridge　　　　　　　　　라. ISA

98. 버스 클록(bus clock)이 2.5[GHz]이고, 데이터 버스의 폭이 8비트인 버스의 대역폭에 가장 근접한 것은?

　가. 25[Gbytes/sec]　　　　　나. 16[Gbytes/sec]
　다. 2[Gbytes/sec]　　　　　라. 1[Gbytes/sec]

99. 다음 중 매개 변수 전달 기법이 아닌 것은?

　가. Call by Reference　　　　나. Call by Return
　다. Call by Value　　　　　　라. Call by Name

100. 3 바이트로 구성된 서브루틴 Call 명령어 메모리의 3456번지에 있는 "CALL 1234" 명령문을 수행한 후 PC(program counter)에 기억된 내용은?

　가. 3456　　　　　　　　　나. 3459
　다. 1234　　　　　　　　　라. 4291

2011년도 기출문제 정답

1	2	3	4	5	6	7	8	9	10
라	다	다	가	나	가	나	나	가	가
11	12	13	14	15	16	17	18	19	20
가	라	가	가	라	다	다	나	나	다
21	22	23	24	25	26	27	28	29	30
다	라	나	라	라	나	라	라	라	가
31	32	33	34	35	36	37	38	39	40
가	다	다	다	나	라	다	라	다	가
41	42	43	44	45	46	47	48	49	50
라	라	나	라	나	가	나	라	나	라
51	52	53	54	55	56	57	58	59	60
나	나	라	가	나	라	나	다	라	다
61	62	63	64	65	66	67	68	69	70
라	가	라	가		다	다	나	다	다
71	72	73	74	75	76	77	78	79	80
라	다	가	라	나	나	가	라	나	다
81	82	83	84	85	86	87	88	89	90
가	나	라	라	가	다	다	라	라	나
91	92	93	94	95	96	97	98	99	100
다	가	나	나	나	다	가	다	나	다

[전자계산기 일반]

2011년도 기출문제 해설

[01] 1. CISC(Complex Instruction Set computer) : 다양한(복잡한) 명령어 집합 컴퓨터 구조

   1) 명령어의 길이가 다양하다.

   2) Register 수가 적기 때문에 명령어 형식이 여러 가지가 존재한다.

2. RISC(Reduced Instruction Set computer) : 줄어든 명령어 집합 컴퓨터 구조

   1) 모든 명령어의 길이가 같다.

   2) register의 수가 많기 때문에 모든 명령어의 연산은 register만을 이용하여 연산된다.

   3) 연산 속도도 register 만을 이용하기 때문에 처리 속도가 빠르다.

[02] R(Red) : 256색 = 8 bit

G(Green) : 256색 = 8 bit

B(Blue) : 256색 = 8 bit

총 24 bit = 2^{24} 색

[03] 용량이 작은 주기억장치로 큰 프로그램 또는 여러 개의 프로그램(다중 프로그램) 처리가 가능하게 하는 기법이 가상 메모리에 의한 처리 방법이다. 여러 개의 프로그램이 동시에 처리되어지는 것처럼 운영되는 방법은 인터럽트(선점) 방법인데 시분할(time slicing)에 의한 것만 있는 것은 아니다.

[06] 마이크로 프로세서 = 연산장치 + 제어 장치 + 기억장치(캐시 메모리)

[08] 마이크로 프로세서 = 연산 장치 + 제어 장치 또는

연산 장치 + 제어 장치 + 기억 장치(캐시 메모리)

[09] CPU = 제어 장치 + 연산 장치

[10] 1의 보수 연산 = NOT 연산(음수는 양수로 양수는 음수로 변환되는 의미)

[11] 용량은 주소와 관련이 있다. 즉, 용량에 의해 주소가 계산되어진다.

　　　용량 = 주소 = 1GB = 2^{30} = 30 bit의 주소가 필요

　　　　　　= MAR(Memory Address Register)의 크기

[12] 운영체제의 목적

　　　1. 처리량(throughput) 증대

　　　2. 응답 시간(turn around time) 단축

　　　3. 사용 가능도(availability)

　　　4. 신뢰도(reliability)

[13] 라인프린터(line printer)

　　　한 번에 한 줄씩 인쇄하는 고속 출력 장치이다. 보통 600 ~ 2400 LPM(Line Per Minute) 정도이다. 인쇄 방법에는 드럼식과 체인식이 있는데, 드럼식은 문자가 배열되어 있는 드럼이 고속으로 회전하면서 원하는 활자가 인쇄 위치에 왔을 때 해머로 두들겨 인쇄하는 방식이며 체인식은 활자 3,4벌이 허리띠 모양으로 연결된 체인을 고속으로 회전시키면서 원하는 활자가 지정된 위치에 오면 해머로 쳐서 인쇄하는 방식이다.

[14] 마이크로 프로그래밍에 의한 구현은 ROM 방법(Firmware)이고 하드와이어드 방법은 Hardware 방법을 의미한다. 속도는 Hardware 방법이 빠르다.

[15] 인터럽트 발생 시 인터럽트 서비스 루틴을 수행한 후 원래의 프로그램으로 돌아가기 위하여 프로그램 카운터의 주소(복귀 주소)를 스택에 보관하여야한다. 이때 보관된 스택의 위치를 나타내고 있는 역할을 스택 포인터가 담당한다.

[16] Fetch cycle : read instruction

　　　1. MAR ← PC

　　　2. MBR ← M[MAR] , PC ← PC + 1

　　　3. IR ← MBR

[17] 사용 시 어느 정도를 빨리 이용할 수 있는지를 나타내는 것을 "사용 가능도"라고 한다.

[18] 가상 기억 장치 운영

1. Paging 기법 : 고정 크기로 분할하여 운영하는 방법이다. 하나의 고정된 크기를 PAGE 라고 한다. 내부 단편화가 발생하고 외부 단편화는 발생하지 않는다.

2. Segment 기법 : 가변 크기 형태로 운영하는 방법이다. 한 segment의 최대 크기는 64KB 이다. 내부 단편화는 발생하지 않고 외부 단편화가 발생한다.

[19] 무한정 기다림을 의미하는 교착 상태(deadlock)이다.

[20] 가장 빠른 기억 장치는 CPU에 가장 가까이에 있는 Register 이다. 이어서 캐시 메모리, 주기억 장치, 외부장치와 주기억 장치 사이의 디스크 캐쉬, 가장 속도가 느린 보조 기억장치의 순서이다.

[21] Big Endian : 바이트 단위(16진수 2자리 수)의 정순으로 기억.

Little Endian : 바이트 단위(16진수 2자리 수)의 역순으로 기억.

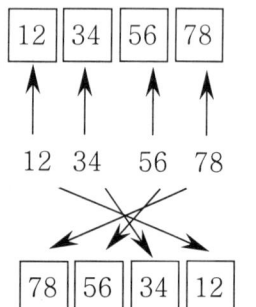

| 12 | 34 | 56 | 78 | Big Endian

12 34 56 78   16진수(Byte 단위는 16진수 2자리 수이다.)

| 78 | 56 | 34 | 12 | Little Endian

[22] DMA : Direct Memory Access

CPU에 의한 I/O가 아니라 주변 장치와 주기억 장치간의 자료가 직접 전송되는 방법이다. 이때 I/O는 CPU의 Cycle을 훔쳐서 I/O가 일어나는 것이다.(Cycle stealing)

[23]   1 = 0 0 0 0 0 0 0 0 0 0 0 0 0 0 0 1
      -1 = 1 1 1 1 1 1 1 1 1 1 1 1 1 1 1 1
      ───
       1 0 0 0 0 0 0 0 0 0 0 0 0 0 0 0 0 ← 결과 값은 0이다.
       ↑
      최종 carry 발생 ← Overflow 와는 관계가 없다.

[24] 산술 shift (1) 왼쪽 시프트 : 1 bit 이동 시 원래 값의 2배가 된다.

　　　　　　　　(2) 오른쪽 시프트 : 1 bit 이동 시 원래 값의 1/2배가 된다.

[25]   01101101　　　　　01101101
       11100110　　→　　11100110　　AND 연산
      ──────────　　　　──────────
                        01100100
                        ↓ NOT 연산
                        10011011　← 최종 결과는 AND 연산과 NOT 연
                                    산에 의한 결과로서 NAND 연산을
                                    의미한다.

[26] 리눅스는 서버 급 운영체제로서 무료 버전이며 소스가 공개 되어 있다.

[27] 결함 허용 운영체제는 결함 발생을 허용함으로써 결함이 생기면 즉시 복구하여 처리될 수 있게 만든 시스템 방식이다.

[28] middleware : 중계 프로그램(소프트웨어)을 의미한다.

[29] 시스템 버스의 종류

　　　(1) 주소 버스(Address bus)

　　　(2) 자료 버스(Data bus)

　　　(3) 제어 버스(Control bus)

[30] Operand 부분의 표현

　1. 자료 자신(Immediate operand)

　2. 주소 (1) 직접 주소 : 데이터의 유효 주소

　　　　　(2) 간접 주소 : 두 번 접근에 의해 데이터가 나타나는 주소

　　　　　(3) 계산에 의한 주소 : 계산에 의한 유효주소

　　　　　　　① BR + D

　　　　　　　② BR + XR + D

③ PC + D (상대 주소)

BR(Base Register) : 프로그램의 시작 번지를 기억하는 register

D(Displacement) : 변위(가지거리)를 나타내는 값

XR(Index Register)

PC(Program Counter) : 다음에 실행할 명령의 번지를 기억하는 register

[31] 1개 명령어 = 2개 Machine Cycle = 10개 Machine state = 10개 * 10MHz = 10개 * 0.1 μs = 1 μs

[32] 부동 소수점 수에 대한 곱셈 알고리즘

1. 0인지 여부 조사(0에 대한 정규화 표현이 불가능하기 때문)
2. 지수끼리 더한다.
3. 가수끼리 곱한다.
4. 결과를 정규화 한다.

가수의 위치 조정은 덧셈과 뺄셈 시에 필요하다.

[33]

10진수/ 비트의 위치	1	2	3	4	5	6	7
	P1	P2	d4	P4	d3	d2	d1
4			0		1	0	0
5			0		1	0	1

4 : 101   5 : 010

[35] 서브루틴 호출은 예기치 못한 일에 대한 응급조치가 아니라 필요에 의해서 수행하기 위한 호출이므로 인터럽트가 아니다.

[36] Memory Mapped I/O는 전용 영역으로 사용되는 방법의 I/O 이다. 그러므로 기억장치의 주소 공간은 그만큼 줄어들게 된다.

[37] Big Endian : 바이트 단위(16진수 2자리 수)의 정순으로 기억. 가중치가 큰 값이 앞에 기억되는 의미.

Little Endian : 바이트 단위(16진수 2자리 수)의 역순으로 기억. 가중치가 작은 값이 앞에 기억되는 의미.

[38] 선점 스케줄링 = 대화식 처리(시분할, 실시간 시스템) 가, 나, 다는 비 선점 스케줄링을 의미

[39] 입출력 명령

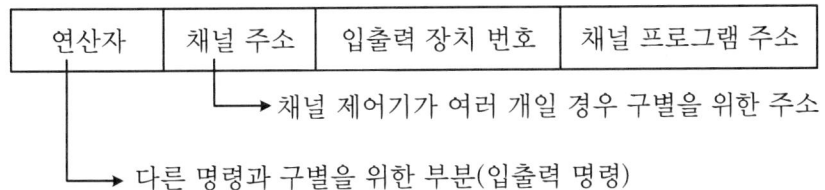

[전자계산기 일반]

[41]

10진수	8421코드	5421코드	2421코드	Excess-3코드
0	0000	0000	0000	0011
1	0001	0001	0001	0100
2	0010	0010	0010(1000)	0101
3	0011	0011	0011(1001)	0011
4	0100	0100	0100(1010)	0111
5	0101	1000(0101)	1011(0101)	1000
6	0110	1001(0110)	1100(0110)	1001
7	0111	1010(0111)	1101(0111)	1010
8	1000	1011	1110	1011
9	1001	1100	1111	1100

이 3개의 코드는 3 + 4 = 7의 결과 값이 된다. 이러한 코드를 가중치 코드라고 한다.

이 코드만이 3 + 4의 결과 7이 되지 않는다. 이러한 코드를 비 가중치 코드라고 한다.

[42] 가장 빠른 것

가장 느린 것 : 보조 기억 장치(CPU에서 가장 멀리 있는 것)

[43] 전원을 켜면 자동으로 최초의 프로그램이 적재되는데 이 적재의 역할을 하는 것이 bootstrap loader 이다.

[44] Address line = 16개 = 0 ~ 2^{16} - 1 = 0 ~ 65535 번지

[45] Fetch cycle 마이크로 동작

1. MAR ← PC
2. MBR ← M[MAR] , PC ← PC + 1
3. IR ← MBR

[47] Spooling : 메모리의 내용을 느린 출력 장치인 프린터로 출력할 때 디스크와 같은 빠른 보조 기억 장치로 보내어서 출력하는 방법이다. 이때 임시로 사용된 디스크의 일부분의 영역을 SPOOL이라고 한다.

[48] 대화식 처리 방법으로 시분할 시스템(time sharing system) 방법이다.

[49] 1. IEEE 754 표준안은 부동 소수점 수 표현에 대한 국제 표준이다.
2. 가수에 대한 부호는 부호화 크기로 표현하는 방법이다. 즉, 음수는 1, 양수인 경우는 0 으로 표현한다.
3. 정규화는 $1.M \times 2^E$ 의 형태이다.
4. 32 비트 float 인 경우의 지수 비트는 8 비트이고 64 비트 double 인 경우의 지수 비트는 11 비트이다.

[50] CAV(등각 속도) 방법에 의한 단점은 저장 공간의 낭비를 가져온다.

[52] Buffer Register : 메모리와 CPU 사이의 Data 전송을 위한 임시(buffer) 기억 장치

Program Counter : 다음에 실행할 명령어의 번지를 기억하기 위한 Register

Accumulator(누산기) : 피가수 및 연산의 결과를 일시적으로 기억하기 위한 Register

Instruction Register(명령 레지스터) : 명령어를 기억하기 위한 Register

[53] 고급언어는 하드웨어에 독립적이고 Compiler에 종속적이다. 즉, 하드웨어와는 아무런 관련이 없고 Compiler와는 관련이 있다는 의미이다.

[54] Hamming 코드 : 짝수 패리티 방법

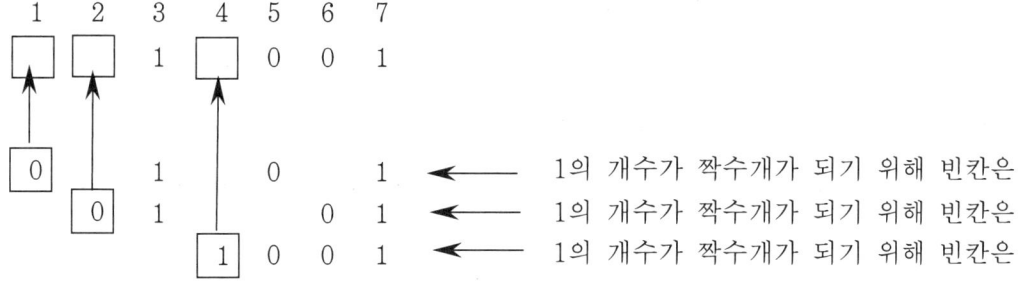

[55] 부동 소수점 수의 곱셈 알고리즘
1. 0인지 여부 조사(0 에 대한 정규화가 불가능하기 때문)
2. 지수끼리 더한다.
3. 가수끼리 곱한다.

> 전자계산기
> 일반

    4. 결과의 정규화

    가수의 위치를 조정하는 것은 덧셈과 뺄셈에서의 알고리즘이다.

[56] 10진수 47.625에 대한 2진수로의 변환

32	16	8	4	2	1	.	0.5	0.25	0.125
1	0	1	0	1	1	.	1	0	1

← 47.625

    사각형의 가중치를 모두 합한 값이 47.625가 된다.

[57] ASCII code = 7 bit = 3 bit(Zone bit) + 4 bit(Digit bit)

[58] Accumulator(누산기) : 피가수 및 연산의 결과를 일시적으로 기억하기 위한 register

[60] 운영체제(OS)

    1. 제어 프로그램

        (1) 감시 프로그램

        (2) Job 관리 프로그램

        (3) Data 관리 프로그램

    2. 처리 프로그램

        (1) 언어 번역 프로그램

        (2) 서비스 프로그램

        (3) 문제 프로그램

[61] MIMD : Multiple Instruction Multiple Data(병렬처리 시스템)

    UART : Universal Asynchronous Receiver & Transmitter(범용 비동기 송/수신기)

    MIPS : Million Instruction Per Second(초당 백만 단위 명령어 처리 능력)

    DMA : Direct Memory Access(직접 메모리 접근)

[62] 컴파일러 : 고급 언어 → 기계어로 번역

    어셈블러 : 기호 언어 → 기계어로 번역

유틸리티 : 유용한 프로그램

연계 편집 프로그램 : 기계어 → 실행 가능한 형태로 만들어주는 프로그램

[63] 누산기 : 연산 시 피가수 및 연산 결과를 기억하는 레지스터

논리연산장치 : 논리 값의 결과(참/거짓)를 얻기 위한 연산 장치

인스트럭션 레지스터 : 명령 레지스터로서 명령어를 기억하고 있는 레지스터

[64] 논리회로의 최적화는 게이트 종류의 다양화가 아니라 단일화를 하여야한다.

NAND gate 또는 NOR gate 만으로 회로 구현이 가능하다.

[66] 인터럽트가 발생할 때 프로그램 카운터의 내용(return address)을 스택에 보관한다. 인터럽트 서비스 루틴의 수행이 끝나면 스택 포인터가 가리키고 있는 내용이 되돌아갈 번지를 의미한다.

[67] 디스크 액세스 시간 = 실린더를 찾는 seek time + 섹터를 찾는 latency time(회전 지연 시간) + 해당 섹터의 데이터 전송 시간 = 20ms + 8.3ms + 0.5ms = 28.8ms

[69] Major state

1. Fetch cycle : read instruction

2. Indirect cycle : read address of operand

3. Execute cycle : read operand

4. Interrupt cycle

[70] Linked list : 자료의 삽입과 삭제가 임의의 위치에서 쉽게 처리된다. 기억 공간은 물리적인 연속 공간일 필요가 없다. 링크 부분이 논리적인 연속 공간의 의미로 사용된다.

Array(배열) : 임의의 위치의 자료를 삭제하면 삭제 자료 이후의 자료를 모두 이동 시켜야한다.

임의의 위치에 자료를 삽입하려면 삽입 시키고자하는 위치의 자료들을 이동 시킨 후에 삽입하여야한다. 배열은 기억 공간이 물리적인 연속 공간을 가져야한다.

전자계산기 일반

[71] 나눗셈 : 산술 오른쪽 쉬프트

곱셈 : 산술 왼쪽 쉬프트

직렬 전송 : 1 bit 씩 왼쪽 또는 오른쪽으로 이동

병렬 전송 : 여러 비트가 한 번에 이동되는 전송으로 이동 명령에 의해 처리된다.

[72] SCSI : Small Computer System Interface(컴퓨터에서 주변 장치를 연결하는 데 사용하는 직렬 인터 페이스)

[73] Two address 명령어 형식

1 Instruction = 1 word = 40 bit

Address = 용량 = 16 bit 주소

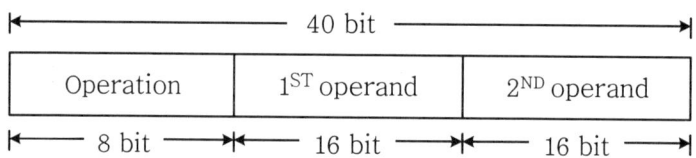

[75] 2의 보수 방법에 의한 연산에서 두수(A 와 B라고 가정)가 양수 인 경우 A-B의 연산을 했을 때 캐리가 발생하면 결과가 양수임을 의미하고 캐리가 발생하지 않으면 음수를 의미한다. 그러므로 B-A 를 하면 캐리가 발생하지 않는다.

A+B 의 연산 시에는 캐리가 발생할 수도 있고 발생하지 않을 수도 있다.

A-B 연산 시 캐리가 발생하면 캐리를 무시한다. 캐리가 발생할 때 1을 더해 주는 것은 1의 보수 방식에 의한 연산인 경우이다.

[77] HTML : Hyper Text Markup Language(웹 문서 작성 언어)

[78] 하드 디스크는 I/O port 를 통해 입출력을 하기 때문에 Hard Disk Controller가 필요하다.

[80] MASK ROM : 제조 공정 과정에서 ROM에 프로그램을 기록

PROM : 사용자에 의해 1회 프로그램 기록

EPROM : 자외선을 이용하여 사용자에 의해 여러 번 프로그램을 기록 및 삭

제가 가능

EEPROM : 전기에 의해 여러 번 프로그램을 기록 및 삭제가 가능

[81] Bench Mark Program : 프로그램의 성능 평가를 하기 위한 프로그램

[82] 부동 소수점 수의 곱셈 알고리즘

    1. 0 인지 여부 조사(0 에 대한 정규화가 불가능하기 때문)

    2. 지수끼리 더한다.

    3. 가수끼리 곱한다.

    4. 결과의 정규화

    가수의 위치 조정은 덧셈과 뺄셈 시에 수행한다.

[83] 16진수 CAF.28 ---〉 2진수 1100 1010 1111 . 0010 1000

    ---〉 8진수 6 2 5 7 . 1 2

    16진수 1자리를 4 자리로 늘리면 2진수가 된다.(4자리의 가중치는 8421)

    2진수 3자리를 묶으면 8진수 1자리가 된다.(3자리 가중치는 421)

[84] Associative 메모리는 내용에 의한 검색을 의미한다. CAM 이라고도 하며 고속의 검색을 위한 방법이다. 검색할 때 Key register가 필요하다. MAR 과는 관계가 없다. MAR 은 메모리의 주소와 관련이 있는 Register이다.

[85] DMA에 의한 입출력은 한 번에 한 블록씩 입출력한다.

    Channel(채널)

      1. Selector Channel

      2. Multiplexer Channel

      3. Block Multiplexer Channel

[86] 11000001 11000010
    11111111 00000000

    11000001 00000000 ← AND 연산의 결과

[87] Fetch cycle 은 명령의 실행(Execute cycle)이 정상적으로 끝난 경우에 맞이하기도 하고 Interrupt cycle 이 끝난 다음에서도 맞이하기도 한다.

[89] ALU : Arithmetic & Logic Unit(산술 논리 연산 장치)

전자계산기 일반

PC 값이 1만큼 증가되는 것은 Fetch cycle에서 수행되는 마이크로 동작이다.

[91] Fetch cycle

    MAR ← PC

    MBR ← M[MAR] , PC ← PC + 1

    IR ← MBR

3개의 클럭 펄스가 필요하다. 100MHz = 10ns 이므로 총 30ns가 필요하다.

[92] Memory Mapped I/O : 전용

    I/O Mapped I/O : 공유

[93] 가상기억 장치에서 보조 기억 장치의 주소를 주기억 장치의 주소로 변환해 주어야 하는데 이것을 Mapping 이라고 한다.

[94] 논리 Shift : 왼쪽 및 오른쪽으로의 단순 이동 , 새로 들어오는 값은 언제나 0 이다.

    산술 Shift : 왼쪽은 곱셈의 의미, 오른쪽은 나눗셈의 의미가 된다.

[95] 현재의 컴퓨터는 반도체로 구성되어 있어서 창의성은 없다.

[96] 즉시 주소 : operand 가 자료인 경우이다.

    직접 주소 : 한 번에 찾아 갈 수 있는 주소

    간접 주소 : 두 번에 찾아 갈 수 있는 주소

    상대 주소 : 프로그램 카운터 + 명령어 내의 operand 에 의해 계산을 하여 찾아가는 주소

[99] 매개변수 전달 방법

    1. Call By Value

    2. Call By Result

    3. Call By Value-Result

    4. Call By Reference

    5. Call By Name

성공의 비결은 목적의 불변에 있다. 하나의 목표를 가지고 꾸준히 나아간다면 성공한다. 그러나 사람들이 성공하지 못하는 것은 처음부터 끝까지 한길로 나가지 않았기 때문이다. 최선을 다해서 나아간다면 뚫고 만물을 굴복시킬 수 있다.
- 벤자민 디즈레일리 -

Introduction to Computer science

www.ucampus.ac

Chapter 8

2012년도 기출문제

2012년도 기출문제

1. 다중프로그래밍(multi-programming)을 위하여 시스템이 갖추어야 할 것 중 관계가 가장 적은 것은?
   - 가. 인터럽트(interrupt)
   - 나. 가상메모리(virtual memory)
   - 다. 시분할(time slicing)
   - 라. 스풀링(spooling)

2. 자외선을 이용하여 지울 수 있는 메모리는 어느 것인가?
   - 가. PROM
   - 나. EPROM
   - 다. EEPROM
   - 라. 플래쉬 메모리(Flash memory)

3. I/O 채널(channel)의 설명 중 맞지 않는 것은?
   - 가. CPU는 일련의 I/O동작을 지시하고 그 동작 전체가 완료된 시점에서만 인터럽트를 받는다.
   - 나. 입출력 동작을 위한 명령문 세트를 가진 프로세서를 포함하고 있다.
   - 다. 선택기 채널(selector channel)은 여러 개의 고속 장치들을 제어한다.
   - 라. 멀티플렉서 채널(multiplexer channel)에는 보통 하드디스크 장치들을 연결한다.

4. 마이크로컴퓨터의 기본 정보는 '0'과 '1'로만 표현되며, 이러한 부호의 조합을 명령(instruction)이라고 한다. 그리고 명령들은 어떤 목적과 규칙에 따라 나열되고, 메모리에 저장되는데 이것을 무엇이라 하는가?
   - 가. 데이터(DATA)
   - 나. 소프트웨어(Software)
   - 다. 신호(Signal)
   - 라. 2진 코드

5. 0-주소 명령어(zero-address instruction)에서 사용하는 특정한 기억장치 조직은 무엇인가?
   - 가. 그래프(graph)
   - 나. 스택(stack)
   - 다. 큐(queue)
   - 라. 트리(tree)

6. 다음 중 입력 장치 들에 사용되는 매체가 아닌 것은?
   - 가. 천공 카드(punch card)
   - 나. 사운드 카드(sound card)
   - 다. OMR 카드
   - 라. 바 코드(bar code)

7. 다음 중 순차파일(sequential file)의 특징이 아닌 것은?
   - 가. 새로운 레코드를 삽입하는데 효율적이다.
   - 나. 레코드 탐색 시 선형탐색을 해야 한다.
   - 다. 이전의 레코드를 탐색하려면 파일을 되돌리면 된다.
   - 라. 레코드를 삭제하려면 새로운 파일을 작성해야 한다.

8. 메모리관리에서 빈 공간을 관리하는 free 리스트를 끝까지 탐색하여 요구되는 크기보다 더 크며 그 차이가 제일 작은 노드를 찾아 할당해주는 방법은 어느 것인가?
   - 가. 최초적합(first-fit)
   - 나. 최적적합(best-fit)
   - 다. 최악적합(worst-fit)
   - 라. 최후적합(last-fit)

9. 디스크를 사용하려면 최초에 반드시 해야 할 사항은 무엇인가?
   - 가. 내용을 지우고 잠근다.
   - 나. 파티션을 만들고 포맷한다.
   - 다. 폴더와 파일들로 채운다.
   - 라. 시분할(time slice)한다.

10. 운영체제는 컴퓨터 시스템을 구성하는 요소 중의 하나로 시스템에 제공되는 기능(또는 목적)으로 올바르게 짝지어진 것은?
    - 가. 편의성-효율성
    - 나. 청각성-정확성
    - 다. 시각성-편의성
    - 라. 청각성-신속성

11. 마이크로프로그램에 의한 각 기계어 명령들은 제어 메모리에 있는 일련의 마이크로 오퍼레이션의 동작을 시작하는데 다음 중 맞지 않는 동작은?
    - 가. 주기억 장치에서 명령어 인출하는 동작
    - 나. 오퍼랜드의 유효 주소를 계산하는 동작
    - 다. 지정된 연산을 수행하는 동작
    - 라. 다음 단계의 주소를 결정하는 동작

전자계산기 일반

12. 2진수 000000000111100의 2의 보수 값은 얼마인가?
    가. 1111111110000100
    나. 1111111110000011
    다. 1111111110000110
    라. 1111111110000010

13. 다음 보기는 프로그램 종류에 관련된 문항이다. 틀린 것은?
    가. 베타 버전이란 개발자가 상용화하기 전에 테스트용으로 배포하는 것을 말한다.
    나. 쉐어웨어란 기간이나 기능 제한 없이 무료로 사용하는 것을 말한다.
    다. 데모 버전이란 기간이나 기능의 제한 없이 무료로 사용하는 것을 말한다.
    라. 테스트 버전이란 데모 버전 이전에 오류를 찾기 위해 배포하는 것을 말한다.

14. CPU가 무엇인가를 하고 있는가를 나타내는 상태를 메이저 상태라고 하는데 다음 중 메이저 상태의 종류에 해당되지 않는 것은?
    가. Fetch 상태
    나. Indirect 상태
    다. Timing 상태
    라. Interrupt 상태

15. 다음 지문의 괄호 안에 들어갈 용어는?

    > 컴퓨터는 (   ) 요청신호가 입력되면 프로그램 실행 중에 있는 CPU가 정상적인 처리를 멈추고, (   )에 대한 처리를 마친 후, 정상적인 처리를 다시 수행하게 된다.

    가. Recursive
    나. DUMP
    다. DMA
    라. Interrupt

16. 주소영역(address space)이 1[GB]인 컴퓨터가 있다. 이 컴퓨터의 MAR(memory address register)의 크기는 얼마인가?
    가. 30 비트
    나. 30 바이트
    다. 32 비트
    라. 32 바이트

17. 인터럽트의 처리과정에서 인터럽트 처리 프로그램(interrupt handling program)으로 이전하기 전에 시스템 제어 스택(system control stack)에 저장해야 할 정보는 무엇인가?
    가. 현재의 프로그램 계수기(program counter)의 값
    나. 이전에 수행하던 프로그램의 명칭
    다. 인터럽트를 발생시킨 장치의 명칭
    라. 인터럽트 처리 프로그램의 시작주소

18. 16진수 BEAD에서 숫자 E자리의 가중치(weighted value)는 얼마인가?
    가. 10   나. 16
    다. 32   라. 256

19. 다음 중 주소지정방식에 대한 설명을 틀리게 한 것은?
    가. 직접주소지정방식에서 오퍼랜드는 실제 주소 값이다.
    나. 간접주소지정방식은 최소 두 번 메모리에 접속해야 실제 데이터를 가져온다.
    다. 즉시주소지정방식에서 오퍼랜드는 실제 데이터 값이다.
    라. 레지스터주소지정방식은 프로그램카운터(PC)와 관련이 있다.

20. 마이크로프로세서의 명령어 실행과정 중, 데이터가 기억장치에 저장되어 있다면, 명령어는 데이터가 저장된 기억장치 주소를 포함한다. 그러나 명령어에 포함되는 주소가 데이터의 주소를 저장하고 있는 기억장치 주소라고 한다면 실행되기 전에 주소를 기억장치로부터 읽어 와야 한다. 이러한 과정을 무엇이라고 하는가?
    가. 인출 사이클   나. 실행 사이클
    다. 간접 사이클   라. 직접 사이클

21. 부동 소수점 표현의 수들 사이에서 곱셈 알고리즘 과정에 해당하지 않은 것은?
    가. 0(zero)인지의 여부를 조사한다.   나. 가수의 위치를 조정한다.
    다. 가수를 곱한다.   라. 결과를 정규화 한다.

[전자계산기 일반]

22. 16비트 명령어 형식에서 연산코드 5비트, 오퍼랜드 1은 3비트, 오퍼랜드 2는 8비트일 경우, ⓐ 연산종류와 사용할 수 있는 ⓑ 레지스터의 수를 올바르게 나열한 것은?
   가. ⓐ 32가지 ⓑ 512
   나. ⓐ 31가지 ⓑ 8
   다. ⓐ 32가지 ⓑ 8
   라. ⓐ 8가지 ⓑ 511

23. 상대 주소지정(relative addressing)에서 사용하는 레지스터는 무엇인가?
   가. 일반 레지스터(general register)
   나. 색인 레지스터(index register)
   다. 프로그램 계수기(program counter)
   라. 메모리 주소 레지스터(memory address register)

24. 다음 지문이 의미한 소프트웨어는 무엇인가?

   > 상하 관계나 동종 관계로 구분할 수 있는 프로그램들 사이에서 매개 역할을 하거나 프레임워크 역할을 하는 일련의 중간 계층 프로그램을 말하며, 일반적으로 응용 프로그램과 운영 체제의 중간에 위치하여 사용자에게 시스템 하부에 존재하는 하드웨어, 운영 체제, 네트워크에 상관없이 서비스를 제공한다.

   가. 유틸리티
   나. 디바이스 드라이버
   다. 응용소프트웨어
   라. 미들웨어

25. 다음 문장의 결과 값은?

   ```
   mov cx, 4
   mov dx, 7
   sub dx, cx
   ```

   가. 3
   나. 4
   다. 5
   라. 2

26. 다음 중 16비트 마이크로프로세서에 속하지 않은 것은?
   가. 인텔(Intel) 8088
   나. Zilog Z-8000
   다. Motorola 68020
   라. 인텔(Intel) 80286

27. 다음 중앙처리장치의 명령어 사이클 중 (가)에 알맞은 것은?

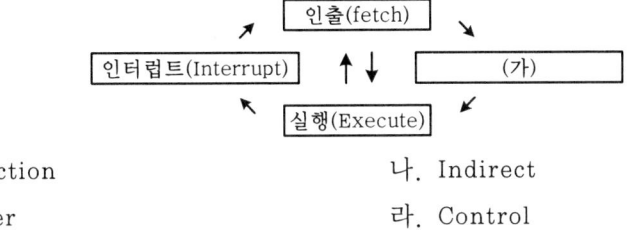

　가. Instruction　　　　　　　　　나. Indirect
　다. Counter　　　　　　　　　　라. Control

28. 다음 중 10진수 56789에 대한 BCD코드(Binary Coded Decimal)는 어느 것인가?
　가. 0101 0110 0111 1000 1001　　나. 0011 0110 0111 1000 1001
　다. 0111 0110 0111 1000 1001　　라. 1001 0110 0111 1000 1001

29. 다음 중 RISC의 특징이 아닌 것은?
　가. 고정된 길이의 명령어 형식으로 디코딩이 간단하다.
　나. 단일 사이클의 명령어 실행
　다. 마이크로 프로그램된 제어보다는 하드와이어된 제어를 채택한다.
　라. CISC보다 다양한 어드레싱 모드

30. 다음 중 마이크로 명령어에 대한 설명으로 틀린 것은?
　가. OP코드와 오퍼랜드로 구분한다.
　나. 오퍼랜드에는 주소, 데이터 등이 저장된다.
　다. 오퍼랜드는 오직 한 개의 주소만 존재한다.
　라. 컴퓨터 기계어 명령을 실행하기 위해 수행되는 낮은 수준의 명령어이다.

[전자계산기 일반]

2012년도 기출문제 정답

1	2	3	4	5	6	7	8	9	10
라	나	라	라	나	나	가	나	나	가
11	12	13	14	15	16	17	18	19	20
라	가	나	다	라	가	가	라	라	다
21	22	23	24	25	26	27	28	29	30
나	다	다	라	가	다	나	가	라	다

2012년도 기출문제 해설

[02] EPROM : 자외선 이용

　　EEPROM , 플래쉬 메모리 : 전기 이용

[03] 하드디스크는 고속의 입출력 장치여서 셀렉터 채널로 연결하여 사용한다.

[05] 0-주소 명령어 : 스택(stack) 이용

　　1-주소 명령어 : 누산기(Accumulator) 이용

　　2-주소, 3-주소 명령어 : 범용 레지스터 이용

[07] 새로운 레코드를 삽입하는데 효율적인 것은 Linked List 파일이다.

[08] 배치(Placement) 전략

　　1. 최초 적합(First Fit) : 가장 처음에 맞는 공간

　　2. 최적 적합(Best Fit) : 가장 잘 맞는 공간 즉, 내부 단편화가 가장 적게 생기는 공간

　　3. 최악 적합(Worst Fit) : 맞는 공간 중에서 가장 넓은 공간 즉, 내부 단편화가 가장 크게 생기는 공간

[11] 가. Fetch cycle　　　나. Indirect cycle　　　다. Execute cycle

[12] 2의 보수 취하는 방법

　　1. 1의 보수 + 1

　　2. 가장 우측부터 시작해서 최초의 1이 나타날 때 까지는 그대로 쓰고(불변) 그 다음부터 모두 1은 0 으로 0은 1로 바꾼다.

[13] 쉐어웨어는 일정기간동안 사용하여보고 구매하는 방법이다.

[14] 메이저 상태(Major state)

　　1. Fetch cycle : read instruction

　　2. Indirect cycle : Read address of operand

　　3. Execute cycle : Read operand

4. Interrupt cycle

[15] Interrupt

1. 요청

2. 인터럽트 처리 루틴

3. 인터럽트 취급(서비스) 루틴

[16] 용량 = 주소 = 1 [GB] = 2^{30} = 30 bit

[17] 인터럽트 발생 시 되돌아갈 번지(program counter)를 스택(stack)에 보관하여야 한다.

[18] 16진수의 가중치 16^3 16^2 16^1 16^0

                           B   E   A   D

10진수로의 환산 가중치   4096   256   16   1

[19] 프로그램 카운터와 관련이 있는 주소 지정 방식은 계산에 의한 주소 지정 방식이다. 상대주소라고 한다.

[21] 부동 소수점 수에 대한 곱셈 알고리즘

1. 0 인지 여부 조사(0 에 대한 정규화가 불가능하기 때문)

2. 지수끼리 더한다.

3. 가수끼리 곱한다.

4. 결과의 정규화

가수의 위치를 조정하는 경우는 덧셈 및 뺄셈 시에 대한 알고리즘이다.

[22] 연산 종류 = 연산 코드 = 5 비트 = 2^5 = 32 가지

레지스터 수 = 오퍼랜드 1 = 3 비트 = 2^3 = 8개

[23] 상대 주소 = PC(Program Counter) + D(Displacement)

[24] 미들웨어 = 중계 소프트웨어

[25] mov cx,4 ←   cx = 4

     mov dx,7 ←   dx = 7

     sub dx, cx ←   dx = dx - cx dx 의 결과는 7 - 4 의 결과인 3 을 기억

[26] Motorola 68020은 32 비트 마이크로프로세서이다.

[28] 10진수 1 자리마다 8421의 가중치에 의해 변환되는 코드이다.

[29] RISC

    1) 고정길이 명령어 형식

    2) Register의 수가 많다.

    3) 모든 연산은 Register에 의해 처리되는 명령 형식이다.(RR 형식)

    4) 하드와이어드 제어 방식

    CISC

    1) 가변길이 명령어 형식(RR, RS, RX, SI, SS 형식)

    2) Register의 수가 적다.

    3) 마이크로 프로그램 제어 방식

[30] 마이크로 명령어의 operand는 (n+1) 주소 형식을 갖는다.

Introduction to Computer science

Chapter 9

2013 도기출문제

[전자계산기 일반]

2013년도 기출문제

1. 컴퓨터나 주변장치 사이에 데이터 전송을 수행할 때 I/O준비나 완료 상태를 나타내는 신호가 필요한 비동기식 입출력 시스템에 널리 쓰이는 방식은?
   가. polling
   나. interrupt
   다. paging
   라. handshaking

2. 주소 공간이 20bit이고 각 주소 당 저장되는 데이터의 크기가 8bit 일 때 주기억 장치의 용량은?
   가. 1Mbyte
   나. 2Mbyte
   다. 3Mbyte
   라. 4Mbyte

3. MSB에 대한 설명으로 옳은 것은?
   가. 맨 왼쪽 비트(최상위 비트)
   나. 맨 오른쪽 비트(최하위 비트)
   다. 2진수의 보수
   라. 3진수의 보수

4. 다음 운영체제(OS)의 구성요소 중 제어 프로그램 (Control program)에 포함되지 않는 것은?
   가. Data management program
   나. Job management program
   다. Supervisor program
   라. Service program

5. 객체지향 언어이고 웹상의 응용 프로그램에 알맞게 만들어진 언어는?
   가. 포트란(FORTRAN)　　　　　　나. C
   다. 자바(java)　　　　　　　　　라. SQL

6. CPU의 내부구조를 레지스터 중 메모리로부터 읽은 명령어를 보관하는 레지스터는?
   가. ALU(Arithmetic Logic Unit)
   나. IR(Instruction Register)
   다. PC(Program Counter)
   라. MAR(Memory Address Register)

7. push와 pop operation에 의해서만 접근 가능한 storage device는?
   가. MBR　　　　　　　　　　　나. queue
   다. stack　　　　　　　　　　　라. cache

8. 수치적 연산에 관한 설명 중 가장 옳은 것은?
   가. 산술적 시프트는 덧셈, 나눗셈에 보조역할을 담당한다.
   나. 고정소수점 연산에서 부호-절대치인 경우 음수의 표현이 간편하여 하드웨어적으로도 간편한 이점이 있다.
   다. 우측 시프트의 경우 최소 유효 비트가 1이면 범람이 생긴다.
   라. 정수 연산에서 1의 보수와 2의 보수표현은 덧셈과 산술 시프트로 모든 연산이 가능하며, 특히 2의 보수방식이 좋다.

9. 컴퓨터의 클록 펄스 주기가 5MHz 이고, 16비트 레지스터를 통해 데이터를 직렬 전송한다면, 순수 데이터의 비트 전송시간과 워드 전송시간은?
   가. $0.2\mu s$, $0.5\mu s$　　　　　　나. $0.2\mu s$, $3.2\mu s$
   다. $0.4\mu s$, $6.4\mu s$　　　　　　라. $0.4\mu s$, $12.8\mu s$

10. 주기억장치에서 캐시 메모리로 데이터를 전송하는 매핑방법이 아닌 것은?
    가. 어소시에이티브 매핑(Associative Mapping)
    나. 직접 매핑(Direct Mapping)
    다. 간접 매핑(Indirect Mapping)
    라. 세트-어소시에이티브 매핑(Set-Associative Mapping)

[전자계산기 일반]

11. 다음 중 DRAM의 특징이 아닌 것은?
    가. 휘발성 메모리이다.
    나. SRAM보다 액세스 속도가 빠르다.
    다. 집적 밀도가 SRAM보다 높다.
    라. 재충전 회로가 필요하다.

12. 2의 보수로 표현되는 수가 A, B 레지스터에 저장되어 있다. A←A−B연산을 수행한 후의 A레지스터는?

    A 레지스터   B 레지스터
    | FFFF FF61 | | 0000 004F |

    가. 00000012
    나. FFFFFF12
    다. 000000B0
    라. FFFFFFB0

13. RISC(Reduced Instruction Set Computer)와 CISC(Complex Instruction Set Computer)에 대한 설명 중 잘못된 것은?
    가. RISC는 실행 빈도가 적은 하드웨어를 제거하여 자원 이용률을 높이는 장점이 있다.
    나. RISC는 프로그램의 길이가 길어지므로 수행 속도가 느린 단점이 있다.
    다. CISC는 고급언어를 이용하여 알고리즘을 쉽게 표현 할 수 있는 장점이 있다.
    라. CISC는 복잡한 명령어군을 제공하므로 컴퓨터 설계 및 구현 시 많은 시간을 필요로 하는 단점이 있다.

14. 마이크로컴퓨터에서 isolated I/O 방식과 비교하여 memory-mapped I/O 방식의 특징으로 옳은 것은?
    가. 하드웨어가 복잡하다.
    나. 기억장치명령과 입출력 명령을 구별하여 사용한다.
    다. 기억장치의 주소 공간이 줄어든다.
    라. 입출력 장치들의 주소 공간이 기억장치 주소 공간과 별도로 할당된다.

15. 다음 중 순차 논리회로가 아닌 것은?
    가. 전가산기(Full Adder)
    나. Master-Slave 방식의 JK 플립플롭
    다. 8진 UP 카운터(Counter)
    라. 4비트 시프트 레지스터

16. 인코더의 입력선이 8개이면, 출력 선은 몇 개가 되는가?
    가. 1
    나. 2
    다. 3
    라. 4

17. 다음 중 메이저 상태의 수행 사이클에 해당하지 않은 것은?
    가. 인출 사이클
    나. 간접 사이클
    다. 직접 사이클
    라. 인터럽트 사이클

18. AND 연산에서 레지스터 내의 어느 비트 또는 문자를 지울 것인가를 결정하는 것은?
    가. mask bit
    나. sign bit
    다. check bit
    라. parity bit

19. 어떤 디스크의 탐색 시간이 20ms, 데이터 전송시간이 0.5ms, 회전지연시간이 8.3ms이라고 할 때, 데이터를 읽거나 쓰는데 걸리는 평균 액세스 시간은?
    가. 9.65ms
    나. 11.2ms
    다. 28.8ms
    라. 30.8ms

20. 캐시(cache) 메모리에 관한 설명 중 옳은 것은?
    가. hard disk에 비해서 가격이 저렴하다.
    나. 주기억장치에 비해서 속도가 느리지만 오류 수정 기능이 있다.
    다. 주기억장치에 비해서 속도가 빠르고, 가격이 비싸다.
    라. 병렬 처리 컴퓨터에 필수적이다.

21. 컴퓨터에서 세계 각국의 언어를 통일된 방법으로 표현할 수 있게 제안된 국제적인 코드는?
    가. BCD 코드
    나. ASCII 코드
    다. UNICODE
    라. GRAY 코드

[전자계산기
  일반]

22. 8비트 마이크로프로세서에서 스택 포인터가 100번지를 가리키고 있다. 3바이트의 내용을 스택에 푸시하면 스택 포인터는 몇 번지를 가리키는가?
    가. 96번지   나. 97번지
    다. 196번지   라. 197번지

23. 아래 C 프로그램의 출력 결과는?

    ```
    void main()
       {   int i, j, A, B, C, array[16] ;

           for(i=0 ; i < 16 ; i++){
              array[i] = 1 ;
              for(j=0 ; j < i ; j++) array[i] =2 ;  }
           A = 5 ; B = 10 ; C= 0 ;
           for(i=0 ; i < 16 ; i++){
              if(A&array[i]) C+= B * array[i] ;
            }
           print("%d" , C) ;
       }
    ```

    가. 0   나. 2
    다. 25   라. 50

24. 동시에 2개 이상의 프로그램을 컴퓨터에 로드(load)시켜 처리하는 방법을 무엇이라 하는가?
    가. double programming   나. multi programming
    다. multi-accessing   라. real-time programming

25. 다음 중 CPU의 레지스터로 볼 수 없는 것은?
    가. 누산기(Accumulator)   나. 명령어 레지스터(Instruction Register)
    다. RAM(Random Access Memory)   라. 프로그램 카운터(Program Counter)

26. 회전속도가 7200[rmp]인 하드디스크의 최대 회전 지연시간은?
    가. 약 4.2[ms]   나. 약 8.3[ms]
    다. 약 12.3[ms]   라. 약 16.6[ms]

27. 2진수의 부동소수점(floating point) 표현에 대한 설명으로 틀린 것은?
    가. 고정소수점(fixed point)표현 방식보다 수를 표현할 수 있는 범위가 넓다.
    나. 지수 (exponent)를 사용하여 소수점의 범위를 넓게 이동 시킬 수 있다.
    다. 소수점이하의 수를 나타내는 가수(mantissa)의 비트수가 늘어나면 정밀도가 증가한다.
    라. IEEE 754 부동소수점 표준 중 64비트 복수 정밀도 형식은 32 비트 지수를 가진다.

28. 인터럽트에 대한 설명 중 옳지 않은 것은?
    가. 하드웨어의 오류에 의해 발생하기도 한다.
    나. 인터럽트가 발생하면 특정한 일을 수행한다.
    다. 프로그램의 수행을 중단시키기 위해 사용되기도 한다.
    라. 인터럽트가 발생하면 현재 수행 중인 프로그램은 무조건 종료된다.

29. 다음 중 에러를 찾아서 교정을 할 수 있는 코드는?
    가. hamming code
    나. ring counter code
    다. gray code
    라. 8421 code

30. 프로그램이 수행될 때 최근에 사용한 인스트럭션과 데이터를 다시 사용할 가능성이 크다는 것을 무엇이라 하는가??
    가. 접근의 국부성
    나. 디스크인터리빙
    다. 페이징
    라. 블록킹

31. CPU 레지스터 중에서 프로그래머가 직접 사용하여 프로그래밍 할 수 없는 것은?
    가. 인스트럭션 레지스터
    나. 범용 레지스터
    다. 연산용 레지스터
    라. 인덱스 레지스터

32. Two address machine에서 기억용량이 $65536 = 2^{16}$이고 Word length가 40Bit라면 이 명령형(Instruction Format)에 대한 명령코드는 몇 Bit로 구성되는가?
    가. 5
    나. 6
    다. 7
    라. 8

전자계산기 일반

33. 10진수 (18 - 72)을 BCD 코드로 올바르게 나타낸 것은? (단, 보수는 9의 보수 사용)
    가. 0100 0101
    나. 1011 0110
    다. 1100 1001
    라. 1100 1010

34. 순서도의 사용에 대한 설명 중 옳지 않은 것은?
    가. 프로그램 코딩의 직접적인 자료가 된다.
    나. 프로그램의 내용과 일처리 순서를 파악하기 쉽다.
    다. 프로그램 언어마다 다르게 표현되므로 공통적으로 사용 할 수 없다.
    라. 오류 발생 시 그 원인을 찾아 수정하기 쉽다.

35. 4단계 파이프라인에서 클록주기가 $1[\mu s]$일 때 10개의 명령어를 실행하는데 걸리는 시간은?
    가. $7[\mu s]$
    나. $13[\mu s]$
    다. $18[\mu s]$
    라. $25[\mu s]$

36. 서브루틴을 호출하는 "CALL" 명령어가 실행되는 동안에 수행되는 동작이 아닌 것은?
    가. 스택포인터 내용을 감소시킨다.
    나. 복귀할 주소를 스택에 저장한다.
    다. 호출할 주소를 PC에 적재한다.
    라. 호출할 주소를 스택으로부터 인출한다.

37. 다음 중 명령어의 주소 지정방식이 아닌 것은?
    가. 즉치(immediate) 주소지정
    나. 오퍼랜드 주소지정
    다. 레지스터 주소지정
    라. 인덱스 주소지정

38. 마스크(mask)를 이용하여 비수치 데이터의 불필요한 부분을 제거하는데 사용하는 연산은?
    가. AND
    나. OR
    다. EX-OR
    라. NOR

39. 마이크로프로세서 내부에 존재하지 않는 장치는?
    가. 제어장치(control unit)
    나. 산술논리장치(arithmetic logic unit)
    다. 레지스터(register)
    라. 기억장치 직접 접근 제어기(direct memory access controller)

40. DMA에 대한 설명으로 옳지 않은 것은?
    가. 데이터의 입출력 전송이 직접 메모리 장치와 주변 장치 사이에서 이루어지는 인터페이스이다.
    나. 기억장치와 외부장치와의 교환을 직접 행할 수 있도록 제어하는 회로이다.
    다. DMA는 정보 전송시 중앙처리장치의 레지스터를 경유하여 작동된다.
    라. DMA동작은 DMA인터페이스를 위한 장치 주소와 명령 코드를 포함한 입출력 명령으로 구성된 프로그램에 의해 이루어진다.

41. CPU가 프로그램을 수행하는 동안 결과를 캐시기억장치에 쓸 경우 주기억장치와 캐시기억장치의 데이터가 서로 일치하지 않는 경우가 발생할 수 있는 방식은?
    가. 나중 쓰기(write-back) 방식
    나. 즉시 쓰기(write-through) 방식
    다. 최소 최근 사용(LRU) 방식
    라. 최소 사용 빈도(LFU) 방식

42. 2진수 $(111110.1000)_2$를 10진수와 16진수로 나타낸 것 중 옳은 것은?
    가. $(62.5)_{10}$ $(3E.8)_{16}$
    나. $(60.5)_{10}$ $(3E.4)_{16}$
    다. $(62.5)_{10}$ $(3E.4)_{16}$
    라. $(60.5)_{10}$ $(3E.8)_{16}$

43. 컴퓨터의 CPU가 앞으로 수행될 명령어를 기억 장치에서 미리 인출하여 CPU 내부의 대기열에 넣어 놓음으로써 수행 속도를 향상시키는 기법을 무엇이라고 하는가?
    가. Spooling
    나. Instruction prefetch
    다. Paging
    라. Synchronization

전자계산기 일반

44. 하나의 프로세서를 여러 개의 서브프로세서로 나누어 각 서브프로세서가 동시에 서로 다른 데이터를 취급하도록 하는 개념과 거리가 먼 것은?
  가. 멀티프로세싱
  나. 멀티프로그래밍
  다. 파이프라이닝
  라. 어레이 프로세싱

45. 다음은 실행 사이클 중에서 어떤 명령을 나타낸 것인가?

  MAR ← MBR(AD)
  MBR ← M, AC ← 0
  AC ← AC + MBR

  가. STA 명령
  나. AND 명령
  다. LDA 명령
  라. JMP 명령

46. C프로그램에서 선행처리기에 대한 설명 중 틀린 것은?
  가. 컴파일하기 전에 처리해야 할 일들을 수행하는 것이다.
  나. 상수를 정의하는 데에도 사용한다.
  다. 프로그램에서 "#" 표시를 사용한다.
  라. 유틸리티 루틴을 포함한 표준 함수를 제공한다.

47. 컴퓨터의 구조 중 스택 구조에 대한 설명으로 옳지 않은 것은?
  가. 스택 메모리의 번지 레지스터로서 스택 포인터가 있으며 LIFO로 동작한다.
  나. 메모리에 항목을 저장하는 것을 PUSH라 하고 빼내는 동작을 POP이라고 한다.
  다. PUSH, POP 동작 시 SP를 증가시키거나 감소시키는 문제는 스택의 구성에 따라 달라질 수 있다.
  라. PUSH, POP 명령에서 스택과 오퍼랜드 사이의 정보 전달을 위해서는 번지 필드가 필요 없다.

48. 다음 명령 형식 중 데이터의 처리가 누산기(accumulator)에서 이루어지는 형식은?
  가. 스택 구조 형식
  나. 1번지 명령 형식
  다. 2번지 명령 형식
  라. 3번지 명령 형식

2013년도 기출문제 정답

1	2	3	4	5	6	7	8	9	10
라	가	가	라	다	나	다	라	나	다
11	12	13	14	15	16	17	18	19	20
나	나	나	다	가	다	다	가	다	다
21	22	23	24	25	26	27	28	29	30
다	나	라	나	다	나	라	라	가	가
31	32	33	34	35	36	37	38	39	40
가	라	가	다	나	라	나	가	라	다
41	42	43	44	45	46	47	48	49	50
가	가	나	나	다	라	라	나		

[전자계산기
  일반]

2013년도 ▶ 기출문제 해설

[01] Handshaking이란 컴퓨터나 주변장치 사이에 데이터전송을 수행할 때 I/O준비나 완료 상태를 나타내는 신호가 필요한 비동기식 입출력 시스템에 널리 쓰이는 방식이다.

[02] 주기억 장치의 용량
주소 비트 = 20bit = 2^{20} * 8bit = 1MByte

[03] MSB(Most Significant Bit) : 가장 최상위 비트
LSB(Least significant Bit) : 가장 최하위 비트

[04] OS(Operating System : 운영체제)
    1. 제어 프로그램(Control Program)
      ① 감시 프로그램(Supervisor program)
      ② Job 관리 프로그램(Job Control Program)
      ③ Data 관리 프로그램(Data Management Program)
    2. 처리 프로그램(Processing Program)
      ① 언어 번역 프로그램(Language Translator Program)
      ② 서비스 프로그램(Service Program)
      ③ 문제 프로그램(Problem Program)

[05] 가. 포트란(FORTRAN) : 과학 기술용 언어
    나. C : 명령형 언어
    다. 자바(java) : 객체 지향 언어
    라. SQL : 구조화 질의어(Structure Query Language)

[06] ALU(Arithmetic Logic Unit) : 산술 논리 연산 장치
　　　IR(Instruction Register) : 명령어를 기억하는 명령 레지스터
　　　PC(Program Counter) : 다음에 실행할 명령어의 번지를 기억하는 레지스터
　　　MAR(Memory Address Register) : 주소 레지스터(메모리의 주소 해독기)

[07] PUSH : Stack ← Register
　　　POP : Register ← Stack
　　　Stack Memory는 LIFO(Last In First Out) 구조이다.

[08] 산술적 시프트는 곱셈 나눗셈의 역할을 담당한다.
　　　고정소수점 연산에서 부호-절대치인 경우 음수의 표현이 간편하지만 하드웨어가 복잡하다. 즉, 덧셈기, 뺄셈기, 부호 판정기, 대소판정기 등의 하드웨어가 필요하다.
　　　우측 시프트의 경우는 나눗셈의 의미이기 때문에 범람이 아니라 짤림(Truncation)이 발생한다. 범람(Overflow)은 좌측 시프트 시에 발생한다.

[09] 순수 데이터 비트전송 시간

$$\frac{1bit}{\text{클록펄스의 주기}} = \frac{1bit}{5MHz} = \frac{1}{5 \times 10^6} = 0.2[\mu S]$$

16bit 워드 전송 시간

$$\frac{16bit}{5MHz} = \frac{16}{5 \times 10^6} = 3.2[\mu S]$$

[10] 주기억 장치에서 캐시 메모리로 데이터를 전송하는 매핑(Mapping) 방법
　　　① 어소시에이티브 매핑 (Associative Mapping) : 내용에 의한 매핑
　　　② 직접 매핑 (Direct Mapping) : 주소에 의한 매핑
　　　③ 세트-어소시에이티브 매핑(Set-Associative Mapping) : ① + ②의 방법

[11] DRAM의 특징
　　　① 휘발성 메모리이다.
　　　② 집적 밀도가 SRAM보다 높다.
　　　③ 재충전(Refresh) 회로가 필요하다.

[12] A = FFFF FF61   B = 0000 004F

```
    A    A         FFFF FF61      FFFF FF61      FFFF FF61
   - B   +B       - 0000 004F    + 0000 004F    + FFFF FFB1
                                                1 FFFF FF12
```

[13] RISC 구조 명령어는 모든 명령어의 실행 시간이 동일하여 병행 처리가 가능하다. 하나의 명령어를 n개의 segment로 나누면 n배의 실행 효과를 가져온다.

[14] memory-mapped I/O 방식은 메모리의 일부분이 주변장치에 대한 전용 공간의 의미로 사용되는 방식이다.

[15] 전가산기는 순차 논리회로가 아니라 조합 논리회로이다. 순차 논리회로는 기억소자를 가진 기능회로이다.

[16] 인코더는 부호기로 여러 개의 입력단자 중 어느 하나에 나타난 정보를 여러 자리의 2진수로 코드화하여 전달한 것으로 8X3부호기는 입력선이 8개이면 출력은 3개가 되어야한다.

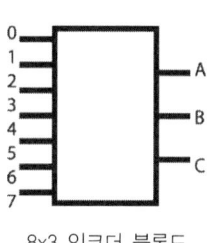

8x3 인코더 블록도

입력	출력		
8진수	A	B	C
0	0	0	0
1	0	0	1
2	0	1	0
3	0	1	1
4	1	0	0
5	1	0	1
6	1	1	0
7	1	1	1

[17] 메이저 상태 사이클
   1. 인출 사이클(Fetch Cycle)
   2. 간접 사이클9Indirect Cycle)
   3. 실행 사이클(Execute Cycle)
   4. 인터럽트 사이클(Interrupt Cycle)

[18] 특정 부분의 글자를 지우고자할 때 AND 연산에 의해 수행하는데 이때 지우고자하는 부분에 대한 값을 Mask bit 라고 한다.

[19] 평균 액세스 시간 = 탐색시간 + 회전지연시간 + 데이터 전송시간 = 20 + 0.5+8.3=28.8[ms]
　　탐색 시간(Seek time) : 원하는 실린더를 찾는데 걸리는 시간
　　회전 지연 시간(latency time or rotational delay time) : 원하는 섹터를 찾는데 걸리는 시간

[20] 캐시 메모리는 SRAM으로 구성되며 주기억 장치와 CPU사이의 속도차를 줄이기 위한 고속 메모리이다.

[21] 1. BCD 코드 : 6비트
　　　2. ASCII 코드 : 7비트
　　　3. UNICODE : 16bit
　　　4. GRAY 코드 : 이웃하는 코드가 1비트만 변화되는 코드이다.

[22] PUSH 동작 : SP　SP − 3
　　　POP 동작 : SP = SP + 3

[23] 첫 번째 반복문에 의해 배열에 2의 거듭 제곱수가 역순으로 기억된다.
　　　array

32768	16384	8192	4096	2048	1024	512	256	128	64	32	16	8	4	2	1
[0]	[1]	[2]	[3]	[4]	[5]	[6]	[7]	[8]	[9]	[10]	[11]	[12]	[13]	[14]	[15]

조건식에서 배열에 기억된 내용이 4일 때와 1일 때 만 참이 되고 모두 거짓이 된다.
C += 10 * 4 에 의해 C=40 → C += 10 * 1 에 의해 C = 50

[24] Multi Programming(병행처리 시스템, 파이프라인 처리) : Multi User
　　　Multi Tasking : Single User
　　　Multi Processing(병렬처리 시스템, 강결합)
　　　Multi Computing(분산처리 시스템, 약결합)
　　　Multi Threading

[전자계산기 일반]

[25] CPU의 레지스터와 캐시 메모리는 SRAM 으로 구성하고 주기억장치는 DRAM 으로 구성한다.

[26] 최대 회전 지연시간 : 1회전하는데 걸리는 시간
평균 회전 지연시간 : $\frac{1}{2}$회전하는데 걸리는 시간
7200RPM = 1분당 7200회전(Rapid/Minute)
1분당 7200회전 = 1초당 120회전
1회전 시간 = 1/120[s] = 1000/120[ms] = 8.33[ms]

[27] IEEE 754 부동소수점 표준 중 64비트 복수 정밀도 형식은 32 비트 지수가 아니라 11비트를 가진다.

[28] 인터럽트가 발생하면 인터럽트 서비스 루틴을 수행하고 현재 진행 중인 프로그램을 계속 실행한다.

[29] hamming code : 1비트 착오 교정 코드
gray code : 이웃 코드 간 1 비트만 다른 코드의 형태
8421 code : 2진화 10진 코드, 10진수 1자리 수를 2진수 4자리로 표현한 코드

[30] 국부성(Locality) : 집중적 참조를 의미한다. 시간 국부성과 공간 국부성 두 가지가 있다.

[31] ADD　AX, BX　　　　　　연산용 레지스터
　　　MOV SI, OFFSET KAL　　인덱스 레지스터
　　　MOV CX, 100　　　　　　범용 레지스터

　　　IR(Instruction Register)은 명령에 의해 값을 변경 시킬 수 없다.

[32] Two Address Machine Instruction 구조

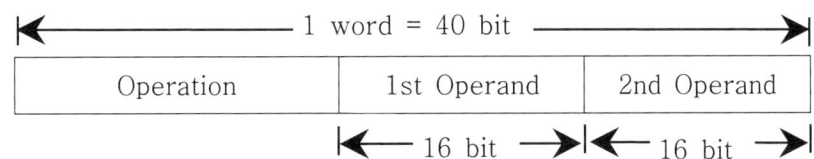

[33]
```
    18          18
   -72         +27
   ―――         ―――
   -54          45  ───►  0100 0101 (45의 BCD 코드)
                │
                ▼
               -54
```
Carry가 발생하지 않았기 때문에 결과는 음수이며 9의 보수를 취한 값이다.

[34] 순서도는 프로그래밍 언어와 관계없이 자연언어로 일의 진행 순서를 그림으로 그려놓은 것이다.

[35] 순차적 처리 = 명령 수 * 세그먼트 수
파이프라인 처리 = 명령 수 + 세그먼트 수 - 1
파이프라인 처리 = 10 + 4 - 1 = 13[μs]

[36] CALL 명령
1. 호출하고자 하는 Procedure를 실행하러 간다.
   PC에 호출 프로시저의 번지를 저장한다.
2. 반드시 호출 프로시저를 수행한 후 되돌아가야 한다.
   그러므로 되돌아갈 번지를 스택에 PUSH하여야 한다.
   PUSH 동작은 Stack Pointer 값을 감소시킨 후 그 위치에 return address 를 저장한다.

[37] Operand가 어디에 있는가에 따른 분류
1. Immediate Operand
2. Direct Operand
3. Calculated Operand
    (1) BR+D (BR : Base Register, D : Displacement)
    (2) BR+XR+D (XR : Index Register)
    (3) PC+D (PC : Program Counter, 상대(Relative)주소)

[38] 가. AND : 삭제 연산
나. OR : 삽입 연산
다. EX-OR : 부분 반전, 비교
라. NOR : 범용 게이트

[39] Processor(CPU)
ALU(연산장치) + CU(Control Unit : 제어장치) + 기억장치(Register)

[40] 전송
컴퓨터와 주변장치와의 data 전송은 4가지 형태로 전송된다.
1. CPU 경유하는 방법
  (1) 프로그램 제어하의 데이터 전송
  (2) 인터럽트에 의한 데이터 전송
2. CPU 경유하지 않는 방법
  (3) DMA(Direct Memory Access)
  (4) 채널(channel)에 의한 데이터 전송
     ① 셀렉터 채널(Selector Channel)
     ② 멀티플렉서 채널(Multiplexer Channel)
     ③ 블럭 멀티플렉서 채널(Block multiplexer channel)

[41] ■ 나중 쓰기(write-back) 방식
　　　캐시에서의 실행이 완료될 때 주기억장치에 기록하는 방식
　　■ 즉시 쓰기(write-through) 방식
　　　캐시에서의 내용이 변경되면 동시에 주기억장치의 내용도 변경하는 방식

[42] ■ 10진수로의 변환 : 가중치 이용
　　　32　16　8　4　2　1　　0.5　0.25　0.125　0.0625
　　　 1　 1　1　1　1　0.　 1　 0　 0　 0
　　　　　　　62　　　　．　 5
　　■ 16진수로의 변환 : 4자리씩 묶는다.
　　　8 4 2 1　8 4 2 1　　8 4 2 1
　　　　 1 1　1 1 1 0．　1 0 0 0
　　　　　 3　　 E　．　　 8

[43] Instruction prefetch
　　 명령을 미리 인출하는 것을 의미한다.

[44] 멀티프로그래밍은 하나의 CPU에 의해 다수의 프로그램이 처리되는 것이다.

[45] M(Memory)의 내용이 최종적으로 AC(누산기)로 이동하는 것은 Load 명령이 된다.
　　　Load(LDA) : AC ◀──● M
　　　Store(STA) : M ◀──● AC

[46] #include 〈stdio.h〉 ◀──● 함수 include
　　　#define　MAX　100 ◀──● 상수 정의(매크로의 의미)

[47] PUSH 명령은 스택에 넣을 대상을 지정하여야 하고, POP 명령은 스택으로부터 대상을 넘겨받을 위치를 지정해야 한다.

[48]
- 0-Address : 스택을 이용하는 명령

  ADD ⟵● 스택의 2개의 자료를 더한다.

- 1-Address : AC(누산기)를 이용하는 명령

  ADD ABC ⟵● AC ← AC + ABC

- 2-Address : 범용 레지스터를 이용하는 명령, 원본이 깨진다.

  ADD A, B ⟵● A ← A + B

- 3-Address : 범용 레지스터를 이용하는 명령, 원본이 보존된다.

  ADD A, B, C ⟵● C ← A + B